이제 **오르비**가
학원을 재발명합니다

전화 : 02-522-0207   문자 전용 : 010-9124-0207   주소: 강남구 삼성로 61길 15 (은마사거리 도보 3분)

smart is sexy
Orbi.kr

오르비학원은

모든 시스템이 수험생 중심으로 더 강화됩니다.

모든 시설이 최고의 결과가 나올 수 있도록 설계됩니다.

집중을 위해 오르비학원이 수험생 옆으로 다가갑니다.

오르비학원과 시작하면

원하는 대학문이 가장 빠르게 열립니다.

전화 : 02-522-0207 문자 전용 : 010-9124-0207 주소 : 강남구 삼성로 61길 15 (은마사거리 도보 3분)

출발의 습관은 수능날까지 계속됩니다.

형식적인 상담이나

관리하고 있다는 모습만 보이거나

학습에 전혀 도움이 되지 않는

보여주기식의 모든 것을 배척합니다.

쓸모없는 강좌와 할 수 없는 계획을 강요하거나

무모한 혹은 무리한 스케줄로

1년의 출발을 무의미하게 하지 않습니다.

형식은 모방해도 내용은 모방할 수 없습니다.

smart is sexy

Orbi.kr

출발의 습관은 수능날까지 계속됩니다.

개인의 능력을 극대화 시킬 모든 계획이 오르비학원에 있습니다.

랑데뷰
N   제

쉬사준킬
수 학 Ⅰ

랑데뷰세미나

저자의
수업노하우가 담겨있는
고교수학의 심화개념서

★ 2022 개정교육과정 반영

랑데뷰 기출과 변형 (총 5권)

최신 개정판

- 1~4등급 추천(권당 약 400~600여 문항)

Level 1 - 평가원 기출의 쉬운 문제 난이도
Level 2 - 준킬러 이하의 기출+기출변형
Level 3 - 킬러난이도의 기출+기출변형

모든 기출문제 학습 후 효율적인 복습
재수생, 반수생에게 효율적

〈랑데뷰N제 시리즈〉

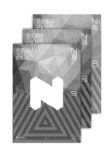

라이트N제 (총 3권)

- 2~5등급 추천

수능 8번~13번 난이도로 구성

총 30회분의 시험지 타입
- 회차별 공통 5문항, 선택 각 2문항
  총 11문항으로 구성

독학용 일일학습지
또는 과제용으로 적합

랑데뷰N제 쉬사준킬 최신 개정판

- 1~4등급 추천(권당 약 240문항)

쉬운4점~준킬러 문항 학습에 특화
실전개념 및 스킬 등이 포함된
문제와 해설로 구성

기출문제 학습 후 독학용
또는 학원교재로 적합

랑데뷰N제 킬러극킬 최신 개정판

- 1~2등급 추천(권당 약 120문항)

준킬러~킬러 문항 학습에 특화
실전개념 및 스킬 등이 포함된
문제와 해설로 구성

모의고사 1등급 또는 1등급 컷에
근접한 2등급학생의 독학용

〈랑데뷰 모의고사 시리즈〉 1~4등급 추천

랑데뷰 폴포 수학1,2

- 1~3등급 추천(권당 약 120문항)

공통영역 수1,2에서 출제되는
4점 유형 정리

과목당 엄선된 6가지 테마로 구성
테마별 고퀄리티 20문항

독학용 또는 학원교재로 적합

최신 개정판
싱크로율 99% 모의고사

싱크로율 99%의 변형문제로 구성되어
평가원 모의고사를 두 번 학습하는 효과

랑데뷰☆수학모의고사 시즌1~2

매년 8월에 출간되는 봉투모의고사
실전력을 높이기 위한
100분 풀타임 모의고사 연습에 적합

랑데뷰 시리즈는 **전국 서점** 및 **인터넷서점**에서 구입이 가능합니다.

수능 대비 수학 문제집 **랑데뷰N제 시리즈**는 다음과 같은 난이도 구분으로 구성됩니다.

1단계 – 랑데뷰 쉬삼쉬사 [pdf : 아톰에서 판매]

⇨ 기출 문제 [교육청 모의고사 기출 3점 위주]와 자작 문제로 구성되었습니다.
어려운 3점, 쉬운 4점 문항

교재 활용 방법

① 오르비 아톰의 전자책 판매에서 pdf를 구매한다.
② 3점 위주의 교육청 모의고사의 기출 문제와 조금 어렵게 제작된 자작문제를 푼다.
③ 3~5등급 학생들에게 추천한다.

2단계 – 랑데뷰 쉬사준킬 [종이책]

⇨ 변형 자작 문항(100%)
쉬운 4점과 어려운 4점, 준킬러급 난이도 변형 자작 문항 (쉬사준킬의 모든 교재의 문항수가 200문제
이상)이 출제유형별로 탑재되어 있음

교재 활용 방법

① 랑데뷰 [기출과 변형] 문제집과 같은 순서로 유형별로 정리되어 기출과 변형을 풀어본 후 과제용으로
   풀어보면 효과적이다.
② [기출과 변형]과 병행해도 좋다. [기출과 변형]의 단원별로 Level1, level2까지만 완료 한 후 쉬사준킬의
   해당 단원 풀기
③ 준킬러 문항을 풀어내는 시간을 단축시키기 위한 교재이다. N회독 하길 바란다.
④ 학원 교재로 사용되면 효과적이다.
⑤ 1~4등급 학생들에게 추천한다.

3단계 – 랑데뷰 킬러극킬 [종이책]

⇨ 변형 자작 문항(100%)
킬러급 난이도 변형 자작 문항(킬러극킬의 모든 교재의 문항수가 100문제 이상)이 탑재되어 있음

교재 활용 방법

① 랑데뷰 [기출과 변형]의 Level3의 문제들을 완벽히 완료한 후 시작하도록 하자.
② 킬러 문항의 해결에 필요한 대부분의 아이디어들이 킬러극킬에 담겨 있다.
③ 1등급 학생들과 그 이상의 실력을 갖춘 학생들에게 추천한다.

조급해하지 말고 자신을 믿고 나아가세요. 길은 있습니다. [휴민고등수학 김상호T]

출제자의 목소리에 귀를 기울이면, 길이 보입니다. [이호진고등수학 이호진T]

부딪혀 보세요. 아직 오지 않은 미래를 겁낼 필요 없어요. [평촌다수인수학학원 도정영T]

괜찮아, 틀리면서 배우는거야 [반포파인만고등관 김경민T]

해뜨기전이 가장 어둡잖아. 조금만 힘내자! [한정아수학학원 한정아T]

하기 싫어도 해라. 감정은 사라지고, 결과는 남는다. [떠매수학 박수혁T]

Step by step! 한 계단씩 밟아 나가다 보면 그 끝에 도달할 수 있습니다. [가나수학전문학원 황보성호T]

너의 死活걸고. 수능수학 잘해보자. 반드시 해낸다. [오정화대입전문학원 오정화T]

넓은 하늘로의 비상을 꿈꾸며 [장선생수학학원 장세완T]

괜찮아 잘 될 거야~ 너에겐 눈부신 미래가 있어!!! [수지 수학대가 김영식T]

진인사대천명(盡人事待天命) : 큰 일을 앞두고 사람이 할 수 있는 일을 다한 후에 하늘에 결과를 맡기고 기다린다. [수학만영어도학원 최수영T]

자신의 능력을 믿어야 한다. 그리고 끝까지 굳세게 밀고 나아가라. [오라클 수학교습소 김 수T]

그래 넌 할 수 있어! 네 꿈은 이루어 질거야! 끝까지 널 믿어! 너를 응원해! [수학공부의장 이덕훈T]

Do It Yourself [강동희수학 강동희T]

인내는 성공의 반이다 인내는 어떠한 괴로움에도 듣는 명약이다 [MQ멘토수학 최현정T]

계속 하다보면 익숙해지고 익숙해지면 쉬워집니다. [혁신청람수학 안형진T]

남을 도울 능력을 갖추게 되면 나를 도울 수 있는 사람을 만나게 된다. [최성훈수학학원 최성훈T]

지금 잠을 자면 꿈을 꾸지만 지금 공부 하면 꿈을 이룬다. [이미지매쓰학원 정일권T]

1등급을 만드는 특별한 습관 랑데뷰수학으로 만들어 드립니다. [이지훈수학 이지훈T]

지나간 성적은 바꿀 수 없지만 미래의 성적은 너의 선택으로 바꿀 수 있다. 그렇다면 지금부터 열심히 해야 되는 이유가 충분하지 않은가? [칼수학학원 강민구T]

작은 물방울이 큰바위를 뚫을수 있듯이 집중된 노력은 수학을 꿰뚫을수 있다. [제우스수학 김진성T]

자신과 타협하지 않는 한 해가 되길 바랍니다. [답길학원 서태욱T]

무슨 일이든 할 수 있다고 생각하는 사람이 해내는 법이다. [대전오엠수학 오세준T]

부족한 2% 채우려 애쓰지 말자. 랑데뷰와 함께라면 저절로 채워질 것이다. [김이김학원 이정배T]

네가 원하는 꿈과 목표를 위해 최선을 다 해봐! 너를 응원하고 있는 사람이 꼭 있다는 걸 잊지 말고~ [매천필즈수학학원 백상민T]

'새는 날아서 어디로 가게 될지 몰라도 나는 법을 배운다'는 말처럼 지금의 배움이 앞으로의 여러분들 날개를 펼치는 힘이 되길 바랍니다. [가나수학전문학원 이소영T]

꿈을향한 도전! 마지막까지 최선을... [서영만학원 서영만T]

앞으로 펼쳐질 너의 찬란한 이십대를 기대하며 응원해. 이 시기를 잘 이겨내길 [굿티쳐강남학원 배용제T]

괜찮아 잘 될 거야! 너에겐 눈부신 미래가 있어!! 그대는 슈퍼스타!!! [수지 수학대가 김영식T]

"최고의 성과를 이루기 위해서는 최악의 상황에서도 최선을 다해야 한다!!"[샤인수학학원 필재T]

랑데뷰
N 제

하루 중 90%는 겸손하게 10%는 자신있게...

목차

랑데뷰
N   제

하루 중 90%는 겸손하게 10%는 자신있게...

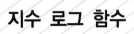

지수 로그 함수

1

거듭제곱근의 뜻과 성질

출제유형 | 거듭제곱근의 뜻과 성질을 이용하는 문제가 출제된다.

출제유형잡기 | 거듭제곱근의 뜻과 성질을 이용하는 문제를 해결한다.

(1) 실수 a와 2 이상의 자연수 n에 대하여 $x^n = a$를 만족시키는 실수 x, 즉 a의 n제곱근 중 실수인 것은 다음과 같다.

① n이 짝수인 경우

• $a > 0$일 때 : $\sqrt[n]{a}$, $-\sqrt[n]{a}$로 2개다.

• $a = 0$일 때 : 0으로 1개다.

• $a < 0$일 때 : 없다.

② n이 홀수인 경우

$\sqrt[n]{a}$로 1개뿐이다.

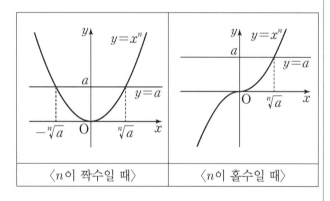

| 〈n이 짝수일 때〉 | 〈n이 홀수일 때〉 |

(2) $a > 0$, $b > 0$이고 m, n이 2 이상의 자연수일 때,

① $\sqrt[n]{a}\,\sqrt[n]{b} = \sqrt[n]{ab}$

② $\dfrac{\sqrt[n]{a}}{\sqrt[n]{b}} = \sqrt[n]{\dfrac{a}{b}}$

③ $(\sqrt[n]{a})^m = \sqrt[n]{a^m}$

④ $\sqrt[m]{\sqrt[n]{a}} = \sqrt[mn]{a}$

⑤ $\sqrt[np]{a^{mp}} = \sqrt[n]{a^m}$ (단, p는 자연수)

01

2이상의 자연수 n에 대하여 $n^2 - 15n + 50$의 n제곱근 중 실수인 것의 개수를 $f(n)$이라 하자.

$$f(k+2) = f(k+1) + f(k)$$

을 만족시키는 2이상의 모든 자연수 k의 개수는? [4점]

① 2   ② 3   ③ 4   ④ 5   ⑤ 6

02

자연수 n $(n \geq 2)$에 대하여 $\sqrt[3]{3} \times \sqrt[9]{27}$ 가 어떤 자연수 a의 n제곱근이 되도록 하는 n의 최솟값을 α라 하고, 이때의 a의 값을 β라 하자. $\alpha\beta$의 값은? [4점]

① 24 　　② 27 　　③ 30 　　④ 33 　　⑤ 36

03

그림과 같이 길이가 $\sqrt[4]{80}$ 인 선분 AB를 지름으로 하는 반원 위에 두 점 P_1와 P_2가 있다. 점 P_1와 P_2에서 선분 AB에 내린 수선의 발을 각각 H_1, H_2라 할 때, $\overline{P_1 H_1} = \dfrac{1}{\sqrt[4]{5}}$, $\overline{P_2 H_2} = \dfrac{2}{\sqrt[4]{5}}$이다. 점 P_1에서 선분 $P_2 H_2$에 내린 수선의 발을 H_3라 할 때, 삼각형 $P_1 H_3 P_2$의 넓이를 S라 하자. $S^2 = \dfrac{q}{p}$일 때, $p+q$의 값을 구하시오. (단, p, q는 서로소인 자연수이다.)

[4점]

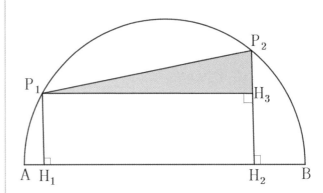

출제유형 | 거듭제곱근을 지수가 유리수인 꼴로 나타내는 문제, 지수법칙을 이용하여 식의 값을 계산하는 문제가 출제된다.

출제유형잡기 | 지수법칙을 이용하여 문제를 해결한다.

(1) 0 또는 음의 정수인 지수

$a \neq 0$이고 n이 양의 정수일 때,

$$a^0 = 1, \quad a^{-n} = \frac{1}{a^n}$$

(2) 유리수인 지수

$a > 0$이고 m은 정수, n은 2이상의 자연수일 때

① $a^{\frac{1}{n}} = \sqrt[n]{a}$ ② $a^{\frac{m}{n}} = \sqrt[n]{a^m}$

(3) 지수법칙의 확장

$a > 0$, $b > 0$이고 x, y가 실수일 때

① $a^x \times a^y = a^{x+y}$ ② $a^x \div a^y = a^{x-y}$

③ $(a^x)^y = a^{xy}$ ④ $(ab)^x = a^x b^x$

2이상 100이하의 두 자연수 m, n에 대하여 $\sqrt[n]{3^m}$ 과 $\sqrt[n]{m^4}$ 이 모두 자연수가 되도록 하는 순서쌍 (m, n)의 개수를 구하시오. [4점]

05

집합 $A_1 = \{64, 729\}$이고, 2이상의 자연수 n에 대하여 집합 A_n은 $a^{n+1} \in A_{n-1}$일 때, x에 대한 방정식 $x^n = a$의 해집합이다. 집합 A_3의 모든 원소의 곱은? (단, a는 실수이다.) [4점]

① $4^{\frac{1}{4}}$ ② $6^{\frac{1}{6}}$ ③ $8^{\frac{1}{8}}$ ④ $10^{\frac{1}{10}}$ ⑤ $12^{\frac{1}{12}}$

06

실수 x와 0이 아닌 정수 n에 대하여

$$4^{x - \frac{20}{n}} - 2^x + 4^{-\frac{20}{n}} = 0$$

을 만족시키도록 x, n의 값을 정할 때, $4^x + 4^{-x}$의 값이 자연수가 되도록 하는 n의 최댓값을 구하시오. [4점]

07

그림과 같이 원 밖의 점 P에서 원에 그은 접선의 접점을
A라 하고, 점 P을 지나는 직선이 원과 만나는 두 점을
B, C라 하자. $\overline{PB} = 4^x - 2^x + 4$,
$\overline{BC} = 2^{x+1}$, $\overline{PA} = \sqrt{6} \times 2^{x+1}$가 되도록 하는 모든 x의
값에 대한 모든 $\overline{PA}$의 길이의 곱을 구하시오. [4점]

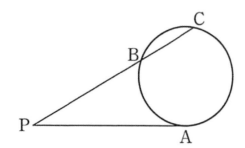

출제유형 | 거듭제곱근의 성질과 지수법칙을 이용하여 식의 값을 구하거나 거듭제곱근의 대소 관계를 구하는 문제가 출제된다.

출제유형잡기 | 주어진 식의 값을 구할 때에는 거듭제곱근의 성질과 지수법칙을 이용하여 조건식의 주어진 식의 값을 구할 수 있는 꼴로 나타낸다.

또한 거듭제곱근의 대소 관계를 구할 때에는 다음을 이용하여 문제를 해결한다.

(1) 밑을 같게 할 수 있을 때에는 밑을 같게 하여 지수를 비교한다.

(2) 밑을 같게 할 수 없을 때에는 지수를 유리수로 고친 후 유리수 지수의 분모를 통분하여 비교한다.

08

$5 \times 16^x - 4^y = 2^{2022}$을 만족시키는 자연수 x, y에 대하여 $y - x$의 값을 구하시오. [4점]

로그의 뜻과 성질

출제유형 | 로그의 뜻과 로그의 성질을 이용하여 주어진 식의 값을 구하는 문제가 출제된다.

출제유형잡기 | 로그의 뜻과 성질을 이용하는 문제를 해결한다.

(1) $a > 0$, $a \neq 1$이고 $b > 0$일 때,
$a^x = b \Leftrightarrow x = \log_a b$

(2) $\log_a b$가 정의되도록 하는 밑 a와 진수 b의 조건은 $a > 0$, $a \neq 1$이고 $b > 0$이다.

(3) 로그의 성질
$a > 0$, $a \neq 1$이고 $x > 0$, $y > 0$일 때
① $\log_a a = 1$, $\log_a 1 = 0$
② $\log_a xy = \log_a x + \log_a y$
③ $\log_a \dfrac{x}{y} = \log_a x - \log_a y$
④ $\log_a x^k = k \log_a x$

09

서로 다른 두 자연수 m, n ($m > 1$, $n > 1$)에 대하여 다음 조건을 만족시키는 모든 순서쌍 (m, n)의 개수를 구하시오. [4점]

(가) $\log_2 m + \log_2 n \leq 7$
(나) $\log_m n$은 유리수이다.

10

다음 조건을 만족시키는 2이상의 모든 자연수 n의 값의 합은? [4점]

$\log_n \dfrac{243}{m}$ 과 $\log_m 81$가 모두 자연수가 되도록 하는 실수 m $(m > 1)$이 존재한다.

① 100 ② 110 ③ 120 ④ 130 ⑤ 140

11

$\log_2 (-x^2 + 2\sqrt{a}\,x + 3a)$의 값이 자연수가 되도록 하는 실수 x의 개수가 9일 때, 자연수 a의 값을 구하시오. [4점]

출제유형 | 로그의 여러 가지 성질을 이용하여 주어진 식의 값을 구하는 문제가 출제된다.

출제유형잡기 | 로그의 밑의 변환 공식을 포함한 여러 가지 성질을 이용하여 문제를 해결한다.

$a > 0$, $a \neq 1$이고 $b > 0$일 때

① $\log_a b = \dfrac{\log_c b}{\log_c a}$ (단, $c > 0$, $c \neq 1$)

② $\log_a b = \dfrac{1}{\log_b a}$ (단, $b \neq 1$)

③ $\log_a b \times \log_b a = 1$ (단, $b \neq 1$)

④ $\log_a b \times \log_b c = \log_a c$ (단, $b \neq 1$, $c > 0$)

12

1이 아닌 두 양수 a, b에 대하여

$$\sqrt[3]{a} = \sqrt{b}, \quad a\log b = b\log a$$

일 때, $a - b$의 값은? [4점]

① $-\dfrac{9}{8}$ ② $-\dfrac{1}{8}$ ③ $\dfrac{1}{8}$ ④ $\dfrac{9}{8}$ ⑤ $\dfrac{9}{4}$

13

$a > b+1 > 2$인 두 실수 a, b가 다음 조건을 만족시킬 때, $\log_2(a+b)$의 값은? [4점]

> (가) $\log_{a-b}8 = \dfrac{3}{2}$
>
> (나) $\log_{a+1}b \times \log_4(a+1) + \log_2\sqrt{a+\dfrac{1}{b}}$
> $= \log_2\sqrt{61}$

① 3   ② $\dfrac{7}{2}$ ③ 4   ④ $\dfrac{9}{2}$ ⑤ 5

14

1보다 큰 세 실수 a, b, c에 대하여 세 수 $\log a + \log c$, $\log_c a$, $\log_b c$는 모두 한 자리 자연수이고 $\log_c a = \log_b c$일 때, $a \times b \times c$의 최댓값을 M이라 하자. $\log M$의 값은? [4점]

① $\dfrac{23}{2}$ ② 12   ③ $\dfrac{25}{2}$ ④ 13   ⑤ $\dfrac{27}{2}$

15

1이 아닌 두 양수 a, b에 대하여 $a^3 = b^2$일 때,
$\log_b\left(\sqrt{a^m} \times b^n\right) = 8$을 만족시키는 두 자연수 m, n의
합 $m+n$의 최댓값과 최솟값의 합을 구하시오. [4점]

출제유형 ｜ 상용로그를 이용하여 주어진 식의 값을 구하는 문제가 출제된다.

출제유형잡기 ｜ 상용로그의 뜻을 이해하여 주어진 식의 값을 직접 구하거나, 상용로그를 이용할 수 있도록 변형한다.

16

양수 x가 다음 조건을 만족시킬 때, $7 \log x$의 값을 구하시오. [4점]

(가) $2 < \log x < \dfrac{5}{2}$

(나) $\log \dfrac{x^3}{4}$ 와 $\log \dfrac{5}{2\sqrt{x}}$ 의 소수부분이 같다.

출제유형 | 지수함수의 성질과 그 그래프의 특징을
이해하고 있는지를 묻는 문제가 출제된다.

출제유형잡기 | 지수함수의 밑의 범위에 따른 지수함수의
증가와 감소, 지수함수의 그래프의 점근선, 평행이동과
대칭이동을 이해하여 문제를 해결한다.

17

그림과 같이 기울기가 1인 직선 l이 함수 $y=3^x$의
그래프와 만나는 두 점을 A, B라 하고, 두 점 A, B에서
y축에 내린 수선의 발을 각각 C, D라 하자.

$\overline{\mathrm{AB}}=4\sqrt{2}$ 일 때 $\dfrac{\overline{\mathrm{OD}}}{\overline{\mathrm{OC}}}$ 값을 구하시오. [4점]

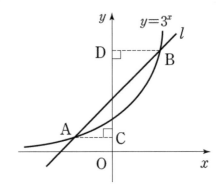

18

$a > 1$인 실수 a에 대하여 곡선 $y = a^x$와 원

$C : x^2 + \left(y - \dfrac{5}{3}\right)^2 = \dfrac{52}{9}$ 이 만나는 서로 다른 두점을

각각 A, B라 하자. 직선 AB가 원 C의 넓이를 이등분할 때, a^2의 값을 구하시오. [4점]

19

서로 다른 두 함수

$$f(x) = 2^{3x-2} + 2, \quad g(x) = -a^{x+b} + c$$

와 직선 l이 다음 조건을 만족시킬 때, $a + b + c$의 값은? (단, a, b, c는 상수이다.) [4점]

> (가) 두 곡선 $y = f(x)$, $y = g(x)$의 점근선은 모두 직선 l이다.
> (나) 실수 t에 대하여 직선 $x = t$가 두 곡선 $y = f(x)$, $y = g(x)$ 및 직선 l과 만나는 점을 각각 P, Q, R라 하면 모든 실수 t에 대하여 $\overline{\text{PR}} = \overline{\text{QR}}$이다.

① 9   ② $\dfrac{28}{3}$ ③ $\dfrac{29}{3}$ ④ 10   ⑤ $\dfrac{31}{3}$

출제유형 | 지수에 포함된 방정식, 부등식의 해를 구하는 문제가 출제된다.

출제유형잡기 | 지수에 미지수가 포함된 방정식, 부등식의 해를 구할 때는 다음과 같은 성질을 이용하여 해결한다.

(1) $a > 0$, $a \neq 1$일 때, $a^{f(x)} = a^{g(x)} \Leftrightarrow f(x) = g(x)$

(2) $a > 1$일 때, $a^{f(x)} < a^{g(x)} \Leftrightarrow f(x) < g(x)$

(3) $0 < a < 1$일 때, $a^{f(x)} < a^{g(x)} \Leftrightarrow f(x) > g(x)$

20

그림과 같이 $0 < a < 1$인 상수 a에 대하여 두 함수 $f(x) = 2^{2x}$, $g(x) = -a^x$가 있다. 두 곡선 $y = f(x)$, $y = g(x)$가 y축과 만나는 점을 각각 A, B라 하자. 곡선 $y = f(x)$ 위의 제1사분면의 점 P에 대하여 직선 AP의 기울기를 m_1, 직선 BP의 기울기를 m_2, 직선 AP가 곡선 $y = g(x)$와 만나는 점을 Q(p, q)라 하자. $\dfrac{m_2}{m_1} = \dfrac{5}{3}$, $a^p = -2p$일 때, a의 값은? (단, p와 q는 음의 상수이다.) [4점]

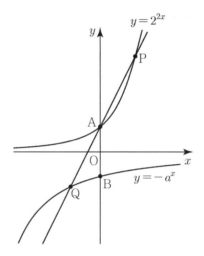

① $\dfrac{1}{2}$　　② $\dfrac{1}{3}$　　③ $\dfrac{1}{4}$　　④ $\dfrac{1}{5}$　　⑤ $\dfrac{1}{6}$

21

두 함수 $y = 2^{-x}$, $y = 4^{-x} + 3$ 가 직선 $y = 3x + k$와 만나는 점을 각각 점 A, 점 B라 하고 직선 $y = 3x + k$의 y축과 만나는 점을 점 C라 하자. $\overline{AB} = \sqrt{10}$일 때, 삼각형 OAC의 넓이를 구하시오. (단, O는 원점이다.) [4점]

22

두 곡선 $y = a^{x+3}$, $y = a^x + b$가 직선 $2x + y - 5 = 0$과 각각 한 점에서 만나고, 이 두 점 사이의 거리가 실수 a의 값에 관계없이 $3\sqrt{5}$로 일정할 때, 상수 b의 값은? (단, $a > 0$, $b < 0$) [4점]

① -6　　② -5　　③ -4　　④ -3　　⑤ -2

지수함수 $f(x) = -2^{x-2} + 3$에 대하여 $a_1 = 1$,
$a_{n+1} = f(a_n)$ $(n = 1, 2, 3, 4)$일 때, a_3, a_4, a_5의 대소
관계를 옳게 나타낸 것은? [4점]

① $a_3 < a_4 < a_5$　　　② $a_3 < a_5 < a_4$

③ $a_4 < a_3 < a_5$　　　④ $a_4 < a_5 < a_3$

⑤ $a_5 < a_3 < a_4$

지수함수 $f(x) = -2^{x-2} + 3$에 대하여 $a_1 = 1$,
$a_{n+1} = f(a_n)$ $(n = 1, 2, 3, 4)$일 때, a_3, a_4, a_5의 대소
관계를 옳게 나타낸 것은? [4점]

출제유형 | 로그함수의 성질과 그 그래프의 특징을
이해하고 있는지를 묻는 문제가 출제된다.

출제유형잡기 | 로그함수의 밑의 범위에 따른 로그함수의
증가와 감소, 로그함수의 그래프의 점근선, 평행이동과
대칭이동을 이해하여 문제를 해결한다.

24

두 상수 a, b ($1 < a < b$)에 대하여 기울기가 $-\dfrac{3}{4}$ 인
직선이 두 곡선 $y = \log_a x$, $y = \log_b x$와 만나는 점을
각각 A, B라 하고, x축, y축과 만나는 점을 각각 C,
D라 하자. $\angle OCD$와 $\angle ODC$의 이등분선이 곡선
$y = \log_b x$위의 점 E에서 만나고 직선 AE는 x축에
수직이다. $\overline{AB} = \overline{AE}$ 일 때, $a \times b$의 값은? (단, O는
원점이고 점 C의 x좌표는 1보다 크다.) [4점]

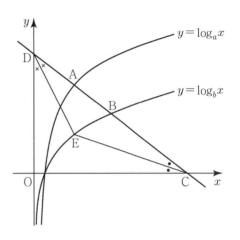

① $2^{\frac{13}{18}}$ ② $2^{\frac{7}{9}}$ ③ $2^{\frac{5}{6}}$ ④ $2^{\frac{8}{9}}$ ⑤ 2

25

직선 $y = mx \ (m > 0)$와 곡선 $y = \log_2 x$가 서로 다른 두 점 A, B $\left(\overline{\mathrm{OA}} < \overline{\mathrm{OB}}\right)$에서 만난다. 직선 $y = mx$가 곡선 $y = -\log_2(-x)$와 만나는 점 중 O와 가까운 점을 C라 하자. $\overline{\mathrm{AC}} : \overline{\mathrm{AB}} = 2 : 3$일 때, m의 값은? [4점]

① $\dfrac{\sqrt[3]{2}}{6}$ ② $\dfrac{\sqrt{2}}{6}$ ③ $\dfrac{\sqrt[3]{2}}{3}$ ④ $\dfrac{\sqrt{2}}{3}$ ⑤ $\dfrac{2}{3}$

26

두 함수 $y = \log_a x$, $y = \log_{2a} x \ (a > 0)$의 그래프가 직선 $y = k$와 만나는 두 점을 A, B라 하고 직선 $y = 2k$와 만나는 두 점을 C, D라 할 때, 이 점들은 다음 조건을 만족시킬 때, $a^2 + k$의 값은? (단, $k > 0$이다.) [4점]

(가) $\dfrac{\overline{\mathrm{CD}}}{\overline{\mathrm{AB}}} = 6$
(나) 세 점 O, A, C는 한 직선 위에 있다.

① 5 ② 6 ③ 7 ④ 8 ⑤ 9

27

그림과 같이 곡선 $y = \log_{\frac{1}{2}} x$ 위에 두 점 P, Q가 있다.

두 점 P, Q의 x좌표는 각각 a, b $(0 < a < 1 < b)$이고 직선 PQ의 기울기를 m $(m < 0)$이라 할 때, 점 P를 지나며 기울기가 $-m$인 직선이 x축, y축과 만나는 점을 각각 A, B라 하고, 점 Q를 지나며 기울기가 $-m$인 직선이 x축과 만나는 점을 C라 하자.

$\overline{AP} = 3\overline{PB}$, $\overline{CQ} = \dfrac{2}{3}\overline{AP}$ 일 때, $a^5 b^{10}$의 값을 구하시오. [4점]

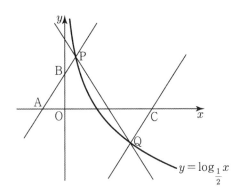

28

그림과 같이 x절편이 점 P를 지나는 직선

$l : y = \dfrac{4}{3}x - k$와 함수 $f(x) = \log_8(x+1)$,

$g(x) = \log_8(x-2) + 4$ 가 만나는 점을 각각 A, B라 하자. $\overline{PA} : \overline{AB} = 1 : 3$ 일 때, k의 값은? [4점]

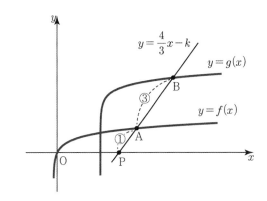

① $\dfrac{54}{3}$ ② $\dfrac{56}{3}$ ③ $\dfrac{58}{3}$ ④ 30   ⑤ $\dfrac{62}{3}$

출제유형잡기 | 로그의 진수에 미지수가 포함된 방정식, 부등식의 해를 구할 때는 다음과 같은 성질을 이용하여 문제를 해결한다.

(1) $a > 0$, $a \neq 1$일 때,
$\log_a f(x) = \log_a g(x) \Leftrightarrow f(x) = g(x)$, $f(x) > 0$, $g(x) > 0$

(2) $a > 1$일 때, $\log_a f(x) < \log_a g(x) \Leftrightarrow$ $0 < f(x) < g(x)$

(3) $0 < a < 1$일 때, $\log_a f(x) < \log_a g(x) \Leftrightarrow$ $f(x) > g(x) > 0$

29

두 실수 a, b에 대하여 x에 대한 방정식

$$\log_4(x^2 - 2ax + a^2) = \log_2(-x^2 + 2bx - b^2 + 2)$$

가 오직 하나의 실근을 갖도록 하는 모든 실수 a의 값을 크기가 작은 순서대로 k_1, k_2, $\cdots$, k_m이라 하자.

$\sum_{n=1}^{m} k_n = 8$일 때, $k_m \times b^2$의 값은? [4점]

① 13   ② 14   ③ 15   ④ 16   ⑤ 17

30

좌표평면에서 함수 $f(x)=\log_2(2x-4)-1$의 그래프
위의 두 점 $(10, 3)$, $(4, 1)$을 지나는 직선 $y=g(x)$가
있다. 부등식 $\log_{g(x)}f(x) \geq 1$을 만족시키는 모든
자연수 x의 값의 합은? [4점]

① 45　　② 46　　③ 47　　④ 48　　⑤ 49

31

이차함수 $y=f(x)$의 그래프와 직선 $y=\dfrac{2}{3}x+\dfrac{2}{3}$이

그림과 같을 때, 부등식

$\log_2 f(x)+\log_{\frac{1}{4}}\left(\dfrac{2}{3}x+\dfrac{2}{3}\right)^2 \leq 0$을 만족시키는 모든

정수 x의 값의 합을 구하시오. (단, $f(-3)=f(7)=0$,
$f(3)=\dfrac{8}{3}$) [4점]

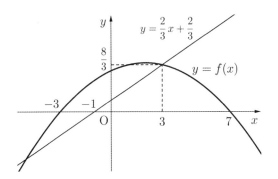

32

서로 다른 두 실근을 갖는 두 방정식
$2^{2x} - a \times 2^x + 1024 = 0$과
$(\log_3 x)^2 - \log_3 x^2 + b = 0$의 두 근이 모두 같을 때,
상수 a, b에 대하여 $a + b$의 값을 구하시오. [4점]

출제유형 | 지수함수의 그래프와 로그함수의 그래프의 관계를 활용하는 문제가 출제된다.

출제유형잡기 | 지수함수의 그래프와 로그함수의 그래프의 관계와 지수, 로그 성질을 이용하여 문제를 해결한다.

33

상수 a $(a > 1)$에 대하여 두 함수

$$f(x) = a^x, \quad g(x) = 2\log_a x$$

가 있다. 곡선 $y = f(x)$ 위의 점 중 제1사분면에 있는 점 $A(t, f(t))$를 지나고 기울기가 -1인 직선이 곡선 $y = g(x)$와 만나는 점을 B라 하고, 곡선 $y = g(x)$ 위의 점 C에서 x축에 내린 수선의 발을 D라 하자. 점 B가 삼각형 ACD의 무게중심이고 직선 BC의 기울기가 $\dfrac{1}{2}$일 때, t의 값은? (단, $t > 0$) [4점]

① $\dfrac{3^{11}}{7^6}$ ② $\dfrac{3^{12}}{7^6}$ ③ $\dfrac{3^{11}}{7^5}$ ④ $\dfrac{3^{12}}{7^5}$ ⑤ $\dfrac{3^{12}}{7^7}$

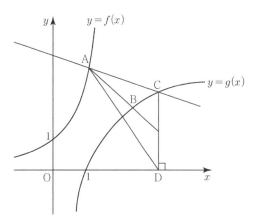

34

자연수 n에 대하여 곡선 $y = 2^{-x}$ 와 직선 $y = -3x + k$ $(k > 1)$이 만나는 두 점을 A_n, B_n이라 하자. 실수 t와 양수 r에 대하여 두 점 A_n, B_n을 지나는 원 $(x-t)^2 + (y-t)^2 = r^2$이 곡선 $y = \log_2 \dfrac{1}{x}$와 만나는 점 중 x좌표가 작은 값을 x_n라 하자. $\overline{A_nB_n} = n \times \sqrt{10}$ 일 때, $x_4 + x_6$의 값은? (단, k는 상수이다.) [4점]

① $\dfrac{36}{35}$ ② $\dfrac{38}{35}$ ③ $\dfrac{8}{7}$ ④ $\dfrac{6}{5}$ ⑤ $\dfrac{44}{35}$

35

자연수 a와 두 양의 상수 b, c에 대하여 함수 $f(x)$를

$$f(x) = \begin{cases} \left| 2^{x-b} - c \right| & (x \le a) \\ \left| \log_3(x-3) \right| & (x > a) \end{cases}$$

라 하자. x에 대한 방정식 $f(x) = t$의 서로 다른 실근의 개수가 3이 되도록 하는 실수 t의 값의 범위가 $0 < t < 2$일 때, 모든 $a + b + c$의 값의 합을 구하시오. [4점]

36

그림과 같이 $0 < a < 1$인 실수 a에 대하여 두 곡선 $y = a^x$와 $y = \log_a x$가 있다. 원점을 지나는 직선 l_1과 곡선 $y = a^x$가 만나는 점을 원점에서 가까운 순으로 A, B라 하고 원점을 지나는 직선 l_2와 곡선 $y = \log_a x$가 만나는 점을 원점에서 가까운 순으로 C, D라 하자. 네 점 A, B, C, D가 다음 조건을 만족시킬 때, 선분 AC의 길이는? (단, O는 원점이다.) [4점]

(가) 직선 BD의 방정식은 $y = -x + \sqrt{3}$이다.
(나) $\overline{\text{OA}} : \overline{\text{CD}} = 1 : 2$

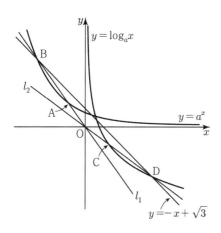

① $\sqrt{6}$ ② $\dfrac{4\sqrt{6}}{3}$ ③ $\dfrac{5\sqrt{6}}{3}$ ④ $2\sqrt{6}$ ⑤ $\dfrac{7\sqrt{6}}{3}$

37

그림과 같이 곡선 $y = 2^{x-2}$와 직선 $y = x$로 둘러싸인 부분의 넓이와 곡선 $y = \log_2(-x + a) + b$와 직선 $y = -x + 8$로 둘러싸인 부분의 넓이가 같을 때, $a + b$의 값은? [4점]

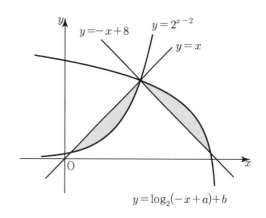

① 8 ② 9 ③ 10 ④ 11 ⑤ 12

38

$a > 1$, $b > 1$인 두 상수 a, b에 대하여 함수

$y = a^x - b$의 그래프 위의 점 $A(2, 13)$를 지나고
기울기가 -1인 직선이 함수 $y = \log_a(x+b)$의 그래프와
만나는 점을 B, 두 곡선 $y = a^x - b$와
$y = \log_a(x+b)$의 그래프와 만나는 점을 C 라 하자.

삼각형 ACB의 넓이가 $\dfrac{143}{2}$일 때, $a+b$의 값을
구하시오. (단, 점 C는 제1사분면 위의 점이다.) [4점]

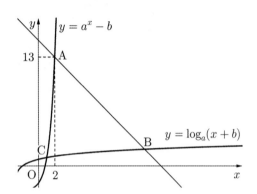

39

실수 전체의 집합에서 연속인 함수

$$f(x) = \begin{cases} -\log_2(-x) & (x < \alpha) \\ 2^{-x} + k & (x \geq \alpha) \end{cases}$$

에 대하여 곡선 $y = f(x)$와 직선 $y = t$가 만나는 점의
개수를 $g(t)$라 하자.
함수 $g(t)$가 $t = k$, $t = 1$에서만 불연속일 때, k의 값은?
[4점]

① -2 ② $-\sqrt{2}$ ③ -1

④ $1 - \sqrt{2}$ ⑤ $2 - \sqrt{2}$

지수함수와 로그함수의 최댓값과 최솟값

출제유형 | 지수함수와 로그함수의 증가와 감소를 이해하여 주어진 구간에서 지수함수 또는 로그함수의 최댓값과 최솟값을 구하는 문제가 출제된다.

출제유형잡기 | 밑의 범위에 따른 지수함수와 로그함수의 증가와 감소를 이해하여 주어진 구간에서 지수함수 또는 로그함수의 최댓값과 최솟값을 구하는 문제를 해결한다.

40

함수 $y = \log_2 x$의 그래프가 x축과 만나는 점을 A라 하자. $y = \log_2 (x+a)$의 그래프가 선분 OA를 x축의 양의 방향으로 2만큼, y축의 양의 방향으로 3만큼 평행이동한 선분과 만날 때, a의 최댓값과 최솟값의 합을 구하시오. (단, O는 원점이다.) [4점]

1이 아닌 두 양의 실수 x, y가

$\log_x y = 2\log_2 \dfrac{1}{x} + \log_x 32 + 3$을 만족시킬 때, xy는

$x = a$일 때, 최댓값 M을 갖는다. $a + M$의 값을
구하시오. [4점]

$y = 4^x + 4^{-x} + 2(2^x - 2^{-x}) + k$는 $x = p$일 때 최솟값
$\dfrac{3}{2}$을 가진다. 이때, $2^p + k$의 값은? [4점]

① $\dfrac{1}{4}$　② $\dfrac{1}{2}$　③ $\dfrac{\sqrt{5}}{4}$　④ $\dfrac{\sqrt{5}}{2}$　⑤ $\sqrt{5}$

출제유형 | 지수함수 또는 로그함수를 활용하여 주어진 식이나 문자의 값을 구하거나 지수함수 또는 로그함수가 포함된 실생활과 관련된 문제가 출제된다.

출제유형잡기 | 지수에 미지수가 포함된 방정식, 부등식 또는 로그의 진수에 미지수가 포함된 방정식, 부등식의 해를 구하여 지수함수 또는 로그함수가 포함된 실생활과 관련된 문제를 해결한다.

43

어느 연구소에서 발표한 보고서에 따르면 세계의 코로나19 감염자 수 N과 코로나19에 감염되었다가 완치된 사람 수 S사이에는 다음과 같은 관계가 성립한다고 한다.

$$\log S = \frac{9}{10}\log N + a \ (a\text{는 상수})$$

2020년 4월 초 세계의 코로나19 감염자 수가 100만이고 일정기간동안 매월 60% 씩 증가하고 있다고 한다. 코로나19에 감염되었다가 완치된 사람 수가 4월 초보다 8배 이상이 되는 달은 최소 n개월 후 이다. n의 값은? (단, $\log 2 = 0.3$, $\log 1.6 = 0.2$로 계산한다.) [4점]

① 4   ② 5   ③ 6   ④ 7   ⑤ 8

44

$(\sqrt{\sqrt[3]{2}\sqrt[4]{8}})^n$이 자연수가 되도록 하는 자연수 n의 최솟값을 구하시오. [4점]

45

-25의 세제곱근 중 실수인 것의 개수를 a, $\sqrt{23}$의 네제곱근 중 실수인 것의 개수를 b라 할 때, $a+b$의 값을 구하시오. [4점]

46

$144^x = \left(\dfrac{16}{3}\right)^y = 64$ 을 만족시키는 두 실수 x, y에

대하여 $8^{\frac{1}{2x^2}} = k \times 64^{\frac{1}{y^2}}$ 일 때, 상수 k의 값은? [4점]

① $\dfrac{2}{3}$ ② $\dfrac{4}{9}$ ③ $\dfrac{3}{2}$ ④ $\dfrac{9}{4}$ ⑤ $\dfrac{27}{8}$

47

자연수 n에 대하여 곡선 $y = \log_2 x$ 위의 두 점 A_n, B_n이 다음 조건을 만족시킨다.

> (가) 직선 $A_n B_n$의 기울기는 $\dfrac{1}{2}$이다.
>
> (나) $\overline{A_n B_n} = n \times \sqrt{5}$

두 점 A_n, B_n을 지나고 기울기가 -1인 두 직선이 곡선 $y = 2^x$와 만나는 점 중 x좌표가 큰 값을 x_n라 하자. $x_3 + x_7$의 값은? [4점]

① $11 + \log_2 \dfrac{3}{127}$ ② $12 + \log_2 \dfrac{3}{127}$

③ $13 + \log_2 \dfrac{3}{127}$ ④ $12 + \log_2 42$

⑤ $13 + \log_2 42$

48

두 실수 a, b에 대하여 두 곡선

$$y = 2^{x-a} + b, \ y = \log_2(x-b) + a$$

가 두 점 A, B에서 서로 만난다. 두 점 A, B가 다음 조건을 만족시킬 때, $a^2 + b^2$의 값은? [4점]

(가) 두 점 A, B의 거리는 $\sqrt{2}$이다.
(나) 직선 AB의 수직이등분선은 $(0, 5)$를 지난다.

① 3   ② $\dfrac{7}{2}$ ③ 4   ④ $\dfrac{9}{2}$ ⑤ 5

49

$a > 1$인 실수 a에 대하여 함수

$$f(x) = \begin{cases} 2^{\frac{x+1}{3}} & (x < 4) \\ \log_a \dfrac{24}{x+1} & (x \geq 4) \end{cases}$$

가 있다. 모든 실수 t에 대하여 닫힌구간 $[t, t+3]$에서 함수 $f(x)$의 최솟값을 $g(t)$라 하면 함수 $g(t)$는 $t = 2$에서 최대이다. $g(t) = 1$인 모든 t의 값의 합을 구하시오. [4점]

50

구간 $(-\infty, 3]$에서 연속인 함수

$$f(x)=\begin{cases} -\left|2^{x+3}-4\right| & (x<0) \\ x^3+ax^2+b & (0 \leq x \leq 3) \end{cases}$$

와 음의 실수 t에 대하여 방정식 $f(x)=t$의 서로 다른 실근의 개수를 $g(t)$라 하자. 함수 $g(t)$는 $t=c$일 때만 불연속일 때, 세 상수 a, b, c의 합 $a+b+c$의 값은? (단, $a<0$) [4점]

① -11 ② -13 ③ -15 ④ -17 ⑤ -19

51

두 자연수 a, b에 대하여 원 $(x-\log_2 a)^2+(y-\log_2 b)^2=8$ 위의 점 P에서 원과 만나지 않는 직선 $x+y-16=0$까지 거리의 최솟값이 $5\sqrt{2}$이다. $\log_a b$의 값이 자연수가 되도록 하는 순서쌍 (a, b)의 개수는? [4점]

① 4   ② 5   ③ 6   ④ 7   ⑤ 8

52

두 양의 상수 a, b에 대하여 함수 $f(x)$를

$$f(x) = \begin{cases} 2^{x+1} - b & (x < -a) \\ -\dfrac{1}{2}x + \dfrac{1}{2} & (|x| \le a) \\ 2^{-x+2} + b & (x > a) \end{cases}$$

라 하자. 다음 조건을 만족시키는 실수 k의 최댓값을 M이라 할 때, $M(a+b)$의 값을 구하시오. (단, $k > b$)
[4점]

> $-b < t < k$인 모든 실수 t에 대하여 함수
> $y = f(x)$의 그래프와 직선 $y = t$의 교점의 개수는
> 1이다.

53

좌표평면에서 곡선 $y = |5^{2-x} - a|$와 직선 $y = n$이 제 1사분면에서 만나는 점의 개수를 $f(n)$이라 하자.
$f(n) = 1$을 만족시키는 자연수 n의 개수가 1이상이고 5이하가 되도록 하는 모든 자연수 a에 대하여
$y = |5^{2-x} - a|$와 $x = 1$과 만나는 점의 y좌표의 최댓값과 최솟값의 합을 구하시오. [4점]

54

실수 x, y에 대하여

$$\frac{2^{x-y}}{1+2^{2x-2y}}+\frac{2^{y-x}}{1+2^{2y-2x}}=\frac{1}{2}$$

일 때, $2^{y-x}+2^{x-y}$의 값을 구하시오. [4점]

55

2보다 큰 자연수 a와 자연수 N에 대하여

$$\log_a N = n + \alpha \quad (\text{단, } n\text{은 정수, } 0 \le \alpha < 1)$$

일 때, $n-\alpha$의 최솟값을 $f(a)$로 정의하자.
$f(3) \times f(4) \times f(5) \times \cdots \times f(100) = k$라 할 때, 100^k의 값은? [4점]

① 1　　② 2　　③ 4　　④ 8　　⑤ 16

56

원점 O 에서 곡선 $y = 4^x$ 위의 한 점 P 를 잇는 선분 OP 가 있다. 곡선 $y = \left(\dfrac{1}{2}\right)^x$ 이 선분 OP 를 $1 : 3$ 으로 내분할 때, 점 P 의 x좌표는? [4점]

① $\dfrac{1}{9}$ ② $\dfrac{1}{7}$ ③ $\dfrac{5}{7}$ ④ $\dfrac{8}{9}$ ⑤ 1

57

그림과 같이 직선 $y = ax + b$ $(a < 0)$가 실수 b의 값에 관계없이 두 곡선 $y = \log_2(x+4)$, $y = \log_2 x - 3$와 서로 다른 두 점에서 만난다. 이 두 점 사이의 거리가 항상 일정하게 되는 상수 a의 값은? [4점]

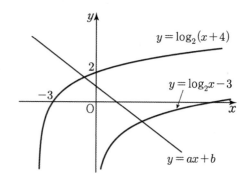

① $-\dfrac{1}{4}$ ② $-\dfrac{1}{2}$ ③ $-\dfrac{3}{4}$

④ -1 ⑤ $-\dfrac{5}{4}$

58

그림과 같이 $a > 1$인 실수 a에 대하여 두 곡선

$$y = -\frac{5}{2}\log_a(x+1), \ y = \log_a(x+1)$$

이 있다. 곡선 $y = \log_a(x+1)$과 직선 $y = \frac{\sqrt{3}}{3}x$가

서로 다른 두 점 O, A에서 만난다. 점 A를 지나고 직선

OA에 수직인 직선이 곡선 $y = -\frac{5}{2}\log_a(x+1)$와

만나는 점을 B라 하자. $\tan(\angle AOB) = \frac{4\sqrt{3}}{3}$일 때,

선분 OA의 길이는 $\frac{p\sqrt{3}+q\sqrt{7}}{3}$이다. $p+q$의 값을

구하시오. (단, O는 원점이고 p와 q는 자연수이다.)

[4점]

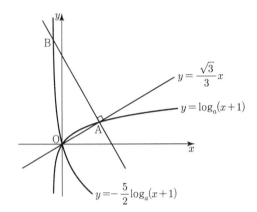

59

좌표평면에서 x축의 양의 방향 위의 점 P_n이

$\overline{OP_n} = 2\overline{OP_{n-1}}$을 만족시키고 점 P_1의 좌표를

$(1, 0)$이라 하자. 그림과 같이 점 P_n을 지나고 x축에

수직인 직선이 곡선 $y = \log_2 x$와 만나는 점을 Q_n이라

하고 삼각형 $Q_n P_{n-1} P_{n+1}$의 넓이를 S_n이라 할 때,

$\dfrac{S_{102}}{S_{101}}$의 값은? (단, n은 2이상의 자연수이고, O는

원점이다.) [4점]

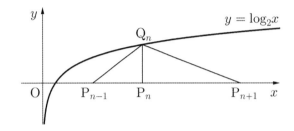

① $\dfrac{51}{50}$ ② $\dfrac{101}{50}$ ③ $\dfrac{101}{100}$

④ $\dfrac{203}{100}$ ⑤ $\dfrac{203}{200}$

60

$a > 1$인 실수 a에 대하여 좌표평면에서 두 곡선 $y = \log_a x$, $y = \log_a(8 - x)$이 x축과 만나는 두 점을 각각 A, B라 하고 두 곡선이 서로 만나는 점을 C라 하자. $\angle \text{ACB} = 90^\circ$일 때, a의 값은? [4점]

① $\sqrt{4}$　② $\sqrt[3]{4}$　③ 2　④ $\sqrt{6}$　⑤ $\sqrt[3]{6}$

61

함수 $f(x) = \log_2(x - k) - 4$의 그래프가 x축, y축과 만나는 점을 각각 A, B라 하자. 선분 BO의 길이가 자연수가 되도록 상수 k의 값을 정할 때 삼각형 AOB 넓이의 최솟값은? [4점]

① 2　② 4　③ 6　④ 8　⑤ 10

62

$0 \le x \le 2$인 x에 대하여 방정식

$$\log_2 \left| x^2 - x - 1 \right| = k$$

이 가장 많은 실근을 갖도록 하는 상수 k의 값은?

(단, $x \ne \dfrac{1 + \sqrt{5}}{2}$ 이다.) [4점]

① $-\dfrac{1}{2}$ ② 0 ③ $\dfrac{1}{2}$ ④ 1 ⑤ 2

63

좌표평면에 원 $C : x^2 + y^2 = n^2 \, (x \ge 0)$와 두 곡선
$y = 2^{x+2} - 4$, $y = \log_2 (x+4) - 2$이 있다.
원 C와 두 곡선 $y = 2^{x+2} - 4$, $y = \log_2 (x+4) - 2$의
제1사분면에서의 교점을 각각 A_n, B_n라 하고
점 C_n을 $C_n(n, 0)$이라 하자. 두 곡선 $y = 2^{x+2} - 4$,
$y = \log_2 (x+4) - 2$와 원 C의 둘레로 둘러싸인 도형
OA_nB_n의 넓이를 S_n라 하고
곡선 $y = \log_2 (x+4) - 2$와 원 C의 둘레 및 x축으로
둘러싸인 도형 OB_nC_n의 넓이를 T_n라 하자.

$P_n = S_n + 2T_n$일 때, $\displaystyle\sum_{n=1}^{10} P_n$의 값은? [4점]

① 100π ② $\dfrac{55\pi}{4}$ ③ 385π ④ $\dfrac{385\pi}{4}$ ⑤ 400π

64

집합 $A = \{x \mid x$는 a이상 b이하의 자연수$\}$와 자연수 전체의 집합 N에 대하여 집합 A에서 집합 N으로의 함수

$$f(x) = \begin{cases} \log_{\sqrt[3]{3}} x & (\log_{\sqrt[3]{3}} x \in N) \\ 3^x & (\log_{\sqrt[3]{3}} x \notin N) \end{cases}$$

가 있다. 함수 $f(x)$가 집합 A의 임의의 두 원소 x_1, x_2에 대하여 $x_1 \neq x_2$이면 $f(x_1) \neq f(x_2)$를 만족시킬 때, $b-a$의 최댓값을 구하시오. (단, a, b는 30이하의 자연수이다.) [4점]

65

$0 < k < 1$인 상수 k에 대하여 함수 $f(x) = k^x - 2k$의 그래프가 x축, y축과 만나는 점을 각각 A, B라 하자. 함수 $f(x)$의 그래프를 x축의 방향으로 $\frac{1}{2}$만큼 평행이동한 그래프가 삼각형 OAB의 외접원의 중심을 지날 때, k의 값은? $\left(\text{단, } k \neq \frac{1}{2}\right)$ [4점]

① $\frac{1}{3}$ 　　　② $\sqrt{2} - 1$ 　　　③ $\sqrt{2} - \frac{1}{2}$

④ $\frac{\sqrt{2}}{2}$ 　　　⑤ $\sqrt{3} - 1$

66

그림과 같이 두 상수 a, k에 대하여 직선 $y = k$가 두 곡선 $y = 2^x + a$, $y = \log_2(x-1) + 1$와 만나는 점을 각각 A, B라 하고, 점 A를 지나고 기울기가 -3인 직선이 곡선 $y = \log_2(x-1) + 1$와 만나는 점을 C라 하자. $\overline{AB} = 8$, $\overline{AC} = \sqrt{10}$일 때, 곡선 $y = 2^x + a$가 y축과 만나는 점 D에 대하여 선분 CD의 길이는? [4점]

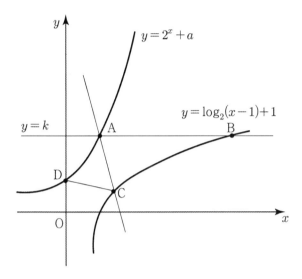

① $2\sqrt{2}$ ② 3 ③ $\sqrt{10}$
④ $\sqrt{11}$ ⑤ $2\sqrt{3}$

67

두 실수 a, b에 대하여

$$27^a = 25^b, \quad \log_{15} 3^a + \log_{15} 5^b = 15$$

일 때, $\dfrac{6ab}{3a+2b}$의 값을 구하시오. [4점]

68

$(2+1)(2^2+1)(2^4+1)(2^8+1)\cdots\left(2^{2^{2022}}+1\right)=2^a-1$을
만족하는 정수 a에 대하여 $\log_2 a$의 값은? [4점]

① 2021 ② 2022 ③ 2023

④ 2^{2023} ⑤ $\log_2\left(2^{2022}-1\right)$

69

부등식 $\left(5+2\sqrt{6}\right)^x+\left(5-2\sqrt{6}\right)^x \leq 10$의 해는
$\alpha \leq x \leq \beta$이다. $\beta-\alpha$의 값을 구하시오. [4점]

70

x에 대한 부등식

$$\left(\frac{2^x}{16} - 1\right)\left(2^{x-p} - 1\right) \le 0$$

을 만족시키는 정수 x의 개수가 10일 때, 음의 정수 p의 값은? [4점]

① -2 ② -3 ③ -4

④ -5 ⑤ -6

71

좌표평면 위의 두 점 $\mathrm{A}(0, 1)$, $\mathrm{B}(0, -1)$에 대하여 선분 AB를 지름으로 하는 원 C가 있다. $a > 1$인 실수 a에 대하여 함수 $y = \log_a(\sqrt{3}\,x + 1) - 1$의 그래프와 원 C가 만나는 두 점 중에서 y축 위의 점이 아닌 점을 P라 하자. $\overline{\mathrm{BP}} = \sqrt{3}$일 때, a^3의 값은? [4점]

① 5 ② $\dfrac{21}{4}$ ③ $\dfrac{11}{2}$ ④ $\dfrac{23}{4}$ ⑤ $\dfrac{25}{4}$

72

어떤 물체가 정지해 있던 상태에서 자유낙하를 시작한 지 $t\,(t \geq 0)$초가 되는 순간의 낙하 속도를 $v(t)$라 하면 관계식

$$t = \log_b\left(\frac{v(t)-c}{a}\right)\ (\text{단},\ a,\ b,\ c \text{는 상수})$$

가 성립한다고 한다. 이때, 곡선 $y = v(t)$의 점근선의 방정식을 $y = T$라 하면 이 물체가 정지해 있던 상태에서 자유낙하를 시작한 지 10초가 되는 순간의 낙하 속도는 $\frac{2}{3}T$라고 한다. 이 물체가 정지해 있던 상태에서 자유낙하를 시작하여 낙하 속도가 $\frac{80}{81}T$가 될 때까지 걸리는 시간은? [4점]

① 36   ② 40   ③ 44   ④ 48   ⑤ 52

73

그림과 같이 좌표평면에서 세 직선 $x = a$, $x = 2$, $x = b$ $(0 < a < 2 < b)$가 x축과 만나는 점을 각각 A, B, C라 하고 곡선 $y = \log_p x\,(p > 1)$과 만나는 점을 각각 P, Q, R라 하자. $\overline{\text{AP}} + \overline{\text{BQ}} = \overline{\text{CR}}$일 때, $a + \frac{4}{b}$의 최솟값은? [4점]

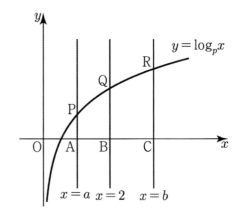

① $2\sqrt{2}$ ② 3   ③ $\sqrt{10}$

④ $2\sqrt{3}$ ⑤ 4

74

그림과 같이 지수함수 $y = a^x \, (a > 1)$의 그래프와

세 직선 $y = x + 1$, $y = \dfrac{3}{2}x + 1$, $y = \dfrac{7}{3}x + 1$가

점 $(0, 1)$ 이외의 서로 다른 세 점 P, Q, R에서 각각
만나고, 세 점 P, Q, R에서 x축에 내린 수선의 발을
각각 P $'(x_1, 0)$, Q $'(x_2, 0)$, R $'(x_3, 0)$이라 하자.
x_1, x_2, x_3는 이 순서대로 공차가 1인 등차수열을 이룰
때, $x_1 + x_2 + x_3$의 값은? [4점]

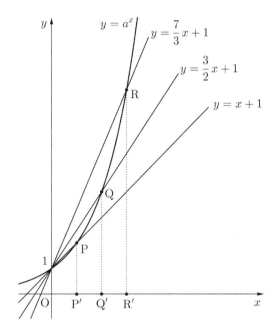

① $\dfrac{3}{2}$ ② 3 ③ $\dfrac{9}{2}$ ④ 6 ⑤ $\dfrac{15}{2}$

75

그림과 같이 로그함수 $y = \log_a x \, (a > 1)$의 그래프와 세

직선 $y = \dfrac{1}{2}x - \dfrac{1}{2}$, $y = \dfrac{1}{4}x - \dfrac{1}{4}$, $y = \dfrac{3}{26}x - \dfrac{3}{26}$가

점 $(1, 0)$ 이외의 서로 다른 세 점 P, Q, R에서 각각
만나고, 세 점 P, Q, R에서 x축에 내린 수선의 발을
각각 P $'(x_1, 0)$, Q $'(x_2, 0)$, R $'(x_3, 0)$이라 하자.
x_1, x_2, x_3는 이 순서대로 공비가 3인 등비수열을 이룰
때, $x_1 + x_2 + x_3$의 값은? [4점]

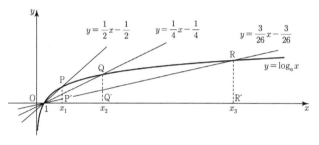

① 35 ② 37 ③ 39 ④ 41 ⑤ 43

76

그림과 같이 직선 $y = a(a > 1)$이 y축 및 두 곡선

$y = 2^x$, $y = 2^{\frac{x}{2}}$와 만나는 점을 각각 A, B, C라 하자.

점 B를 지나고 y축에 평행한 직선이 곡선 $y = 2^{\frac{x}{2}}$와

만나는 점을 D, 점 C에서 x축에 내린 수선의 발을 E라

하자. 세 점 A, D, E가 한 직선 위에 있을 때, 삼각형

OAE의 넓이를 구하시오. (단, O는 원점이다.) [4점]

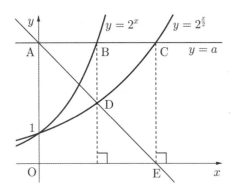

77

상수 k에 대하여 다음 조건을 만족시키는 좌표평면의 점
A가 두 개 존재한다.

(가) 점 A는 곡선 $y = \log_4 (x - k)$ 위의 점이다.

(나) 점 A를 직선 $y = x$에 대하여 대칭이동한 점은
곡선 $y = 3 \times 2^{x+3}$ 위에 있다.

(다) 점 A의 y좌표는 자연수이다.

이때 점 A가 될 수 있는 두 점의 y좌표의 곱을 a라 하자.
$k - a$의 값을 구하시오. [4점]

78

그림과 같이 자연수 n에 대하여 곡선 $y = -\log_2(x+1)$ 위의 점 $(2n-1, -\log_2 2n)$과 점 $(2n, 0)$을 연결한 선분을 대각선으로 갖고 가로는 x축과 평행한 직사각형과 점 $(2n+1, -\log_2(2n+2))$와 점 $(2n, 0)$을 연결한 선분을 대각선으로 갖고 가로는 x축과 평행한 직사각형의 넓이의 차를 a_n이라 할 때, $\displaystyle\sum_{n=1}^{127} a_n$의 값을 구하시오. [4점]

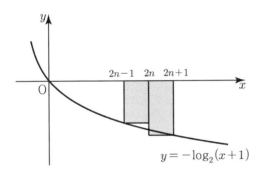

79

곡선 $y = \log_a x$ 위의 점 $A_1(1, 0)$을 지나고 y축에 평행한 직선이 곡선 $y = \log_a 5x$와 만나는 점을 B_1, 점 B_1을 지나고 x축에 평행한 직선이 곡선 $y = \log_a x$과 만나는 점을 A_2, 점 A_2을 지나고 y축에 평행한 직선이 곡선 $y = \log_a 5x$와 만나는 점을 B_2라 하자. 두 선분 $\overline{A_1 B_1}$, $\overline{A_2 B_2}$ 및 두 곡선 $y = \log_a x$, $y = \log_a 5x$로 둘러싸인 부분의 넓이가 8일 때 a의 값은? (단, $a > 1$) [4점]

① $\sqrt{2}$ ② $\sqrt{5}$ ③ $\sqrt{10}$
④ $2\sqrt{5}$ ⑤ $5\sqrt{2}$

80

상수 k에 대하여 곡선 $y = -2^{x-k} + 4$위의 점 P를 $y = x$에 대칭 이동한 점 Q는 곡선 $y = \log_4(2-x) - k$ 위에 있다. 점 P가 오직 하나 존재할 때, 선분 PQ의 길이는 $\dfrac{q}{p}\sqrt{2}$ 이다. $p+q$의 값을 구하시오. (단, p와 q는 서로소인 자연수이다.) [4점]

81

두 상수 a, b $(1 < a < b)$에 대하여 좌표평면 위의 두 점 $(a, \log_2 a)$, $(b, \log_2 b)$를 지나는 직선의 y절편과 두 점 $(a, \log_8 a)$, $(b, \log_8 b)$를 지나는 직선의 y절편이 같다. 함수 $f(x) = a^{2bx} + 3 \times b^{ax}$에 대하여 $f(1) = 40$일 때, $f(2)$의 값은? [4점]

① 700 　② 750 　③ 800 　④ 850 　⑤ 900

삼각 함수

2

출제유형잡기 | 부채꼴의 반지름의 길이 r와 중심각의 크기 θ를 알 때, 부채꼴의 호의 길이 l과 넓이 S를 구하는 다음과 같은 공식을 이용하여 문제를 해결한다.

① $l = r\theta$

② $S = \dfrac{1}{2}r^2\theta = \dfrac{1}{2}rl$

82

그림과 같이 중심이 O이고 길이가 2인 선분 AB를 지름으로 하는 반원이 있다. 이 반원의 호 AB 위에 $\angle ABC = \dfrac{\pi}{3}$인 점 C를 정하고 $\angle ABC$의 이등분선이 호 AB와 만나는 점을 D, 선분 OC와 만나는 점을 E라 하자. 두 선분 DE, CE와 호 CD로 둘러싸인 부분의 넓이는? [4점]

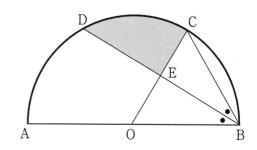

① $\dfrac{\pi}{3} - \dfrac{\sqrt{3}}{4}$

② $\dfrac{\pi}{3} - \dfrac{\sqrt{3}}{8}$

③ $\dfrac{\pi}{6} - \dfrac{\sqrt{3}}{4}$

④ $\dfrac{\pi}{6} - \dfrac{\sqrt{3}}{6}$

⑤ $\dfrac{\pi}{6} - \dfrac{\sqrt{3}}{8}$

83

삼각형 ABC가 $\sin(\angle ABC) = \dfrac{\pi}{4}$, $\overline{AC} = \sqrt{2}$ 을
만족시킬 때, 이 삼각형의 외접원의 둘레의 길이는? [4점]

① $2\sqrt{2}$ ② $\sqrt{2}\,\pi$ ③ 6

④ $4\sqrt{2}$ ⑤ 4π

84

그림과 같이 반지름의 길이가 13인 부채꼴 OAB가 있다.
자연수 a, b $(a < b < 13)$에 대하여 중심이 O이고
반지름의 길이가 a인 원이 선분 OA와 선분 OB와
만나는 점을 각각 C, D라 하고 중심이 O이고 반지름의
길이가 b인 원이 선분 OA와 선분 OB와 만나는 점을
각각 E, F라 하자. 부채꼴 COD의 넓이를 S라 하고 두
선분 AE, BF와 두 호 AB, EF로 둘러싸인 부분의
넓이를 T라 할 때, $S = T$이다. 또한 세 호 CD, EF,
AB의 길이의 합이 20일 때, 두 선분 CE, DF와 두 호
CD, EF로 둘러싸인 부분의 넓이는? [4점]

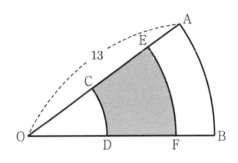

① 39   ② $\dfrac{118}{3}$ ③ $\dfrac{119}{3}$

④ 40   ⑤ $\dfrac{121}{3}$

각 θ를 나타내는 동경과 각 4θ를 나타내는 동경이 직선 $y = \dfrac{\sqrt{3}}{3}x$에 대하여 대칭이 되도록 하는 모든 θ중 가장 큰 값은? (단, $0 < \theta < 2\pi$) [4점]

① $\dfrac{4}{3}\pi$ ② $\dfrac{23}{15}\pi$ ③ $\dfrac{5}{3}\pi$

④ $\dfrac{7}{4}\pi$ ⑤ $\dfrac{14}{5}\pi$

양수 θ가 다음 조건을 만족시킨다.

> (가) $\sin\theta\cos\theta > 0$, $\sin\theta + \cos\theta < 0$
> (나) 좌표평면에서 각 θ를 나타내는 동경과 5θ를 나타내는 동경이 서로 반대 방향으로 일직선을 이룬다.

θ의 최솟값을 α라 할 때, $\tan\alpha$의 값은? [4점]

① -1 ② $-\sqrt{3}$ ③ $\dfrac{\sqrt{3}}{3}$

④ 1 ⑤ $\sqrt{3}$

삼각함수의 정의와 삼각함수 사이의 관계

출제유형 | 삼각함수의 정의와 삼각함수 사이의 관계를 이용하여 식의 값을 구하는 문제가 출제된다.

출제유형잡기 | 다음과 같은 삼각함수 사이의 관계를 이용하여 삼각함수의 값을 구하는 문제를 해결한다.

(1) $\tan\theta = \dfrac{\sin\theta}{\cos\theta}$　(2) $\sin^2\theta + \cos^2\theta = 1$

87

좌표평면에서 중심이 C이고, 반지름의 길이가 1인 원 C 와 중심이 D이고, 반지름의 길이가 r인 원 D 가 있다. 원점 O를 지나고 x축의 양의 방향과 이루는 각의 크기가 $\dfrac{\pi}{3}$인 직선을 l이라 하자. 그림과 같이 원 C 가 x축과 직선 l에 동시에 접하고 직선 l과 접할 때의 접점을 각각 T라 하자. 원 D 가 직선 l과 점 T에서 접하고 y축과 동시에 접할 때, r의 값은? (단, 점 C와 점 D는 제1사분면에 있는 점이고 $\overline{\mathrm{OD}} > \sqrt{2}$ 이다.) [4점]

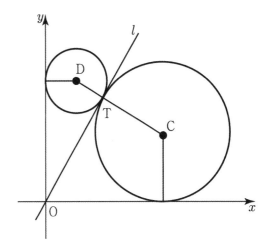

① 1　　　　② $3 - \sqrt{3}$　　　③ $-3 + 2\sqrt{3}$

④ $-3 + 3\sqrt{3}$　　⑤ $-\sqrt{3} + \sqrt{10}$

88

다음 그림과 같이 삼각형 ABC의 외접원을 C_1이라 하고 원 C_1의 원주와 선분 BC에 접하는 원 중 가장 큰 원을 C_2라 하자. 두 원 C_1, C_2의 반지름의 길이를 각각 R_1, R_2라 하자. $\cos A = \dfrac{\sqrt{3}}{2}$일 때, $\dfrac{R_2}{R_1} = \dfrac{a + b\sqrt{3}}{4}$이다. $a - b$의 값을 구하시오. (단, a, b는 정수이다.) [4점]

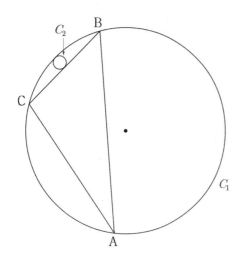

89

방정식 $\sqrt{\dfrac{1}{2} - \sin x \cos x} + \sqrt{\dfrac{1}{2} + \sin x \cos x} = 1$의 해를 $x = \alpha$라 할 때, $\sin 2\alpha$의 값은? (단, $0 < \sin x \le \cos x$) [4점]

① 1

② $\dfrac{\sqrt{3}}{2}$

③ $\dfrac{\sqrt{2}}{2}$

④ $-\dfrac{\sqrt{2}}{2}$

⑤ $-\dfrac{\sqrt{3}}{2}$

90

$\cos^2\dfrac{\pi}{14} + \cos^2\dfrac{\pi}{7} + \cos^2\dfrac{5}{28}\pi$

$+ \cos^2\dfrac{9}{28}\pi + \cos^2\dfrac{5}{14}\pi + \cos^2\dfrac{3}{7}\pi$의 값을 구하시오.

[4점]

91

$0 \le \theta \le \pi$일 때, 방정식 $\sin\theta + 2\cos\theta = 2k$가 실근을 갖도록 하는 실수 k의 최댓값은? [4점]

① $\dfrac{\sqrt{5}}{2}$ ② $\sqrt{2}$ ③ $\sqrt{3}$ ④ 2 ⑤ $\sqrt{5}$

출제유형 | 삼각함수 $y = \sin x$, $y = \cos x$, $y = \tan x$ 의 그래프의 성질을 이용하여 조건을 만족시키는 상수의 값이나 삼각함수의 값을 구하는 문제가 출제된다.

출제유형잡기 | 삼각함수의 그래프에서 삼각함수의 값, 주기, 최댓값과 최솟값, 그래프가 지나는 점을 이용하여 조건을 만족시키는 상수나 삼각함수의 값을 구하는 문제를 해결한다.

92

상수 $a\ (a > 1)$에 대하여 닫힌구간 $[0, 2\pi]$에서 정의된 함수

$$f(x) = \begin{cases} \sin 2x + 1 & \left(0 \le x < \dfrac{\pi}{2}\right) \\ -a\cos x + 1 & \left(\dfrac{\pi}{2} \le x < \dfrac{3\pi}{2}\right) \\ -\sin 2x + 1 & \left(\dfrac{3\pi}{2} \le x \le 2\pi\right) \end{cases}$$

가 있다. $0 \le t \le 2\pi$인 실수 t에 대하여 x에 대한 방정식 $f(x) = f(t)$의 서로 다른 실근의 개수가 4가 되도록 하는 모든 t의 값의 합은? [4점]

① 7π ② $\dfrac{15\pi}{2}$ ③ 8π ④ $\dfrac{17\pi}{2}$ ⑤ 9π

93

상수 a $(a > 4)$에 대하여 $0 \le x \le 2\pi$에서 정의된 함수

$$f(x)= \begin{cases} (a-3)\tan x & \left(0 \le x < \dfrac{\pi}{2}\right) \\[2mm] (2-a)\cos x & \left(\dfrac{\pi}{2} \le x \le 2\pi\right) \end{cases}$$

의 그래프가 직선 $y = 2$와 만나는 세 점의 x좌표를 작은 수부터 크기순으로 x_1, x_2, x_3이라 하자.
$5\pi + 2x_1 = 4x_2 + 2x_3$일 때, a의 값은? [4점]

① $\dfrac{33}{8}$　　② $\dfrac{17}{4}$　　③ $\dfrac{9}{2}$　　④ 5　　⑤ $\dfrac{11}{2}$

94

양수 a에 대하여 집합

$$\left\{ x \;\middle|\; 0 \le x \le \dfrac{3\pi}{2a},\; x \ne \dfrac{\pi}{2a} \right\}$$에서 정의된 함수

$$f(x)= \tan(ax)$$

가 있다. 그림과 같이 함수 $y = f(x)$의 그래프와 직선 $y = \sqrt{15}\,x$가 만나는 점 중 x좌표가 0보다 크고 $\dfrac{\pi}{2a}$보다 작은 점을 A라 하고, 점 A를 지나고 x축에 평행한 직선이 함수 $y = f(x)$의 그래프와 만나는 점 중 A가 아닌 점을 B라 하자. $\overline{\mathrm{OA}} = \overline{\mathrm{AB}}$일 때, a의 값은?
[4점]

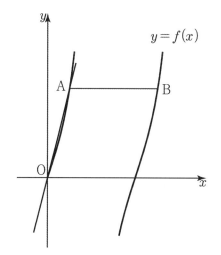

① $\dfrac{\sqrt{3}\,\pi}{2}$　　　② $\dfrac{\sqrt{13}\,\pi}{4}$　　　③ $\dfrac{\sqrt{14}\,\pi}{4}$

④ $\dfrac{\sqrt{15}\,\pi}{4}$　　　⑤ π

95

닫힌구간 $[0, 4]$에서 정의된 함수

$$f(x) = 2\sin\frac{\pi x}{2} + a \ (0 < a < 2)$$

이 있다. 곡선 $y = f(x)$와 직선 $y = a+2$가 만나는 점을 A, 곡선 $y = f(x)$와 직선 $y = a-2$와 만나는 점을 B, 곡선 $y = f(x)$와 x축이 만나는 점 중 x좌표가 큰 것을 C라 하자. 곡선 $y = f(x)$위의 점 D를 사각형 ADBC가 평행사변형이 되도록 잡을 때, 선분 BD를 $1 : 4$로 내분하는 점은 x축 위에 있다. a의 값은? [4점]

① 1 ② $\dfrac{7}{6}$ ③ $\dfrac{4}{3}$ ④ $\dfrac{3}{2}$ ⑤ $\dfrac{11}{6}$

96

함수 $f(x) = \tan(2\pi x - \pi) + 1$의 그래프가 점 $(a, f(a))$에 대하여 대칭이 되도록 하는 모든 양수 a의 값을 작은 수부터 크기순으로 나열할 때, n번째 수를 a_n이라 하자. $\displaystyle\sum_{n=1}^{8} a_n$의 값은? [4점]

① 16 ② 18 ③ 20 ④ 22 ⑤ 24

출제유형 | 삼각함수의 정의, 삼각함수 사이의 관계 그리고 삼각함수의 성질을 이용하여 삼각함수를 포함한 함수의 최댓값과 최솟값을 구하는 문제가 출제된다.

출제유형잡기 | 삼각함수의 정의와 삼각함수 사이의 관계 그리고 삼각함수의 성질을 치환을 이용하여 삼각함수를 포함한 함수의 최댓값과 최솟값을 구하는 문제를 해결한다.

(1) $\cos x = t$이면 $-1 \leq t \leq 1$

(2) $\sin x = t$이면 $-1 \leq t \leq 1$

(3) $\sin^2 x + \cos^2 x = 1$

97

닫힌구간 $[0, n]$에서 정의된 두 함수

$$f(x) = \sin \frac{\pi x}{7}, \ g(x) = \sin \frac{10\pi x}{21}$$

에 대하여 함수 $f(x)$의 최댓값과 함수 $g(x)$의 최솟값의 합이 0이 되도록 하는 10이하의 모든 자연수 n의 값의 합은? [4점]

① 52   ② 49   ③ 46   ④ 43   ⑤ 40

함수 $f(x)=x^3-x^2+2x+k$의 역함수 $g(x)$에 대하여 방정식

$$\sqrt{3}\,g(x)-\tan(\pi x)=0$$

이 닫힌구간 $\left[2,\ \dfrac{7}{3}\right]$에서 실근을 갖도록 하는 k의 최댓값을 M, 최솟값을 m이라 하자. $3(M-m)$의 값을 구하시오. [4점]

함수 $f(x)=9^{\sin x}-3^{\sqrt{1-\cos^2 x}}+1$의 최댓값과 최솟값의 합은? (단, $0 \leq x \leq \pi$) [4점]

① $\dfrac{15}{2}$ ② $\dfrac{31}{4}$ ③ 8

④ $\dfrac{33}{4}$ ⑤ $\dfrac{17}{2}$

100

두 함수 $f(x) = \cos x$, $g(x) = -\sin^2 x - \sin x + \dfrac{1}{2}$ 에

대하여 함수 $(f \circ g)(x)$의 최솟값은? [4점]

① $\cos\left(-\dfrac{9}{4}\right)$ ② $\cos\left(-\dfrac{3}{4}\right)$ ③ $\cos 1$

④ $\cos\left(\dfrac{5}{4}\right)$ ⑤ $\cos\left(\dfrac{3}{2}\right)$

출제유형 | 삼각함수의 정의와 삼각함수 사이의 관계, 그리고 삼각함수의 성질을 이용하여 삼각함수의 값을 구하는 문제가 출제된다.

출제유형잡기 | 다음과 같은 삼각함수의 성질을 이용하여 삼각함수의 값을 구하는 문제를 해결한다.

(1) $-x$의 삼각함수

$\sin(-x) = -\sin x, \quad \cos(-x) = \cos x$

$\tan(-x) = -\tan x$

(2) $\pi \pm x$의 삼각함수

$\sin(\pi + x) = -\sin x, \quad \sin(\pi - x) = \sin x$

$\cos(\pi + x) = -\cos x, \quad \cos(\pi - x) = -\cos x$

$\tan(\pi + x) = \tan x, \quad \tan(\pi - x) = -\tan x$

(3) $\dfrac{\pi}{2} \pm x$의 삼각함수

$\sin\left(\dfrac{\pi}{2} + x\right) = \cos x, \quad \sin\left(\dfrac{\pi}{2} - x\right) = \cos x$

$\cos\left(\dfrac{\pi}{2} + x\right) = -\sin x, \quad \cos\left(\dfrac{\pi}{2} - x\right) = \sin x$

$\tan\left(\dfrac{\pi}{2} + x\right) = -\dfrac{1}{\tan x}, \quad \tan\left(\dfrac{\pi}{2} - x\right) = \dfrac{1}{\tan x}$

101

실수 k에 대하여 함수

$$f(x) = \cos^2\left(x + \frac{\pi}{3}\right) + 2\cos\left(x - \frac{7}{6}\pi\right) + k - 2$$

이다. 모든 실수 x에 대하여 $f(x) \geq 0$가 성립할 때, k의 최솟값을 구하시오. [4점]

102

실수 x에 대하여 $-\dfrac{\pi}{2} \leq \theta \leq \dfrac{\pi}{2}$에서 함수

$f(\theta) = x\sin\theta + \cos^2\theta - 2$의 최댓값을 $g(x)$라 하자.
방정식 $|g(x)| = k$의 실근의 개수가 3일 때, k의 값은?
(단, k는 상수이다.) [4점]

① $\dfrac{1}{4}$　　② $\dfrac{1}{2}$　　③ 1　　④ 2　　⑤ 3

103

중심이 원점 O이고 반지름의 길이가 1인 원과 직선

$l : y = -\dfrac{\sqrt{3}}{3}x + k$ 이 만나는 두 교점 중 제1사분면

위의 점을 $A\,(\cos\theta,\ \sin\theta)$이라 하자.

$\cos\left(\dfrac{\pi}{3} - \theta\right) = \dfrac{\sqrt{3}}{3}$일 때, $k\cos\left(\dfrac{\pi}{6} + \theta\right)$의 값은?

$\left(\text{단},\ \dfrac{\sqrt{3}}{3} < k < 1\right)$ [4점]

① $\dfrac{\sqrt{6}}{9}$　　　　② $\dfrac{2\sqrt{6}}{9}$　　　　③ $\dfrac{\sqrt{6}}{3}$

④ $\dfrac{4\sqrt{6}}{9}$　　　　⑤ $\dfrac{5\sqrt{6}}{9}$

104

두 함수 $f(x)=\sin x$, $g(x)=\cos x$에 대하여 함수

$h(x)=\dfrac{f\left(\dfrac{\pi}{3}g\left(\dfrac{\pi}{2}-x\right)\right)}{g\left(\dfrac{\pi}{3}f(\pi-x)\right)}$의 최댓값을 M, 최솟값을

m이라 하자. M^2+m^2의 값을 구하시오. [4점]

출제유형 | 삼각함수의 그래프와 삼각함수의 성질을 이용하여 삼각함수를 포함한 방정식과 부등식의 해를 구하는 문제가 출제된다.

출제유형잡기 | 주어진 범위에서

함수 $y = \sin x$ $(y = \cos x)$의 그래프와 직선 $y = k$를 그린 다음, 삼각함수의 그래프와 직선이 만나는 점이나 위치 관계를 이용하여 삼각함수를 포함한 방정식과 부등식의 해를 구하는 문제를 해결한다.

105

양수 a, k에 대하여 함수

$y = 2\sin(ax) \left(0 \le x \le \dfrac{4\pi}{a}\right)$의 그래프와 직선 $y = k$가

만나는 제1사분면의 모든 점을 x좌표가 작은 것부터 크기순으로 나열한 것을 A_1, A_2, A_3, A_4라 하자. 함수 $y = 2\sin(ax)$의 그래프 위의 y좌표가 -2인 점 B에 대하여 두 선분 A_1B, A_4B가 x축과 만나는 점을 각각 P, Q라 하자. 삼각형 BPQ는 이등변삼각형이고, 삼각형 A_1A_4B의 넓이는 삼각형 BPQ의 넓이의 $\dfrac{9}{4}$배이며 삼각형 A_1A_4B의 넓이는 1일 때, 점 A_1의 x좌표는 $\dfrac{q}{p}$이다. $p + q$의 값을 구하시오. (단, p와 q는 서로소인 자연수이다.) [4점]

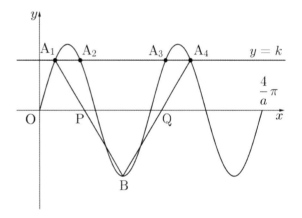

106

닫힌구간 $[0, 2\pi]$에서 정의된 함수

$$f(x) = \begin{cases} 3\sin x - 1 & (0 \leq x < \pi) \\ -\sqrt{3}\sin x - 1 & (\pi \leq x \leq 2\pi) \end{cases}$$

가 있다. $0 \leq t \leq 2\pi$인 실수 t에 대하여 x에 대한 방정식 $|f(x)| = f(t)$에 대해 서로 다른 실근의 개수가 홀수개가 되는 모든 t의 값의 합을 $p\pi$이라 하자. p의 값을 구하시오. [4점]

107

열린구간 $(0, 2)$에서 정의된 두 함수 $f(x) = \cos(k\pi x)$, $g(x) = \sin(\pi x)$가 있다. 자연수 k에 대하여 두 곡선 $y = f(x)$와 $y = g(x)$의 교점의 개수를 a_k라 할 때, $a_{24} + a_{25} + a_{26}$의 값을 구하시오. [4점]

108

$0 < k < 1$인 실수 k에 대하여 x에 대한 방정식 $\sin x = k$의 모든 양의 실근을 작은 수부터 크기순으로 나열한 것을 α_1, α_2, α_3, $\cdots$ 이라 하고 방정식 $\cos x = k$의 모든 양의 실근을 작은 수부터 크기순으로 나열한 것을 β_1, β_2, β_3, $\cdots$ 이라 하자. $\alpha_1 - \beta_1 = \dfrac{\pi}{12}$일 때, $\dfrac{\beta_4}{\alpha_4}$의 값은? [4점]

① $\dfrac{81}{65}$ ② $\dfrac{91}{65}$ ③ $\dfrac{101}{65}$ ④ $\dfrac{111}{65}$ ⑤ $\dfrac{121}{65}$

109

$0 \le x < \pi$에서 방정식 $\sin nx = \dfrac{1}{5}$의 실근의 합을 a_n이라 하자. $\displaystyle\sum_{n=1}^{10} a_n$의 값은? [4점]

① $\dfrac{49}{2}\pi$ ② $\dfrac{51}{2}\pi$ ③ $\dfrac{53}{2}\pi$ ④ $\dfrac{55}{2}\pi$ ⑤ $\dfrac{57}{2}\pi$

110

두 함수

$$f(x) = ax^2 + b, \ g(x) = \cos x$$

가 다음 조건을 만족시킬 때, $f(2)$의 최댓값은? (단, a와 b는 상수이고, $0 < a \leq 2$이다.) [4점]

(가) $\{g(a\pi)\}^2 = 1$

(나) $0 \leq x \leq 2\pi$일 때, 방정식 $f(g(x)) = 0$의 모든 해의 합은 3π이다.

---

① 2   ② 3   ③ 4   ④ 5   ⑤ 6

111

실수 전체의 집합에서 정의된 함수 $f(x)$가 다음 조건을 만족시킨다.

(가) $0 \leq x < \dfrac{\pi}{2}$일 때, $f(x) = |\sin 4x|$이고

$\dfrac{\pi}{2} \leq x < \pi$일 때,

$f(x) = \left| x - \dfrac{3}{4}\pi \right| - \dfrac{\pi}{4}$이다.

(나) 모든 실수 x에 대하여 $f(-x) = -f(x)$,

$f(x) = f(x + 2\pi)$이다.

$0 \leq x < 3\pi$일 때, 방정식 $f(x) = \dfrac{1}{4}$의 모든 해의 합은?

[4점]

① 11π ② $\dfrac{23\pi}{2}$ ③ 12π ④ $\dfrac{25\pi}{2}$ ⑤ 13π

112

$0 < x < 6$에서 함수 $y = \sqrt{3} \tan\left(\dfrac{\pi}{6}x - \dfrac{\pi}{2}\right)$의

그래프와 두 직선 $x = 1$, $y = 3$으로 둘러싸인 부분의 넓이를 구하시오. [4점]

113

$0 \leq x \leq 2\pi$일 때, 양수 k에 대하여
$3k^2 - (3\cos x + \sin x)k + \sin x \cos x = 0$은 서로 다른 세 실근 α, β, γ를 가진다. 이때, $k \times (\alpha + \beta + \gamma)$의 값은? (단, k는 상수이다.) [4점]

① $\dfrac{\pi}{6}$ ② $\dfrac{\pi}{3}$ ③ $\dfrac{\pi}{2}$ ④ $\dfrac{2}{3}\pi$ ⑤ $\dfrac{5}{6}\pi$

114

집합 $\left\{x \mid 0 \le x \le \dfrac{\pi}{2}\right\}$에서 정의된 두 함수

$f(x) = \sin x$, $g(x) = \cos x$에 대하여

$g\left(f^{-1}\left(\dfrac{1}{3}\right) + g^{-1}\left(\dfrac{1}{3}\right)\right)$의 값은?

(단, 두 함수 f와 g의 역함수는 각각 f^{-1}와 g^{-1}이다.)
[4점]

① -1 ② $-\dfrac{1}{2}$ ③ 0 ④ $\dfrac{1}{2}$ ⑤ 1

115

전체집합 $U = \{x \mid 0 \le x < 2\pi\}$의 두 부분집합 A, B가

$$A = \left\{x \mid \sin x = -\dfrac{2\sqrt{6}}{5}\right\}, \quad B = \left\{x \mid \cos x < \dfrac{1}{k}\right\}$$

일 때, $A \subset B$을 만족시키는 자연수 k의 최댓값은?
[4점]

① 6 ② 5 ③ 4 ④ 3 ⑤ 2

116

$0 \leq x < \dfrac{\pi}{2}$ 와 자연수 n에 대하여 x에 대한 방정식

$$n \tan(2nx) - 1 = 0$$

의 모든 실근의 합을 $f(n)$이라 할 때,

$\displaystyle\sum_{n=1}^{10} \left[n \tan\{2f(n)\} \right]$ 의 값은? [4점]

① -220 ② -215 ③ -210

④ -205 ⑤ -200

출제유형 | 삼각함수의 성질과 사인법칙을 이용하여 삼각형의 변의 길이나 각의 크기를 구하는 문제가 출제된다.

출제유형잡기 | 삼각함수의 성질, 삼각형과 원의 성질 그리고 사인법칙을 이용하여 삼각형의 변의 길이나 각의 크기를 구하는 문제를 해결한다.

117

그림과 같이 $\overline{BC}=3$, $\overline{CA}=4$, $\cos C=\dfrac{7}{8}$인 삼각형 ABC에서 선분 AC 위를 움직이는 점 P가 있다.

$\dfrac{\overline{AP}\times\overline{CP}}{\sin(\angle PBA)\times\sin(\angle PBC)}$의 최솟값은? [4점]

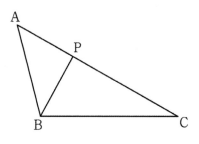

① 5   ② 6   ③ $5\sqrt{2}$

④ $6\sqrt{2}$ ⑤ 8

118

두 양의 상수 m, n에 대하여 삼각형 ABC에서 선분 AC를 $m : n$으로 내분하는 점을 D라 하자. $2\sin(\angle ABD) = 3\sin(\angle DBC)$이고 $\dfrac{\sin C}{\sin A} = \dfrac{4}{3}$일 때, $\dfrac{m}{n}$의 값은? [4점]

① $\dfrac{3}{5}$ ② $\dfrac{7}{11}$ ③ $\dfrac{4}{3}$ ④ $\dfrac{9}{5}$ ⑤ 2

119

그림과 같이 원 C에 두 대각선이 서로 수직인 사각형 ABCD가 내접한다.

$$\cos(\angle BDA) = \frac{3}{5}, \quad \left(\overline{AB}\right)^2 + \left(\overline{CD}\right)^2 = 25$$

일 때, 원 C의 넓이는 $\dfrac{p}{q}\pi$이다. $p+q$의 값은? (단, p와 q는 서로소인 자연수) [4점]

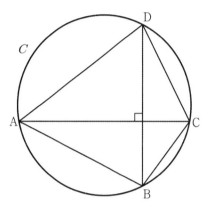

① 19 ② 25 ③ 29 ④ 44 ⑤ 49

120

$\triangle ABC$ 에 대하여

$$2\sin^2\frac{B+C}{2}+\cos\frac{A}{2}-1=0$$

이 성립한다. $\overline{BC}=\sqrt{3}$ 일 때, 삼각형 ABC 의 외접원의 넓이는? [4점]

① $\dfrac{5}{2}\pi$　　　② 2π　　　③ $\dfrac{3}{2}\pi$

④ π　　　⑤ $\dfrac{1}{2}\pi$

121

그림과 같이 반지름의 길이가 $\dfrac{3}{2}$ 인 원 O 에 내접하고 $\overline{AB}=2$ 인 삼각형 ABC 가 있다. 선분 AC 위의 점 P 와 선분 BC 위의 점 Q 에 대하여 $\overline{PQ}=1$ 이면서 $\overline{PC}$ 가 최대일 때, 삼각형 CPQ 의 넓이는? [4점]

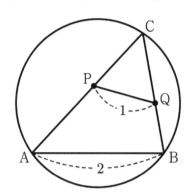

① $\dfrac{\sqrt{5}}{4}$　　　② $\dfrac{\sqrt{6}}{4}$　　　③ $\dfrac{\sqrt{5}}{2}$

④ $\dfrac{\sqrt{6}}{2}$　　　⑤ $\sqrt{5}$

출제유형 | 삼각함수의 성질과 코사인법칙을 이용하여 삼각형의 변의 길이나 각의 크기를 구하는 문제가 출제된다.

출제유형잡기 | 삼각함수의 성질, 삼각형과 원의 성질 그리고 코사인법칙을 이용하여 삼각형의 변의 길이나 각의 크기를 구하는 문제를 해결한다.

122

그림과 같이 중심이 O_1이고 반지름의 길이가 $\sqrt{2}$인 원 C_1과 점 O_1을 지나고 반지름의 길이가 2인 원 C_2가 만나는 두 점을 A, B라 하고 원 C_2의 중심을 O_2라 하자. 직선 BO_2가 원 C_2와 만나는 점을 C라 하고 직선 CO_1이 원 C_1과 만나는 점을 D라 할 때, 선분 AD의 길이를 l이라 하자. l^2의 값은? [4점]

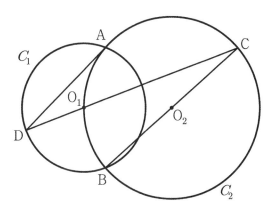

① $2+\sqrt{7}$ ② $4-\sqrt{7}$ ③ $2+2\sqrt{7}$
④ $4+\sqrt{7}$ ⑤ $6+\sqrt{7}$

123

그림과 같이 삼각형 ABC에서 ∠A를 이등분하는 직선이 선분 BC와 만나는 점을 D라 하자.

$\overline{AD} = 2\sqrt{10}$, $\overline{CD} = 8$이고 $\sin(\angle ACB) = \dfrac{\sqrt{15}}{8}$

일 때, 선분 AB의 길이는? (단, $\angle ADC > \dfrac{\pi}{2}$) [4점]

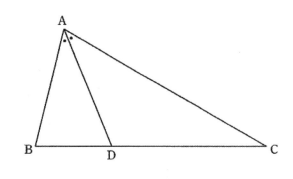

① 4   ② $\dfrac{24}{5}$ ③ 5   ④ $\dfrac{28}{5}$ ⑤ 6

124

그림과 같이 길이가 6인 선분 AB를 지름으로 하는 원이 있다. 선분 AB를 1 : 5로 내분하는 점 C를 지나는 직선이 원과 만나는 점을 D라 할 때, 점 B를 지나고 직선 CD에 평행한 직선이 원과 만나는 점을 E라 하자. 두 선분 BC와 DE가 만나는 점을 F라 할 때, $\overline{DF} : \overline{EF} = 3 : 2$이다. 선분 DE의 길이는? [4점]

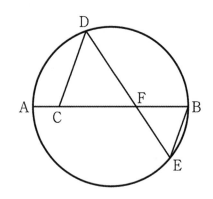

① $\dfrac{8}{3}\sqrt{3}$ ② $3\sqrt{3}$ ③ $\dfrac{10}{3}\sqrt{3}$

④ $\dfrac{11}{3}\sqrt{3}$ ⑤ $4\sqrt{3}$

125

그림과 같이 $\angle A = \dfrac{\pi}{2}$ 인 직각삼각형 ABC에서 $\angle A$의
이등분선이 선분 BC와 만나는 점을 D라 하고 $\angle A$의
이등분선이 삼각형 ABC의 외접원과 만나는 점을 E라
하자. $\overline{AD} = 2\sqrt{2}$, $\overline{DB} : \overline{DC} = 3 : 2$일 때, 선분
AE의 길이는? [4점]

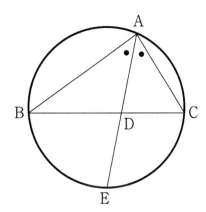

① $4\sqrt{2}$

② $\dfrac{25}{6}\sqrt{2}$

③ $\dfrac{13}{3}\sqrt{2}$

④ $\dfrac{9}{2}\sqrt{2}$

⑤ $\dfrac{14}{3}\sqrt{2}$

126

$\overline{AB} = 4$, $\overline{BC} = 3$, $\overline{AC} = \sqrt{13}$ 인 삼각형 ABC에서
직선 BC 위에 $\overline{BC}$를 5 : 2로 외분하는 점을 D라 하자.
선분 AB의 중점을 E라 할 때, 선분 DE와 선분 AC가
만나는 점을 F라 하자. $\overline{DF}$의 길이는? [4점]

① $\dfrac{2}{7}\sqrt{19}$

② $\dfrac{3}{7}\sqrt{19}$

③ $\dfrac{4}{7}\sqrt{19}$

④ $\dfrac{3}{7}\sqrt{21}$

⑤ $\dfrac{4}{7}\sqrt{21}$

127

그림과 같이 중심이 O 이고 반지름의 길이가 2인 원 C 위의 점 O′를 중심을 하는 원 C'가 있다. 두 원 C와 C'의 두 교점을 A, B라 하고 점 B를 지나는 직선이 두 원 C, C'와 만나는 점을 각각 C, D라 할 때, 다음 조건을 만족시킨다.

(가) $5\angle \mathrm{AOB} = 2\angle \mathrm{AO'B}$

(나) $\overline{\mathrm{BC}} = 1$

선분 BD의 길이는? [4점]

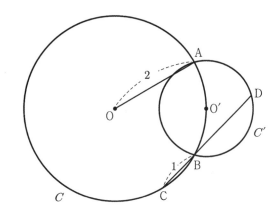

① $\dfrac{\sqrt{3}+\sqrt{15}-1}{4}$

② $\dfrac{\sqrt{3}+\sqrt{15}-2}{4}$

③ $\dfrac{\sqrt{3}+\sqrt{15}+1}{2}$

④ $\dfrac{\sqrt{3}+\sqrt{15}-2}{2}$

⑤ $\dfrac{\sqrt{3}+\sqrt{15}-3}{2}$

출제유형 | 삼각함수의 성질과 사인법칙, 코사인법칙을 이용하여 삼각형의 변의 길이나 각의 크기를 구하는 문제가 출제된다.

출제유형잡기 | 삼각함수의 성질, 삼각형과 원의 성질 그리고 사인법칙과 코사인법칙을 이용하여 삼각형의 변의 길이나 각의 크기를 구하는 문제를 해결한다.

128

그림과 같이 삼각형 ABC 가 있다. 선분 BC 위의 점 D 와 선분 AC 위의 점 E 에 대하여 사각형 ABDE 는 한 원에 내접하고

$$\overline{AB} : \overline{AC} = 4 : \sqrt{46}, \ \overline{AD} : \overline{CD} = 4 : 5$$

이다. 삼각형 ABC 의 외접원의 넓이를 S_1, 삼각형 ABD 의 외접원의 넓이를 S_2 라 할 때,

$$S_1 : S_2 = 23 : 8$$

이다. $\overline{AE} = 8$ 일 때, 삼각형 ABD 의 넓이는? [4점]

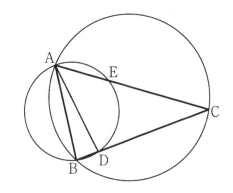

① $\dfrac{61\sqrt{7}}{8}$ ② $\dfrac{63\sqrt{7}}{8}$ ③ $\dfrac{65\sqrt{7}}{8}$

④ $\dfrac{67\sqrt{7}}{8}$ ⑤ $\dfrac{69\sqrt{7}}{8}$

129

그림에서 $\overline{AC}$ 를 지름으로 하는 원 C에 대하여 $\overline{AC}=6$이고 사각형 ABCD가 원에 내접하고 있다. $\angle CAB = \alpha$, $\angle CAD = \beta$라 할 때,

$$\frac{\cos\beta}{\cos\alpha} = \frac{2}{3}, \quad \cos(\alpha+\beta) = \frac{1}{3}$$

이 성립한다. 사각형 ABCD의 넓이는? [4점]

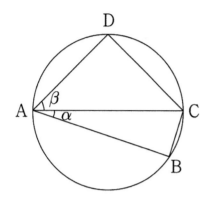

① $10\sqrt{2}$ ② $\dfrac{91}{9}\sqrt{2}$ ③ $\dfrac{92}{9}\sqrt{2}$

④ $\dfrac{31}{3}\sqrt{2}$ ⑤ $\dfrac{94}{9}\sqrt{2}$

130

그림과 같이 $\angle ABE = \angle ACE$를 만족시키는 사각형 ABCE가 있다. 선분 AC와 BE의 교점을 D라 하였을 때, 삼각형 ADE의 외접원 넓이는 $\dfrac{16}{15}\pi$이고, $\overline{AE} = \overline{AC} = 2\overline{CE} = 2\overline{CB}$를 만족시킬 때, 선분 CE의 길이는? [4점]

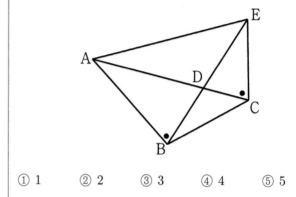

① 1   ② 2   ③ 3   ④ 4   ⑤ 5

131

그림과 같이 $\overline{\text{AB}}=8$인 삼각형 ABC가 있다. 선분 BC를 $3:1$로 내분하는 점을 D라 하고 $2\overline{\text{DE}}=\overline{\text{CE}}$를 만족하는 선분 AC 위의 점 E에 대하여 네 점 A, B, D, E를 지나는 원을 S라 하자. $\cos(\angle\text{DEC})=\dfrac{1}{4}$일 때, 원 S의 넓이는? [4점]

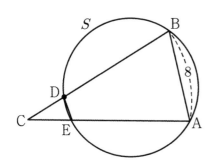

① $\dfrac{127}{3}\pi$　　② $\dfrac{128}{3}\pi$　　③ 43π

④ $\dfrac{130}{3}\pi$　　⑤ $\dfrac{131}{3}\pi$

132

그림과 같이 원 C의 접힌 부분의 원주 위에 중심 O가 오도록 접은 도형이 있다. 접은 부분에서 나타나는 선분의 끝점을 A, C라 할 때, 접히지 않은 원주 위의 점 B에 대하여 $\overline{\text{AB}}=4$, $\overline{\text{BC}}=3$이다. 원 C의 넓이는? [4점]

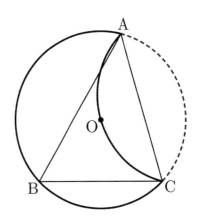

① 4π　　② $\dfrac{13}{3}\pi$　　③ $\dfrac{14}{3}\pi$

④ 5π　　⑤ $\dfrac{16}{3}\pi$

133

그림과 같이 $\overline{AB}=2$, $\overline{BC}=3$, $\overline{AC}=\sqrt{7}$인 삼각형 ABC가 있다. 선분 BC 위에 점 B가 아닌 점 D를 $\overline{AD}=2$가 되도록 잡고 삼각형 ABD에 외접하는 원을 그릴 때, 원과 선분 AC과 만나는 점을 E라 하자. 선분 DE의 길이는? [4점]

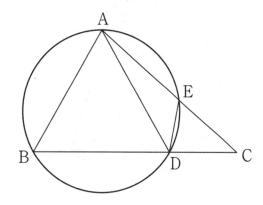

① $\dfrac{\sqrt{7}}{21}$ ② $\dfrac{\sqrt{7}}{14}$ ③ $\dfrac{\sqrt{7}}{7}$ ④ $\dfrac{3\sqrt{7}}{14}$ ⑤ $\dfrac{2\sqrt{7}}{7}$

출제유형 | 삼각함수의 성질 사인법칙과 코사인법칙을 이용하여 삼각형의 넓이를 구하는 문제가 출제된다.

출제유형잡기 | 삼각함수의 성질, 삼각형과 원의 성질 그리고 사인법칙과 코사인법칙을 이용하여 삼각형의 넓이를 구하는 문제를 해결한다.

134

그림과 같이 삼각형 ABC에 대하여 선분 BC를 1 : 3으로 내분하는 점을 D라 하고 삼각형 ABC의 외접원이 직선 AD와 만나는 점 중 A가 아닌 점을 E라 하자. $\overline{AD} : \overline{DE} : \overline{CE} = 2 : 1 : 3$이고 삼각형 CDE의 넓이가 $2\sqrt{5}$일 때, 삼각형 CDE의 외접원의 넓이는? [4점]

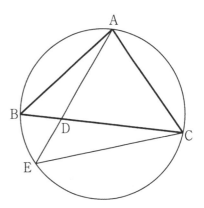

① $\dfrac{52}{5}\pi$ ② $\dfrac{53}{5}\pi$ ③ $\dfrac{54}{5}\pi$ ④ 11π ⑤ $\dfrac{56}{5}\pi$

135

그림과 같이 선분 AB를 지름으로 하는 원 위의 점 중 A, B가 아닌 두 점 C, D가 다음 조건을 만족시킨다.

> (가) $\dfrac{\overline{AC}^2 + \overline{CD}^2}{(\overline{AB} + \overline{BD})(\overline{AB} - \overline{BD})} = 1 + \dfrac{8\sqrt{3}}{\overline{AD}^2}$
>
> (나) 삼각형 ACD의 넓이는 2이다.

$\cos(\angle BCD)$의 값은? [4점]

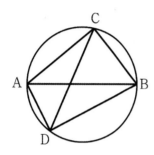

① $\dfrac{1}{4}$ ② $\dfrac{1}{3}$ ③ $\dfrac{1}{2}$ ④ $\dfrac{\sqrt{3}}{3}$ ⑤ $\dfrac{\sqrt{2}}{2}$

136

그림과 같이 두 점 A, B를 지름의 양 끝점으로 하는 원 C가 있다. 점 A를 중심으로 하고 반지름의 길이가 a인 원 C_1과 원 C가 만나는 점을 C라 하고 점 B를 중심으로 하고 반지름의 길이가 a인 원 C_2위의 점 D가 있다.

$\overline{AB} = 6$, $\overline{CD} = 8$이고 삼각형 BCD의 넓이가 6일 때, 삼각형 ABC의 넓이는? (단, $a > 0$) [4점]

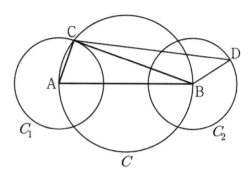

① $4\sqrt{5}$ ② $\sqrt{85}$ ③ $\sqrt{90}$ ④ $\sqrt{105}$ ⑤ $3\sqrt{13}$

137

그림과 같이 넓이가 $\frac{27}{8}\pi$인 원에 내접하고
$\overline{BC} = 2\sqrt{3}$인 삼각형 ABC가 있다. 점 A를 포함하지
않은 호 BC 위의 점 D에 대하여 $\overline{BD} = 3\overline{CD}$이다.
삼각형 BCD의 넓이는? (단, $\angle BDC > \frac{\pi}{2}$) [4점]

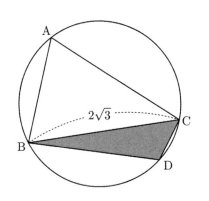

① $\sqrt{2}$ ② $\sqrt{3}$ ③ 2   ④ $\sqrt{5}$ ⑤ $\sqrt{6}$

138

그림과 같이 $\angle ABC = \frac{\pi}{6}$, $\overline{AB} = 2\sqrt{3}$, $\overline{AC} = \sqrt{6}$인
삼각형 ABC가 있다. 선분 AB 위의 점 D가
$\angle BCD = \frac{2}{3}\angle ACB$을 만족시킬 때, 삼각형 DBC의
넓이는? (단, $\overline{BC} > 3$) [4점]

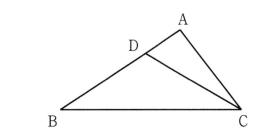

① $\frac{3+\sqrt{3}}{2}$ ② $1+\sqrt{3}$ ③ $\frac{3+2\sqrt{3}}{2}$

④ $\frac{3+4\sqrt{3}}{2}$ ⑤ $2+2\sqrt{3}$

139

원 $(x-4)^2+(y-3)^2=k^2$ $(0<k<5)$ 위를 움직이는 점 P 에 대하여 선분 OP 를 4 : 3 으로 외분하는 점을 Q 라 하고, 원점을 중심으로 하고 점 Q 를 지나는 원을 C 라 하자. 그림과 같이 원 C 위의 점 R 가 $\angle OQR=\dfrac{3}{8}\pi$ 를 만족시킬 때, 삼각형 PQR 의 넓이의 최댓값을 구하는 과정이다. (단, O 는 원점이다.)

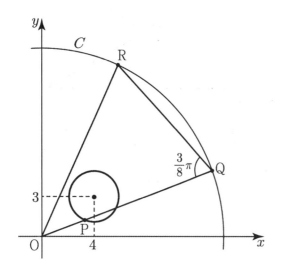

주어진 조건을 만족시키는 세 점 P, Q, R 를 좌표평면에 나타내면 $\overline{OQ}=\overline{OR}$ 이고
$\angle OQR=\angle ORQ=\dfrac{3}{8}\pi$ 이므로 $\angle QOR=\dfrac{\pi}{4}$
$\overline{OP}=d$ 라 하면 $\overline{PQ}=3d$
이때 $\overline{OR}=4d$ 이다.
$\therefore \triangle PQR=\triangle OQR-\triangle OPR=$ [(가)] d^2
따라서 d 가 최대일 때 삼각형 PQR 의 넓이가 최대이다.
[(나)] $\leq d \leq$ [   ]
따라서 삼각형 PQR 의 넓이의 최댓값은
[(가)] $\times$ [(다)] 이다.

위의 (가)에 알맞은 수를 p 라 하고 (나), (다)에 알맞은 식을 각각 $f(k)$, $g(k)$ 라 할 때, $f(p^2)+\sqrt{g(p^2)}$ 의 값은? [4점]

① 20   ② 15   ③ 10   ④ 5   ⑤ 0

140

그림과 같이 삼각형 ABC 에서 변 AB 위의 점 D 에 대하여 $\overline{AD}=2$, $\overline{CD}=\sqrt{5}$, $\overline{BC}=\sqrt{14}$, $\cos(\angle ADC)=\dfrac{\sqrt{5}}{4}$ 일 때, 삼각형 ABC 의 넓이는? [4점]

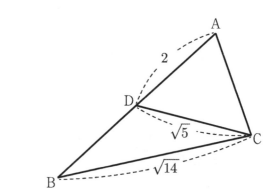

① $\dfrac{\sqrt{55}}{2}$ ② $\sqrt{14}$ ③ $\dfrac{3\sqrt{11}}{2}$

④ $\dfrac{\sqrt{77}}{2}$ ⑤ $\sqrt{55}$

141

삼각형 ABC가 다음 조건을 만족시킨다.

(가) $\sin C = 2\sin\left(\dfrac{C-B+A}{2}\right)\sin A$

(나) $\cos A = \dfrac{1}{4}$

삼각형 ABC의 둘레의 길이가 10일 때, 삼각형 ABC의 넓이는? [4점]

① $\sqrt{11}$ ② $\sqrt{12}$ ③ $\sqrt{13}$ ④ $\sqrt{14}$ ⑤ $\sqrt{15}$

142

그림과 같이 중심이 O 이고 중심각의 크기가 $\dfrac{2}{3}\pi$ 인 부채꼴 OAB가 있다. 호 AB를 사등분한 점을 점 A에서 가까운 점부터 차례로 P, Q, R라 할 때 오각형 QPABR의 넓이를 S라 하자. 호 AB의 길이가 4π일 때 $S = a + b\sqrt{3}$ 이다. $a - b$의 값을 구하시오. (단, a, b는 정수) [4점]

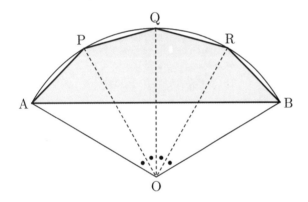

143

좌표평면에서 중심이 원점 O인 원 $x^2 + y^2 = 4$위의 서로 다른 두 점 $A(-2, 0)$, P가 다음 조건을 만족시킨다.

(가) 두 선분 OA, OP에 의하여 나누어진 두 부채꼴의 넓이 중 작은 것은 $\dfrac{5}{3}\pi$이다.

(나) 동경 OP가 나타내는 각의 크기를 θ라 할 때, $\sin\theta > \tan\theta$

$\cos\theta + \tan\theta$의 값은? [4점]

① $\dfrac{\sqrt{3}}{6}$ ② $\dfrac{\sqrt{3}}{3}$ ③ $\dfrac{\sqrt{3}}{2}$

④ $\dfrac{2}{3}\sqrt{3}$ ⑤ $\dfrac{5}{6}\sqrt{3}$

144

모두 양수인 네 상수 a, b, c, d

$\left(1 < b < 3,\ \pi < c < \dfrac{3}{2}\pi\right)$에 대하여 함수

$f(x) = a\sin(bx + c) + d$가 있다. 함수 $y = f(x)$의

그래프가 그림과 같을 때, $a \times b \times c \times d$의 값은?

$\left(\text{단},\ f\left(\dfrac{\pi}{4}\right) = f\left(\dfrac{11}{12}\pi\right) = 0\right)$ [4점]

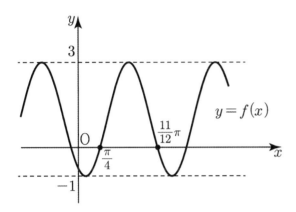

① 5π ② $\dfrac{16}{3}\pi$ ③ $\dfrac{17}{3}\pi$

④ 6π ⑤ $\dfrac{17}{3}\pi$

145

$0 < x < 2\pi$ 일 때, 3이상의 자연수 n에 대하여 두 곡선 $y = \sin 2x$ 와 $y = \sin(nx)$ 의 접점의 개수가 4가 되도록 하는 n의 값을 작은 수부터 크기순으로 나타낸 수열을 $\{a_n\}$라 하자. a_{10}의 값을 구하시오. [4점]

146

$f(x) = \sin(x-a) + b$에 대하여

$f(2-x) + f(2+x) = 4$을 만족시키는 a의 값을

크기순으로 나타내면 a_1, a_2, a_3, $\cdots$이다. $b + \displaystyle\sum_{k=1}^{10} a_k$의

값은? (단, $a > 0$, $b > 0$) [4점]

① $40\pi + 10$ ② $45\pi + 10$ ③ $45\pi + 20$

④ $45\pi + 22$ ⑤ $55\pi + 20$

147

$0 \leq x \leq \pi$에서 정의된 함수

$f(x) = \dfrac{4}{3}\pi \left| \sin x - \dfrac{1}{2} \right| + a$에 대하여 방정식

$\sin f(x) = \dfrac{1}{2}$의 서로 다른 실근의 개수의 최댓값을

M이라 하고 그때의 가능한 모든 a값의 합을 S라 하자.

$M \times S$의 값은? (단, $0 \leq a \leq 3\pi$) [4점]

① $\dfrac{35}{3}\pi$ ② 12π ③ $\dfrac{37}{3}\pi$

④ $\dfrac{38}{3}\pi$ ⑤ 13π

148

양의 상수 a와 어떤 음의 실수 b에 대하여 두 함수 $y = \dfrac{1}{a}\sin(a\pi x)$와 $y = b\left(x - \dfrac{1}{a}\right)$가 있다. 두 함수의 그래프가 세 점에서 만날 때, 이 세 점을 x좌표가 작은 것부터 차례대로 A, B, C라 하자. 두 점 A, C가 다음 조건을 만족시킬 때, $100a$의 값을 구하시오. (단 O는 원점이다.) [4점]

(가) $\sin(\angle \mathrm{AOC}) = 1$
(나) $\overline{\mathrm{AC}} = 8$

149

집합 $\left\{ x \mid 0 \le x \le \dfrac{\pi}{2} \right\}$에서 정의된 두 함수 $f(x) = \sin x$, $g(x) = \cos x$에 대하여 $f^{-1}\left(\dfrac{1}{4}\right) + f^{-1}\left(\dfrac{1}{6}\right) + g^{-1}\left(\dfrac{1}{4}\right) + g^{-1}\left(\dfrac{1}{6}\right) = k$이다.

$f\left(\dfrac{k}{2}\right) + g\left(\dfrac{k}{3}\right)$의 값은? (단, 두 함수 f, g의 역함수는 각각 f^{-1}, g^{-1}이다.) [4점]

① $\dfrac{3}{4}$ 　　② $\dfrac{3}{2}$ 　　③ $\dfrac{5}{3}$

④ $\dfrac{9}{5}$ 　　⑤ $\dfrac{11}{6}$

150

두 함수 $y = 4\sin 3x$, $y = 3\cos 2x$ 의 그래프가 x 축과 만나는 점을 각각 A$(a, 0)$, B$(b, 0)$ 라 하자.

$y = 4\sin 3x$ 의 그래프 위의 임의의 점 P 에 대하여 △ABP 의 넓이의 최댓값은?

$\left(\text{단, } 0 < a < \dfrac{\pi}{2} < b < \pi\right)$ [4점]

① $\dfrac{\pi}{3}$　　② $\dfrac{\pi}{2}$　　③ $\dfrac{2\pi}{3}$　　④ $\dfrac{5\pi}{6}$　　⑤ π

151

$0 \leq x \leq \pi$ 일 때, 방정식

$(\sin x + \cos x)^2 = \sqrt{3}\sin x + 1$ 의 모든 실근의 합은?
[4점]

① $\dfrac{1}{4}\pi$　　② $\dfrac{1}{2}\pi$　　③ $\dfrac{5}{6}\pi$　　④ π　　⑤ $\dfrac{7}{6}\pi$

152

$0 \le x < 2\pi$일 때, 방정식 $\cos(|\cos x|) = \dfrac{\sqrt{2}}{2}$ 의 모든 근의 합은? [4점]

① $\dfrac{1}{2}\pi$ ② $\dfrac{3}{2}\pi$ ③ 2π ④ 3π ⑤ 4π

153

그림과 같이 반지름의 길이가 1인 원 O와 직선 l이 한 점 A에서 만나고 원 O 위를 움직이는 점 P에 대하여 $\overline{AP} = \overline{A'P}$인 원 O 위의 점을 A′이라 하자. 다음은 직선 l 위의 점 B에 대하여 $\sin(\angle PAB) = \dfrac{4}{5}$일 때, 삼각형 APA′의 넓이를 구하는 과정이다.

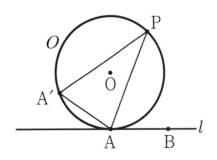

$\sin(\angle PAB) = \theta$라 하면 $\triangle APA'$에서 사인법칙에 의해

$$\dfrac{\overline{AP}}{\sin(\angle PA'A)} = 2$$이므로 $\overline{AP} = $ ┌(가)┐

점 P에서 선분 AA′에 내린 수선의 발을 H라 하면

$\overline{AH} = $ ┌(나)┐

따라서 $\overline{AA'} = 2\overline{AH}$

또한 $\overline{PH} = $ ┌(다)┐

그러므로 삼각형 APA′의 넓이는

$\dfrac{1}{2} \times \overline{AA'} \times \overline{PH} = \dfrac{768}{625}$

위의 (가), (나), (다)에 알맞은 수를 각각 p, q, r이라 할 때, $\dfrac{q+r}{p}$의 값은? [4점]

① $\dfrac{6}{5}$ ② $\dfrac{7}{5}$ ③ $\dfrac{8}{5}$ ④ $\dfrac{9}{5}$ ⑤ 2

154

실수 전체의 집합에서 정의된 함수 $f(x)$가 다음 조건을 만족시킨다.

(가) $f(x) = \sin\dfrac{\pi}{3}x$ $(0 \le x \le 3)$

(나) 모든 실수 x에 대하여
$$f\left(x + \frac{3}{2}\right) = f\left(x - \frac{3}{2}\right)$$이다.

자연수 n에 대하여 구간 $[0, 3n]$에서 방정식

$nf(x) = \dfrac{x}{3}$의 모든 실근의 개수를 a_n이라 할 때,

$\displaystyle\sum_{n=1}^{10} a_n$의 값을 구하시오. [4점]

155

두 실수 a와 b에 대하여 닫힌구간 $\left[\dfrac{\pi}{2a}, \dfrac{5\pi}{2a}\right]$에서 정의된 함수 $f(x) = 2\sin(ax) + b$가 있다. 곡선 $y = f(x)$와 직선 $y = k$가 두 점 $\mathrm{A}(\pi, k)$, $\mathrm{B}(3\pi, k)$을 지나고 $f\left(\dfrac{10}{9}\pi\right) = -1$일 때, k의 값과 같은 것은? (단, $\dfrac{1}{2} < a < 1$이고 k는 상수이다.) [4점]

① $\sqrt{2} - 1$ 　② $2 - \sqrt{2}$ 　③ $\sqrt{2} - 2$
④ $2\sqrt{2} - 3$ 　⑤ -2

156

두 양수 a, b에 대하여 함수

$$f(x) = a\cos bx \left(0 \leq x \leq \frac{2\pi}{b}\right)$$

가 있다. 양수 c에 대하여 x에 대한 방정식

$$\left[\{f(x)\}^2 - 3c^2\right]\{f(x) + 2c\} = 0$$

실근의 개수가 5이고 실근을 작은 것부터 순서대로 나타내면 α_1, α_2, $\cdots$, α_5이고 각 점 $A_1(\alpha_1, f(\alpha_1))$, $A_2(\alpha_2, f(\alpha_2))$, $A_3(\alpha_3, f(\alpha_3))$, $A_4(\alpha_4, f(\alpha_4))$, $A_5(\alpha_5, f(\alpha_5))$은 다음 조건을 만족시킨다.

(가) $\overline{A_1A_4} = 6\overline{A_2A_4}$

(나) 사각형 $A_1A_2A_4A_5$의 넓이는 $\sqrt{3}$ 이다.

$a \times b \times c$의 값은? [4점]

① $\dfrac{\pi}{2}$ ② $\dfrac{3}{4}\pi$ ③ π ④ $\dfrac{5}{4}\pi$ ⑤ $\dfrac{3}{2}\pi$

157

그림과 같이 삼각형 ABC에서 $\overline{AB} = 3$, $\overline{BC} = 4$, $\overline{AC} = \sqrt{13}$ 이고, 점 A를 지나는 직선 l이 변 BC 위의 점 P에서 만난다. $\angle BPA = 60°$ 일 때, $\overline{BP} \times \overline{CP}$ 의 값을 구하시오. [4점]

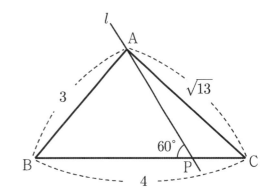

158

한 원 위의 네 점 A, B, C, D가 다음 조건을 만족시킬 때, 선분 AC의 길이는? [4점]

(가) $\overline{AB} = 2$, $\overline{BC} = 3$, $\overline{CD} = \overline{AD} + \sqrt{5}$

(나) 사각형 ABCD의 넓이는 삼각형 ACD의 넓이의 2배다.

① $2\sqrt{3}$ ② $\sqrt{14}$ ③ $\sqrt{15}$ ④ 4   ⑤ $\sqrt{17}$

159

양수 a에 대하여 열린구간 $(0, 6)$에서 정의된 함수 $f(x)$는

$$f(x) = \begin{cases} a\cos\left(\dfrac{\pi x}{2}\right) & (0 < x \le 3) \\ 2a\sin\left(\dfrac{2\pi x}{3}\right) & (3 < x < 6) \end{cases}$$

이다. 실수 k에 대하여 방정식 $f(x) = k$의 서로 다른 실근의 합을 $g(k)$라 하자. $g(k) = \dfrac{15}{2}$을 만족시키는 k의 최솟값이 2일 때, $g(-1) + g(-2) + g(-3)$의 값은? [4점]

① 36   ② $\dfrac{73}{2}$ ③ 37   ④ $\dfrac{75}{2}$ ⑤ 38

160

그림과 같이 반지름의 길이가 $\dfrac{5}{2}$ 인 원에 내접하는 사각형 ABCD가 다음 조건을 만족시킨다.

(가) $\overline{AB} = \overline{AC}$
(나) 두 대각선의 교점을 E 라 할 때, $\overline{BE} = 2\overline{CE}$ 이다.

$\overline{CD} = 1$ 일 때, 선분 BC의 길이는? [4점]

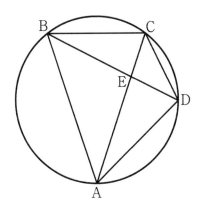

① $\dfrac{\sqrt{21}}{5}$ ② $\dfrac{2\sqrt{21}}{5}$ ③ $\dfrac{3\sqrt{21}}{5}$

④ $\dfrac{4\sqrt{21}}{5}$ ⑤ $\sqrt{21}$

161

다음 조건을 만족시키는 자연수 a와 실수 b에 대하여 $a^2 + b^2$의 값을 구하시오. [4점]

구간 $[0, 2\pi)$에서 곡선 $y = a\sin(nx) + b$와 직선 $y = n$이 만나는 서로 다른 점의 개수를 a_n이라 할 때, $\displaystyle\sum_{n=1}^{5} a_n = 14$이고 a_n의 최댓값은 a_{13}이다.

162

그림과 같이 $\overline{AB} : \overline{BC} = 4 : 1$, $\overline{AC} = \sqrt{3}$,

$\angle ABC = \dfrac{2}{3}\pi$인 삼각형 ABC에 대하여 선분 AD가

삼각형 ABC의 외접원의 한 지름이 되도록 점 D를
잡는다. 점 E를 중심으로 하고 반지름의 길이가 $\overline{DE}$인
원이 직선 AC와 접하도록 직선 BC 위의 점 E를 잡을
때, 선분 DE의 길이는? (단, $\overline{AD} > \overline{DE}$) [4점]

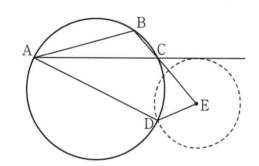

① $\dfrac{1}{3}$ ② $\dfrac{2}{3}$ ③ 1 ④ $\dfrac{4}{3}$ ⑤ $\dfrac{5}{3}$

163

그림과 같이 $\overline{AD} \mathbin{/\mkern-5mu/} \overline{BC}$이고, $\overline{AB} = \overline{AD} = \overline{CD}$인
등변사다리꼴 ABCD가 다음 조건을 만족시킨다.

(가) $\overline{AB} : \overline{BD} = 2 : 3$

(나) $\overline{BC} = 10$

두 대각선 AC, BD의 교점을 P라 하자. 두 삼각형
PAD, PBC의 넓이의 차는? (단, $\overline{AD} < \overline{BC}$) [4점]

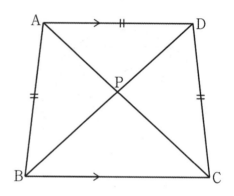

① $2\sqrt{7}$ ② $\dfrac{7\sqrt{7}}{3}$ ③ $\dfrac{8\sqrt{7}}{3}$

④ $3\sqrt{7}$ ⑤ $\dfrac{10\sqrt{7}}{3}$

164

그림과 같이

$$\angle ABC = \frac{\pi}{3}, \quad \overline{AC} = 5\sqrt{3}$$

인 삼각형 ABC가 있다. 삼각형 ABC의 외접원의 중심을 O, 직선 AO가 변 BC와 만나는 점을 D라 하자. 중심이 O′인 삼각형 ABD의 외접원의 넓이가 $\frac{64}{3}\pi$일 때, 삼각형 AOO′의 외접원의 넓이는? [4점]

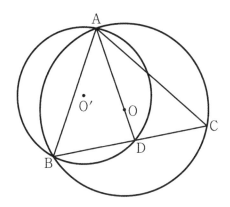

① $\frac{17}{3}\pi$ ② 6π ③ $\frac{19}{3}\pi$

④ $\frac{20}{3}\pi$ ⑤ 7π

165

그림과 같이

$$\overline{AB} = 2\overline{BC}, \quad \angle ABC = \frac{2}{3}\pi$$

인 삼각형 ABC의 외접원을 O라 하자. 원 O 위의 점 P에 대하여 사각형 ABCP의 넓이가 최대가 되도록 하는 점 P를 Q라 할 때, $\overline{QA} = 4$이다. 점 Q를 지나고 원 O에 접하는 직선과 두 직선 AB, BC의 교점을 각각 D, E라 할 때, 삼각형 BDE의 넓이는? [4점]

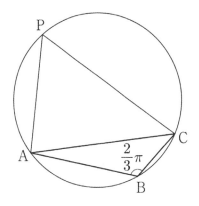

① $\frac{64\sqrt{3}}{7}$ ② $\frac{81\sqrt{3}}{7}$ ③ $\frac{128\sqrt{3}}{7}$

④ $\frac{162\sqrt{3}}{7}$ ⑤ $\frac{256\sqrt{3}}{7}$

166

그림과 같이 중심이 O이고 길이가 6인 선분 AB를 지름으로 하는 반원과 선분 AB를 $2:1$로 내분하는 점 O'을 중심으로 하고 선분 BC를 지름으로 하는 반원이 있다. 호 AB 위의 점 P와 호 BC 위의 점 Q가 항상 선분 OP와 선분 BQ가 평행인 상태를 유지하며 움직일 때 선분 BP와 호 BC의 교점을 R라 하고, $\angle \mathrm{PBA} = \dfrac{\pi}{6}$이고. 호 RC, 선분 AC, 호 AP, 선분 PR로 둘러싸인 부분의 넓이를 α, 선분 BR, 호 RQ, 선분 QB로 둘러싸인 부분의 넓이를 β라 할 때, $\alpha - \beta$의 값은? [4점]

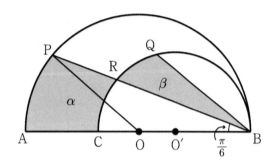

① $\dfrac{\pi}{6} + \sqrt{3}$ ② $\dfrac{\pi}{6} + \dfrac{5}{4}\sqrt{3}$ ③ $\dfrac{\pi}{6} + \dfrac{3}{2}\sqrt{3}$

④ $\dfrac{\pi}{3} - \dfrac{1}{4}\sqrt{3}$ ⑤ $\dfrac{\pi}{3} - \dfrac{1}{2}\sqrt{3}$

167

$\angle \mathrm{A} = 30\,^{\circ}$이고 $\overline{\mathrm{AB}} = 8^{\sin x + 1}$, $\overline{\mathrm{AC}} = 4^{\cos^2 x - \sin x}$인 삼각형 ABC의 넓이를 $S(x)$라 하자. $S(x)$가 $x = \alpha$에서 최댓값 M을 가질 때, $\log_2(\sin \alpha \times \mathrm{M})$의 값은? [4점]

① $\dfrac{6}{5}$ ② $\dfrac{7}{6}$ ③ $\dfrac{8}{7}$ ④ $\dfrac{9}{8}$ ⑤ $\dfrac{10}{9}$

168

자연수 k에 대하여 집합 A_k를

$$A_k = \left\{ \cos\frac{2m-1}{k}\pi \;\middle|\; m \text{은 자연수} \right\}$$

라 할 때, $n(A_k) = 100$을 만족시키는 모든 k의 값의 합을 구하시오. [4점]

하루 중 90%는 겸손하게 10%는 자신있게...

수열

3

출제유형 | 등차수열의 일반항을 이용하여 공차 또는 특정한 항을 구하는 문제가 출제된다.

출제유형잡기 | 주어진 조건을 만족시키는 등차수열의 첫째항 a와 공차 d를 구할 때는 등차수열의 일반항이

$$a_n = a + (n-1)d \quad (n = 1, \ 2, \ 3, \cdots)$$

임을 이용한다. 특히 서로 다른 두 항 a_m과 a_n 사이에

$a_m - a_n = (m-n)d \ \ (m \neq n)$이 성립함을 이용하면 편리할 수 있다.

169

공차가 음수인 등차수열 $\{a_n\}$에 대하여

$$|a_4| - |a_7| = |a_8| - |a_5| = 5$$

일 때, a_{12}의 값은? [4점]

① -25 ② -28 ③ -30 ④ -33 ⑤ -35

170

모든 항이 정수인 등차수열 $\{a_n\}$이 다음 조건을 만족시킬 때, 모든 a_1의 값의 합은? [4점]

(가) $\dfrac{|a_1|}{a_1} + \dfrac{|a_3|}{a_3} + \dfrac{|a_5|}{a_5} + \dfrac{|a_7|}{a_7} = 2$

(나) $a_7 + a_8 = -6$

① 23   ② 33   ③ 43   ④ 53   ⑤ 63

171

두 수 4와 67사이에 n개의 자연수를 넣어서 만든 수열이 이 순서대로 공차가 1이 아닌 등차수열을 이룬다. 이 수열의 항 중에서 25가 존재할 때, 가능한 n의 값의 합을 구하시오. [4점]

172

자연수 d에 대하여 모든 항이 정수이고, 공차가 $-2d$인 등차수열 $\{a_n\}$이 $|a_7| < |a_8|$를 만족시킬 때, $a_7 a_8$이 최솟값을 갖도록 하는 a_1의 값을 $f(d)$라 하자. $f(7) + f(8)$의 값을 구하시오. [4점]

173

$a > 2$, $0 < b < 1$인 두 상수 a, b에 대하여 $0 \le x \le 2\pi$에서 정의된 함수 $f(x) = |a \sin x + b|$가 있다. 어떤 실수 k에 대하여 직선 $y = k$와 곡선 $y = f(x)$의 교점의 개수가 3일 때, 이 세 점의 x좌표를 각각 α, β, γ라 하자. 세 수 α, β, γ가 이 순서대로 등차수열을 이룰 때, $\dfrac{k}{b}$의 값은?

(단, $\alpha < \beta < \gamma$) [4점]

① 3   ② 4   ③ 5   ④ 6   ⑤ 7

출제유형 | 주어진 조건에서 등차수열의 합을 구하거나 등차수열의 합을 이용하여 첫째항, 공차, 특정한 항의 값을 구하는 문제가 출제된다.

출제유형잡기 | 주어진 조건에서 첫째항 또는 공차를 구하고 등차수열의 합의 공식을 이용하여 문제를 해결한다.

등차수열 $\{a_n\}$에서 첫째항부터 제n항까지의 합을 S_n이라 하면

(1) 첫째항이 a, 제n항(끝항)이 l일 때,

$$S_n = \frac{n(a+l)}{2}$$

(2) 첫째항이 a, 공차가 d일 때,

$$S_n = \frac{n\{2a+(n-1)d\}}{2}$$

174

공차가 음수인 등차수열 $\{a_n\}$이 다음 조건을 만족시킬 때, a_{11}의 값은? [4점]

(가) $\displaystyle\sum_{k=1}^{10}(2+a_k)=0$

(나) $|a_1|+|a_6|=2|a_7|$

① -11　② -13　③ -15　④ -17　⑤ -19

175

모든 항이 자연수인 등차수열 $\{a_n\}$에 대하여 $\sum_{k=1}^{8} a_k$의 값이 28의 배수이다. $\sum_{k=1}^{7}\left(\log_2\dfrac{a_{n+1}}{a_n}\right)=3$일 때, $a_1 + a_2$의 최솟값은? [4점]

① 7   ② 10   ③ 14   ④ 18   ⑤ 21

176

공차가 양수인 등차수열 $\{a_n\}$의 첫째항부터 제n항까지의 합을 S_n이라 하고, 수열 $\{S_n\}$의 값을 작은 수부터 나열한 수열을 $\{T_n\}$이라 하자.

$$T_2 - T_1 = 3, \quad T_3 - T_2 = 2$$

이고, $S_n > 0$을 만족시키는 자연수 n의 최솟값이 17일 때, $a_n > 0$을 만족시키는 n의 최솟값을 m이라 하자. a_m의 값은? (단, $a_n \neq 0$) [4점]

① 3   ② 4   ③ 5   ④ 6   ⑤ 7

177

등차수열 $\{a_n\}$의 첫째항부터 제n항까지의 합을 S_n이라 하자. S_n이 다음 조건을 만족시킬 때, a_1의 값을 구하시오. [4점]

(가) S_n은 $n = 6$, $n = 7$에서 최댓값을 갖는다.

(나) $|S_{2m}| = |S_{3m}| = 60$인 자연수 m $(m \geq 4)$이 존재한다.

178

첫째항이 -50이고 공차가 3인 등차수열 $\{a_n\}$에 대하여 수열 $\{S_n\}$을

$$S_n = \sum_{k=n}^{n+8} |a_k|$$

라 하자. 모든 자연수 n에 대하여 $S_n \geq S_p$을 만족하는 p의 값을 구하시오. (단, p는 자연수이다.) [4점]

179

등차수열 $\{a_n\}$에 대하여 $a_3 = 2$일 때 다음 조건을
만족하는 상수 k의 값을 구하시오. [4점]

(가) $a_{2k-1} + a_{2k+7} = 100$

(나) $\displaystyle\sum_{n=1}^{2k+5} a_n = 26(k^2 - 3)$

등차수열 $\{a_n\}$에 대하여 $a_3 = 2$일 때 다음 조건을

만족하는 상수 k의 값을 구하시오. [4점]

등비수열의 뜻과 일반항

출제유형 | 등비수열의 일반항을 이용하여 공비나 특정한 항을 구하는 문제가 출제된다.

출제유형잡기 | 주어진 조건에서 첫째항 a와 공비 r를 구할 때에는 등비수열의 일반항이

$$a_n = ar^{n-1} \ (n = 1, \ 2, \ 3, \ \cdots)$$

임을 이용한다. 특히, 서로 다른 두 항 a_m과 a_n 사이에

$$\frac{a_m}{a_n} = r^{m-n} \ (a \neq 0, \ r \neq 0, \ m \neq n)$$이 성립함을

이용하면 편리할 수 있다.

180

$0 \leq \theta \leq \pi$일 때, 세 실수 p, q, r가

$$p = 2^{\cos\theta - 1} - 2^{-\cos\theta - 1},$$
$$q = 2^{\cos\theta - 1} - 2^{-\cos\theta + 1},$$
$$r = 2^{\cos\theta + 1} - 2^{-\cos\theta + 1}$$

이고, p, q, r가 이 순서대로 등비수열을 이룰 때, $q^2 \times \theta$의 값은? [4점]

① $\dfrac{\pi}{12}$　　② $\dfrac{\pi}{6}$　　③ $\dfrac{\pi}{4}$　　④ $\dfrac{\pi}{3}$　　⑤ $\dfrac{\pi}{2}$

181

공비가 1이 아닌 양수인 등비수열 $\{a_n\}$과 수열 $\{b_n\}$은 모든 자연수 n에 대하여

$$b_n = \sum_{k=1}^{n} (-1)^k \log_2 a_k$$

를 만족시킨다. $b_2 = 2$, $b_3 + b_4 = 6$일 때, b_9의 값은? [4점]

① -12 ② -10 ③ -8 ④ -6 ⑤ -4

182

그림과 같이 곡선 $y = a^x \, (a > 1)$ 위에 서로 다른 세 점 A$(0, \ 1)$, B$(x_1, \ y_1)$, C$(x_2, \ y_2)$가 있다.

$y_2 < 1 < y_1$이고 세 수 y_1, 1, y_2는 이 순서대로 등비수열을 이룬다. 직선 BC의 y절편이 4이고 삼각형 ABC의 넓이가 12일 때, $a^2 + \dfrac{1}{a^2}$의 값은? [4점]

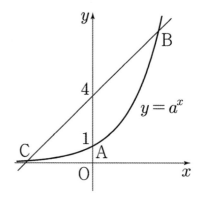

① $2\sqrt{2}$ ② $\sqrt{10}$ ③ $2\sqrt{5}$ ④ $2\sqrt{10}$ ⑤ 8

183

공비가 양수인 등비수열 $\{a_n\}$에 대하여

$$a_4 \times a_5 \times a_6 = 1, \ a_3 + a_5 = 3$$

일 때, $f(n) = \log_2(a_1 \times a_2 \times a_3 \times \cdots \times a_n)$이라 하자. $f(n) \geq 0$을 만족시키는 자연수 n의 최댓값은? [4점]

① 7   ② 8   ③ 9   ④ 10   ⑤ 11

184

등비수열 $\{a_n\}$에 대하여

$$a_1 a_2 a_3 \cdots a_n = 3^{n^2 - 3n}$$

이 성립할 때, a_5의 값을 구하시오. [4점]

출제유형잡기 | 주어진 조건에서 첫째항과 공비를 구하고
등비수열의 합의 공식을 이용하여 문제를 해결한다.

첫째항이 a, 공비가 r인 등비수열 $\{a_n\}$의 첫째항부터
제n항까지의 합을 S_n이라 할 때, 다음을 이용한다.

(1) $r = 1$ 일 때, $S_n = na$

(2) $r \neq 1$ 일 때, $S_n = \dfrac{a(1-r^n)}{1-r} = \dfrac{a(r^n-1)}{r-1}$

185

수열 $\{a_n\}$은 모든 항이 다른 등비수열이고, 수열 $\{b_n\}$은
모든 자연수 n에 대하여

$$b_n = \sum_{k=1}^{n} (-1)^k (a_k + a_{k+1})$$

을 만족시킨다. $b_3 = b_1 + b_2 + 3$, $b_4 = 15$일 때, 수열
$\{b_n\}$의 첫째항부터 제5항까지의 합을 구하시오. (단,
a_1은 0이 아닌 정수이다.) [4점]

186

수열 $\{a_n\}$의 첫째항부터 제8항까지 합이 210이고, 수열 $\{2^n - a_n\}$이 공차가 3이 등차수열일 때, a_2의 값은? [4점]

① -25 ② -26 ③ -27 ④ -28 ⑤ -29

187

첫째항이 3이고 모든 항이 서로 다른 등비수열 $\{a_n\}$의 첫째항부터 제 n항까지의 합을 S_n이라 하자. 수열 $\{a_n\}$이 다음 조건을 만족시킬 때, S_2의 값은? [4점]

(가) 모든 자연수 n에 대하여 $0 < S_n \leq S_1$

(나) 어떤 자연수 m에 대하여
$$|a_m| + |a_{m+2}| = 10 \times \left| \frac{a_2}{a_1} \right|^m \text{이다.}$$

---

① 1   ② 2   ③ 3   ④ 4   ⑤ 5

188

공비가 $r\,(r \neq 1)$인 등비수열 $\{a_n\}$의 첫째항부터 제n항까지의 합 S_n에 대하여

$$\frac{(S_8)^3}{(S_4)^2 \times S_{12}} = 3$$

이 성립할 때, r^{12}의 값을 구하시오. [4점]

등차중항과 등비중항

출제유형 | 3개 이상의 수가 등차수열 또는 등비수열을 이루는 조건이 주어진 문제가 출제된다.

출제유형잡기 | 3개 이상의 수가 등차수열 또는 등비수열을 이루는 조건이 주어진 문제에서는 등차중항 또는 등비중항의 성질을 이용하여 문제를 해결한다.

(1) 세 수 a, b, c가 순서대로 등차수열을 이루면 $2b = a + c$가 성립한다.

(2) 0이 아닌 세 수 a, b, c가 순서대로 등비수열을 이루면 $b^2 = ac$가 성립한다.

189

0이 아닌 두 실수 m, n이 다음 조건을 만족시킬 때, mn의 값은? [4점]

(가) 세 수 n, $m+n$, m^2은 이 순서대로 등차수열을 이룬다.

(나) 세 수 m, $m+n$, $mn+4$는 이 순서대로 등비수열을 이룬다.

---

① 24   ② 26   ③ 28   ④ 30   ⑤ 32

190

공차가 자연수인 등차수열 $\{a_n\}$과 자연수 k가 다음 조건을 만족시킨다.

(가) 세 수 $\log_{8-k}(k-3)$, $\log_{8-k}(2k-4)$, $\log_{8-k}(3k+4)$가 이 순서대로 등차수열을 이룬다.

(나) 세 수 a_2, a_{k+2}, a_{4k+6}이 이 순서대로 등비수열 $\{b_n\}$의 항 b_1, b_2, b_3이다.

$(a_k)^2 = 100$일 때, $a_3 + b_4$의 값을 구하시오. [4점]

191

함수 $f(x) = x^2 - kx$와 함수 $g(x) = 2x^2 - 9x + 12$에 대하여 두 함수의 그래프가 두 점에서 만날 때, 교점의 x좌표를 각각 a, b $(k < a < b)$라 하자. k, a, b가 이 순서대로 등차수열을 이룰 때, $a + b$의 값은? (단, k, a, b는 상수이다.) [4점]

① 4   ② 5   ③ 6
④ 7   ⑤ 8

192

삼각형 ABC에서 $\overline{AB}=c$, $\overline{BC}=a$, $\overline{CA}=2$라 할 때,
다음 조건을 만족시킨다.

> (가) a, 2, c가 이 순서대로 등차수열을 이룬다.
> (나) $\cos B = \dfrac{7}{8}$

$a \times c$의 값은? (단, $c > 2$) [4점]

① $\dfrac{13}{5}$ ② $\dfrac{14}{5}$ ③ 3 ④ $\dfrac{16}{5}$ ⑤ $\dfrac{17}{5}$

193

그림과 같이 좌표평면에서 함수 $y=-\dfrac{1}{x}$의 그래프와

$y=ax$ $(a<0)$가 두 점 A, B에서 만난다.

곡선 $y=-\dfrac{1}{x}$ 위의 점 C에 대하여 세 점 A, B, C

의 x좌표가 이 순서대로 등차수열을 이룰 때, 삼각형
ABC의 넓이는? (단, 점 C의 x좌표는 양수이다.) [4점]

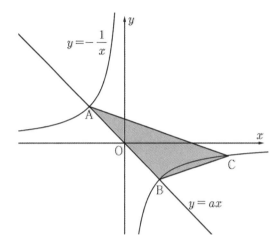

① 2 ② $\dfrac{7}{3}$ ③ $\dfrac{8}{3}$ ④ 3 ⑤ $\dfrac{10}{3}$

194

그림과 같이 평행사변형 $ABCD$가 있다. 이 도형을
대각선 BD를 접는 선으로 하여 접었을 때, A가 이동된
점을 A'이라 하고 선분 $A'B$가 선분 DC와 만나는 점을
E라 할 때, 삼각형 EDA'의 넓이가 평행사변형
$ABCD$의 넓이의 $\dfrac{1}{15}$이다. $\overline{CE}$, $\overline{EB}$, $\overline{BD}$의 길이가 이

순서대로 등차수열을 이룰 때, $\dfrac{\overline{BD}}{\overline{AB}}$의 값은? [4점]

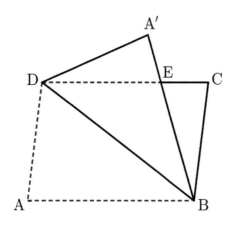

① $\dfrac{8}{5}$ ② $\dfrac{5}{3}$ ③ $\dfrac{26}{15}$

④ $\dfrac{9}{5}$ ⑤ $\dfrac{28}{15}$

195

첫째항이 10^3이고 공비가 $10^{\frac{3}{100}}$인 등비수열 $\{a_n\}$에
대하여 $\log a_n$의 소수부분을 b_n이라 하자. 수열 $\{b_n\}$에서
연속된 세 항 b_{k-1}, b_k, b_{k+1}에 대하여 b_{k-1}, b_k,
$b_{k+1}+1$이 주어진 순서로 등차수열을 이룰 때, k의 값을
구하시오. (단, $2 \leq k \leq 50$) [4점]

수열의 합과 일반항 사이의 관계

출제유형 | 수열의 합과 일반항 사이의 관계를 이용하여 일반항을 구하거나 특정한 항의 값을 구하는 문제가 출제된다.

출제유형잡기 | 수열 $\{a_n\}$의 첫째항부터 제n항까지의 합을 S_n이라 할 때, 수열의 합과 일반항 사이의 관계를 이용하여 문제를 해결한다.

수열의 합과 일반항 사이의 관계는 다음과 같다.

$$a_1 = S_1$$

$$a_n = S_n - S_{n-1} \ \ (\text{단, } n \geq 2)$$

196

모든 항이 양수인 수열 $\{a_n\}$의 첫째항부터 제n항까지의 합을 S_n이라 할 때, 모든 자연수 n에 대하여

$$S_{n+1} = \sum_{k=1}^{n} \left(a_k \times 2^k \right)$$

이다. $a_6 = 2^{10}$일 때, $\log_2 (a_1 \times a_3 \times a_5 \times a_7)$의 값은? [4점]

① 15　　② 17　　③ 18　　④ 21　　⑤ 22

197

수열 $\{a_n\}$ 의 첫째항부터 제n항까지의 합을 S_n 이라 할 때, 모든 자연수 n 에 대하여 $S_n = |n(n-2)|a_{n+1}$ 을 만족시킨다. $\displaystyle\sum_{n=1}^{10} a_n = 16$ 일 때, a_3 의 값은? [4점]

① 5 ② 8 ③ 9 ④ 12 ⑤ 21

198

두 수열 $\{a_n\}$, $\{b_n\}$ 이 모든 자연수 n 에 대하여 다음 조건을 만족시킨다.

(가) $\displaystyle\sum_{k=1}^{n}(a_k - 2b_k) = n^2$

(나) $\displaystyle\sum_{k=1}^{n}\left(\frac{1}{a_{k+1}} - \frac{1}{a_k}\right) = \frac{1}{n^2} - \frac{1}{3}$

$b_1 = 1$ 일 때, b_8 의 값은? [4점]

① 16 ② 17 ③ 18 ④ 19 ⑤ 20

199

수열 $\{a_n\}$의 첫째항부터 제n항까지의 합을 S_n이라 할 때, S_n은 모든 자연수 n에 대하여 반지름의 길이가 $\dfrac{2^{n+1}}{1+2^{n+2}}$이고, 중심각의 크기가 $\dfrac{1}{2^n}+4$인 부채꼴의 넓이다. $\displaystyle\sum_{n=1}^{7}\left(\dfrac{1}{S_n}-2\right)$의 값은? [4점]

① $\dfrac{31}{64}$ ② $\dfrac{125}{256}$ ③ $\dfrac{63}{128}$

④ $\dfrac{127}{256}$ ⑤ $\dfrac{1}{2}$

200

수열 $\{a_n\}$에 대하여 $S_n=\displaystyle\sum_{k=1}^{n}a_k$일 때, $m^{S_n}=n^2+5n+6$이 성립한다. $a_1+a_6+a_{11}=1$을 만족하는 m의 값을 구하시오. (단, $m \neq 1$인 자연수) [4점]

출제유형 | 합의 기호 $\sum$의 뜻과 성질을 이용하여 여러 가지 수열의 합을 구하거나 특정한 항의 값을 구하는 문제가 출제된다.

출제유형잡기 | 수열 $\{a_n\}$에서 합의 기호 $\sum$를 포함하는 문제는 다음을 이용하여 해결한다.

(1) $\sum$의 뜻

① $a_1 + a_2 + a_3 + \cdots + a_n = \displaystyle\sum_{k=1}^{n} a_k$

② $a_m + a_{m+1} + a_{m+2} + \cdots + a_n = \displaystyle\sum_{k=m}^{n} a_k$

(단, $m \leq n$)

③ $\displaystyle\sum_{k=m}^{n} a_k = \sum_{k=1}^{n} a_k - \sum_{k=1}^{m-1} a_k$ (단, $2 \leq m \leq n$)

(2) $\sum$의 기본 성질

임의의 두 수열 $\{a_n\}$, $\{b_n\}$에 대하여

① $\displaystyle\sum_{k=1}^{n}(a_k + b_k) = \sum_{k=1}^{n} a_k + \sum_{k=1}^{n} b_k$

② $\displaystyle\sum_{k=1}^{n}(a_k - b_k) = \sum_{k=1}^{n} a_k - \sum_{k=1}^{n} b_k$

③ $\displaystyle\sum_{k=1}^{n} ca_k = c\sum_{k=1}^{n} a_k$ (단, c는 상수)

④ $\displaystyle\sum_{k=1}^{n} c = cn$ (단, c는 상수)

201

수열 $\{a_n\}$의 첫째항부터 제n항까지 합을 S_n이라 할 때, 모든 자연수 n에 대하여

$$\sum_{k=1}^{n}\left(S_k - 2S_{k+1} + S_{k+2}\right) = 4n$$

을 만족시킨다. $S_{20} - S_1 = 722$일 때, a_2의 값은? [4점]

① 1 ② 2 ③ 3 ④ 4 ⑤ 5

202

수열 a_1, a_2, a_3, $\cdots$, a_{12}이 3개의 1과 3개의 -1, 3개의 2와 3개의 -2를 순서를 바꾸어 늘어놓은 것일 때, $\displaystyle\sum_{k=1}^{12}\left(a_k-\frac{1}{2}k\right)^2+\frac{1}{2}\sum_{k=1}^{12}(a_k+k)^2$의 값은? [4점]

① $\dfrac{1065}{2}$ ② $\dfrac{1067}{2}$ ③ $\dfrac{1069}{2}$

④ $\dfrac{1071}{2}$ ⑤ $\dfrac{1073}{2}$

203

공차가 자연수 d인 등차수열 $\{a_n\}$이 다음 조건을 만족시키도록 하는 모든 d의 값의 합을 구하시오. [4점]

(가) $S_n=\displaystyle\sum_{k=1}^{n}a_k$일 때, $S_n=S_{n+2}$을 만족시키는 자연수 n이 존재한다.

(나) $2\displaystyle\sum_{k=m+2}^{2m+2}a_k=\sum_{k=1}^{2m+2}\left|a_k\right|=48$

모든 자연수 n에 대하여 수열 $\{a_n\}$은

$$\sum_{k=1}^{n}\left(\sum_{m=k}^{n} a_m\right) = -\frac{1}{n+2}$$

을 만족시킨다. 이때, $\displaystyle\sum_{n=1}^{8} a_n$의 값은? [4점]

① $-\dfrac{1}{6}$ ② $-\dfrac{23}{90}$ ③ $-\dfrac{17}{90}$

④ $\dfrac{3}{10}$ ⑤ $\dfrac{11}{45}$

출제유형 | 자연수의 거듭제곱의 합을 나타내는 공식을 이용하여 식의 값을 구하는 문제가 출제된다.

출제유형잡기 | 합의 기호 $\sum$ 의 성질과 자연수의 거듭제곱의 합을 나타내는 공식을 이용하여 문제를 해결한다.

(1) $\displaystyle\sum_{k=1}^{n} k = \frac{n(n+1)}{2}$

(2) $\displaystyle\sum_{k=1}^{n} k^2 = \frac{n(n+1)(2n+1)}{6}$

(3) $\displaystyle\sum_{k=1}^{n} k^3 = \left\{\frac{n(n+1)}{2}\right\}^2$

(4) $\displaystyle\sum_{k=1}^{n} k(k+1) = \frac{n(n+1)(n+2)}{3}$

(5) $\displaystyle\sum_{k=1}^{n} k(k+1)(k+2) = \frac{n(n+1)(n+2)(n+3)}{4}$

205

등차수열 $\{a_n\}$ 에 대하여

$$a_6 + a_{10} = a_{12}, \quad \sum_{n=1}^{16} a_n = \sum_{n=1}^{6} a_n + 75$$

a_{16} 의 값은? [4점]

① 8   ② 12   ③ 16   ④ 20   ⑤ 24

206

두 수열 $\{a_n\}$, $\{b_n\}$이 다음 조건을 만족시킨다.

(가) $a_{n+1} - a_n = 2$

(나) $\displaystyle\sum_{k=1}^{10} a_k b_k = 30$

(다) $\displaystyle\sum_{k=1}^{9} a_k(b_{k+1} + 1) = 60$

$a_1 = 2$일 때, $\displaystyle\sum_{k=1}^{10} b_k$의 값은? [4점]

① 20　　② 25　　③ 30　　④ 35　　⑤ 40

207

자연수 n에 대하여 x에 대한 다항식
$x^3 - (n^2 + 2)x + 2n^2$를 일차식 $x - 1$로 나눌 때 몫을
$Q(x)$, 나머지를 a_n이라 하고 $Q(x)$를 $x - 1$으로 나눈
나머지를 b_n이라 하자. $\displaystyle\sum_{n=2}^{11} a_n + \sum_{n=1}^{10} b_n$의 값은? [4점]

① 80　　　　② 90　　　　③ 100
④ 110　　　⑤ 120

208

그림과 같이 자연수 n에 대하여 $A\left(0,\ n^2\right)$에서 함수 $y=-x^2$의 그래프에 그은 기울기가 양수인 접선의 기울기를 a_n이라 할 때, $\displaystyle\sum_{n=1}^{10} a_n$의 값은? [4점]

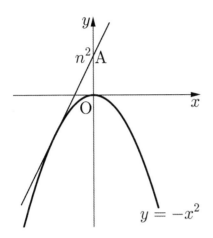

① 55   ② 110   ③ 200

④ 385   ⑤ 770

여러 가지 수열의 합

출제유형 | 수열의 일반항(다항식이 아닌 유리식 또는 무리식 꼴)을 소거되는 꼴로 변형하여 수열의 합을 구하는 문제가 출제된다.

수열 $\{a_n\}$이 모든 자연수 n에 대하여

$$\sum_{k=1}^{n} (k+2)a_k = \frac{1}{n+1}$$

출제유형잡기 | 수열의 일반항(다항식이 아닌 유리식 또는 무리식 꼴)을 소거되는 꼴로 변형할 때에는 다음을 이용하여 문제를 해결한다.

을 만족시킬 때, $\displaystyle\sum_{n=1}^{8} a_n$의 값은? [4점]

① $\dfrac{7}{90}$　② $\dfrac{4}{45}$　③ $\dfrac{1}{10}$　④ $\dfrac{11}{90}$　⑤ $\dfrac{2}{15}$

(1) 일반항이 다항식이 아닌 유리식 꼴이고 분모가 서로 다른 두 일차식의 곱이면 다음과 같이 변형하여 문제를 해결한다.

① $\displaystyle\sum_{k=1}^{n} \frac{1}{k(k+a)} = \frac{1}{a}\sum_{k=1}^{n}\left(\frac{1}{k} - \frac{1}{k+a}\right)$ (단, $a \neq 0$)

② $\displaystyle\sum_{k=1}^{n} \frac{1}{(k+a)(k+b)} = \frac{1}{b-a}\sum_{k=1}^{n}\left(\frac{1}{k+a} - \frac{1}{k+b}\right)$

(단, $a \neq b$)

(2) 일반항의 분모가 근호를 포함하는 두 식의 합이면 다음과 같이 변형하여 문제를 해결한다.

① $\displaystyle\sum_{k=1}^{n} \frac{1}{\sqrt{k+a} + \sqrt{k}} = \frac{1}{a}\sum_{k=1}^{n}(\sqrt{k+a} - \sqrt{k})$

(단, $a \neq 0$)

② $\displaystyle\sum_{k=1}^{n} \frac{1}{\sqrt{k+a} + \sqrt{k+b}}$

$= \dfrac{1}{a-b}\displaystyle\sum_{k=1}^{n}(\sqrt{k+a} - \sqrt{k+b})$

(단, $a \neq b$)

③ $\displaystyle\sum_{k=1}^{n} \frac{1}{k\sqrt{k+a} + (k+a)\sqrt{k}}$

$= \dfrac{1}{a}\displaystyle\sum_{k=1}^{n}\left(\frac{1}{\sqrt{k}} - \frac{1}{\sqrt{k+a}}\right)$

210

다음 그림과 같이 한 변은 각각 x축 위에 있는 두 직사각형이 있다. 자연수 n에 대하여 곡선 $y = -\log_2(x+1)$ 위의 점 $(2n-1,\ -\log_2 2n)$과 점 $(3n,\ 0)$을 연결한 선분을 대각선으로 갖는 직사각형과 점 $(3n,\ 0)$와 점 $(4n+1,\ -\log_2(4n+2))$을 연결한 선분을 대각선으로 갖는 직사각형의 넓이의 차를 a_n이라 하자.

$\displaystyle\sum_{n=1}^{8} \frac{a_{2^n-1}}{2^n} = \alpha$일 때, 2^α의 값을 구하시오. [4점]

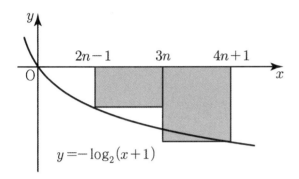

$y = -\log_2(x+1)$

211

2이상의 자연수 n에 대하여 원 $x^2 + y^2 = 2n$과 직선 $\sqrt{n}\,x + y - n - 1 = 0$이 두 점 A, B에서 만난다. 삼각형 OAB의 넓이를 S_n이라 할 때, $\displaystyle\sum_{n=2}^{9} \frac{1}{(S_n)^2}$의 값은? (단, O는 원점이다.) [4점]

① $\dfrac{29}{45}$ ② $\dfrac{3}{5}$ ③ $\dfrac{5}{9}$ ④ $\dfrac{23}{45}$ ⑤ $\dfrac{7}{30}$

212

함수 $y = \left(\dfrac{1}{2}\right)^x$ 을 x축의 방향으로 a_n만큼

평행이동시키면 함수 $y = \dfrac{n}{n+1}\left(\dfrac{1}{2}\right)^x$일 때, $\displaystyle\sum_{n=1}^{63} a_n$의

값은? (단, n은 자연수이다.) [4점]

① -5 ② -6 ③ -7 ④ 5 ⑤ 6

213

이차함수 $f(x) = \displaystyle\sum_{k=1}^{n}\{x - 3k(k+1)\}^2$이 $x = g(n)$에서

최솟값을 가질 때, $\displaystyle\sum_{n=1}^{100}\dfrac{1}{g(n)}$의 값은? (단, n은 자연수)

[4점]

① $\dfrac{25}{51}$ ② $\dfrac{50}{51}$ ③ $\dfrac{51}{52}$ ④ $\dfrac{99}{101}$ ⑤ $\dfrac{101}{102}$

214

수열 $\{a_n\}$의 첫째항부터 제n항까지의 합 S_n이

$S_n = {}_{n+3}\mathrm{C}_3$일 때, $\displaystyle\sum_{n=1}^{10} \frac{1}{a_n}$의 값은? [4점]

① $\dfrac{1}{2}$　② $\dfrac{7}{12}$　③ $\dfrac{2}{3}$　④ $\dfrac{3}{4}$　⑤ $\dfrac{5}{6}$

출제유형 | 주어진 항의 값과 이웃하는 몇 개의 항들 사이에 성립하는 관계식으로 정의된 수열 $\{a_n\}$에서 특정한 항의 값을 구하는 문제가 출제된다.

출제유형잡기 | 첫째항 a_1의 값과 이웃하는 몇 개의 항들 사이에 성립하는 관계식에서 n 대신에 $1, 2, 3, \cdots$을 차례로 대입하여 문제를 해결한다.

특히 등차수열과 등비수열은 다음과 같이 정의될 수 있다.

(1) 수열 $\{a_n\}$ 이 등차수열일 때

① $a_{n+1} - a_n = d$ (일정) $\Rightarrow$ 공차가 d인 등차수열

② $a_{n+2} - a_{n+1} = a_{n+1} - a_n$

또는 $2a_{n+1} = a_n + a_{n+2}$

(2) 수열 $\{a_n\}$ 이 등비수열일 때

① $a_{n+1} \div a_n = r$ (일정) $\Rightarrow$ 공비가 r 인 등비수열 (단, $a_n \neq 0$)

② $\dfrac{a_{n+2}}{a_{n+1}} = \dfrac{a_{n+1}}{a_n}$ 또는 $(a_{n+1})^2 = a_n a_{n+2}$

(단, $a_n a_{n+1} \neq 0$)

215

수열 $\{a_n\}$이 모든 자연수 n에 대하여

$$a_{n+1} = \begin{cases} 2 - (a_n)^2 & (|a_n| \geq 2) \\ 2a_n - 2 & (|a_n| < 2) \end{cases}$$

을 만족시킬 때, $a_5 - a_4 \geq 0$이 되도록 하는 모든 a_1의 값의 합은? [4점]

① $\dfrac{3}{2}$　　② 2　　③ $\dfrac{5}{2}$　　④ 3　　⑤ $\dfrac{7}{2}$

216

0이 아닌 실수 k에 대하여 $a_1 = k$인 수열 $\{a_n\}$이 다음 조건을 만족시킨다.

> 모든 자연수 n에 대하여
> $$\left(a_{n+1} - a_n + \frac{k}{3}\right)\left(a_{n+1} - \frac{a_n}{k}\right) = 0$$이다.

$a_4 = k$가 되도록 하는 서로 다른 모든 k의 개수를 구하시오. [4점]

217

수열 $\{a_n\}$이 모든 자연수 n에 대하여

$$a_{n+1} = \begin{cases} a_n + (-1)^n n + a_1 & (a_n < a_1) \\ a_n + (-1)^n n - a_1 & (a_n \geq a_1) \end{cases}$$

이다.

$a_7 = 18$이 되도록 하는 모든 a_1의 값의 합을 구하시오. [4점]

218

$\{a_n\}$이 모든 자연수 n에 대하여 다음 조건을 만족시킨다.

(가) $|a_{n+1} - a_n| = |a_{n+2} - a_{n+1}|$
(나) $a_{n+4} - a_n = 8$

$a_8 = 21$일 때, a_1의 값으로 가능한 모든 값의 합은?
[4점]

① 13   ② 14   ③ 15   ④ 16   ⑤ 17

219

수열 $\{a_n\}$이 모든 자연수 n에 대하여 다음 조건을 만족시킨다.

(가) $a_{2n} = 2 - 3a_n$
(나) $a_{2n+1} = 4a_n - 2$

$\sum_{n=1}^{32} a_n = 360$일 때, a_5의 값을 구하시오. [4점]

출제유형 | 주어진 조건을 만족시키는 몇 개의 항을
나열하여 수열의 규칙성을 찾는 문제가 출제된다.

출제유형잡기 | 주어진 조건을 만족시키는 몇 개의 항을
차례로 구하여 수열의 규칙성을 찾아 문제를 해결한다.

220

수열 $\{a_n\}$이 모든 자연수 n에 대하여

$$a_{n+2} + a_n = 2a_{n+1} + \sum_{k=1}^{n} \cos\left(\frac{k}{2}\pi\right)$$

이다. $a_1 = a_2$일 때, $a_{4p+2} - a_{4p+1} = -100$을
만족시키는 자연수 p의 값은? [4점]

① 50   ② 60   ③ 75   ④ 90   ⑤ 100

221

모든 항이 양수인 수열 $\{a_n\}$이 다음 조건을 만족시킨다.

(가) 모든 자연수 n에 대하여

$$a_n a_{n+1} = \frac{a_{n+2} a_{n+3}}{2}$$ 이다.

(나) $a_2 = 1$, $a_4 = 4$, $a_8 = 4a_9$

---

a_1의 값은? [4점]

① 16   ② 32   ③ 64   ④ 128   ⑤ 256

222

수열 $\{a_n\}$이 모든 자연수 n에 대하여 다음 조건을 만족시킬 때, $\displaystyle\sum_{n=1}^{27} a_n = \frac{q}{p}$에서 $p+q$의 값을 구하시오.

(단, p와 q는 서로소인 자연수이다.) [4점]

(가) $a_n + a_{3n} = n$

(나) $a_n + a_{3n-1} = n+1$

(다) $a_n + a_{3n-2} = n+2$

223

수열 $\{a_n\}$이 모든 자연수 n에 대하여

$$a_{n+2} = \begin{cases} a_n + \sin\dfrac{n\pi}{2} & (n\text{이 홀수}) \\[2mm] a_n + \cos\dfrac{n\pi}{2} & (n\text{이 짝수}) \end{cases}$$

$a_2 + a_3 = 4$일 때, $\displaystyle\sum_{n=1}^{20} a_n$의 값은? [4점]

① 20   ② 30   ③ 40   ④ 50   ⑤ 60

224

부등식 $x(x-10)\sin\dfrac{\pi}{2}x < 0$을 만족시키는 모든 자연수 x를 작은 수부터 차례로 나열하여 만든 수열을 $\{a_n\}$이라 하자. 이때, $a_2 + a_6$의 값을 구하시오. (단, n은 자연수이다.) [4점]

225

모든 자연수 n에 대하여 순서쌍 (x_n, y_n)을 다음 규칙에 따라 정한다.

(가) $(x_1, y_1) = (1, 1)$

(나) n이 홀수이면
$$(x_{n+1}, y_{n+1}) = (x_n, (y_n - 1)^2) \text{ 이다.}$$

(다) n이 짝수이면
$$(x_{n+1}, y_{n+1}) = ((x_n - 3)^2, y_n) \text{ 이다.}$$

$x_{2022} + y_{2022}$의 값은? [4점]

① 4　　② 3　　③ 2　　④ 1　　⑤ 0

226

수열 $\{a_n\}$이 다음 조건을 만족시킨다.

(가) $1 \le n \le 5$인 자연수 n에 대하여
$a_n + a_{11-n} = 10$이다.

(나) $n \ge 6$인 모든 자연수 n에 대하여
$a_{n+1} + a_n = n$이다.

$\displaystyle\sum_{n=1}^{5} a_n = 10$일 때, a_6의 값은? [4점]

① 20　　② 24　　③ 28　　④ 32　　⑤ 36

227

수열 $\{a_n\}$이 모든 자연수 n에 대하여

$$a_{n+1}=\begin{cases}\dfrac{a_n-2}{2} & (a_n\text{이 짝수})\\[2mm] 2a_n+2 & (a_n\text{이 홀수})\end{cases}$$

이고, $a_5=4$일 때, a_1의 값으로 가능한 모든 값의 합은? [4점]

① 128   ② 126   ③ 124   ④ 122   ⑤ 120

수열 $\{a_n\}$이 모든 자연수 n에 대하여

출제유형 | 수학적 귀납법을 이용하여 명제를 증명하는 과정에서 빈칸에 알맞은 수나 식을 구하는 문제가 출제된다.

출제유형잡기 | 주어진 명제를 수학적 귀납법으로 증명하는 과정에서 앞과 뒤의 관계를 파악하여 빈칸에 알맞은 수나 식을 구한다.

자연수 n에 대한 명제 $p(n)$이 모든 자연수 n에 대하여 성립함을 증명하려면 다음 두 가지를 보이면 된다.

(i) $n = 1$일 때, 명제 $p(n)$이 성립한다.

(ii) $n = k$일 때, 명제 $p(n)$이 성립한다고 가정하면 $n = k+1$일 때도 명제 $p(n)$이 성립한다.

수열 $\{a_n\}$의 일반항은

$$a_n = \sum_{k=1}^{n} \frac{1}{k}$$

이다. 다음은 $n \geq 2$인 모든 자연수 n에 대하여

$$\sum_{k=1}^{n-1} a_k = n(a_n - 1) \quad \cdots \cdots \; (*)$$

이 성립함을 수학적 귀납법으로 증명한 것이다.

$a_n = \sum_{k=1}^{n} \dfrac{1}{k}$에서 $a_1 = 1$, $a_2 = 1 + \dfrac{1}{2} = \dfrac{3}{2}$이다.

(i) $n = 2$일 때,

(좌변)$= a_1 = 1$, (우변)$= 2(a_2 - 1) = 1$

이므로 $(*)$의 식이 성립한다.

(ii) $n = m \; (m \geq 2)$일 때, $(*)$이 성립한다고 가정하면

$$\sum_{k=1}^{m-1} a_k = m(a_m - 1)$$

$a_1 + a_2 + \cdots + a_{m-1} = m(a_m - 1) \quad \cdots \cdots \; \unicode{x1D4F0}$

$a_{m+1} = a_m + \boxed{\text{(가)}}$ 이므로

$\boxed{\text{(나)}} \, a_{m+1} = \boxed{\text{(나)}} \, a_m + 1$이다.

따라서

$\unicode{x1D4F0}$의 양변에 a_m을 더하면

$a_1 + a_2 + \cdots + a_{m-1} + a_m = (m+1)(a_{m+1} - 1)$

즉, $\displaystyle\sum_{k=1}^{m} a_k = (m+1)(a_{m+1} - 1)$

따라서 $n = m+1$일 때도 주어진 식이 성립한다.

그러므로 (i), (ii)에 의하여 $\displaystyle\sum_{k=1}^{n-1} a_k = n(a_n - 1)$

은 $n \geq 2$인 모든 자연수 n에 대하여 성립한다.

위의 (가), (나)에 알맞은 식을 각각 $f(m)$, $g(m)$이라 할 때, $\dfrac{g(10)}{f(9)}$의 값은? [4점]

① 72 　　② 90 　　③ 110 　　④ 132 　　⑤ 156

229

두 수 3과 45사이에 n개의 자연수를 넣어서 만든 수열이 이 순서대로 공차가 1이 아닌 등차수열을 이룬다. 이 수열의 항 중에서 31이 존재할 때, 가능한 n의 값의 합을 구하시오. [4점]

230

등차수열 $\{a_n\}$의 제1항부터 제n항까지의 합을 S_n이라 할 때, 다음 조건을 만족시키는 자연수 k의 값을 b_m이라 하자.

(가) $S_k < S_{k+1}$, $S_{k+1} > S_{k+2}$
(나) $S_{2m^2+6} = 0$

$\displaystyle\sum_{m=1}^{5} b_m$의 값을 구하시오. [4점]

231

첫째항과 공비가 같은 정수인 등비수열 $\{a_n\}$이

$$|2a_3 + a_4 + a_6| = 2|a_5|$$

을 만족시킨다. a_4의 값은? (단, $a_1 \neq 0$) [4점]

① -8 ② 8 ③ -16 ④ 16 ⑤ 32

232

첫째항이 $\dfrac{7}{2}$인 수열 $\{a_n\}$과 2이상의 자연수 n에 대하여

$$2\left(\sum_{k=1}^{n} a_k - a_1\right) = 5\sum_{k=1}^{n-1} a_k$$

을 만족시킬 때, a_{10}의 값은? [4점]

① $\dfrac{7 \times 5^8}{2^8}$ ② $\dfrac{7 \times 5^8}{2^9}$ ③ $\dfrac{7 \times 5^9}{2^9}$

④ $\dfrac{7 \times 5^9}{2^{10}}$ ⑤ $\dfrac{7 \times 5^{10}}{2^{10}}$

233

수열 $\{a_n\}$이 실수 m에 대하여 다음 조건을 만족시킬 때, a_2의 값은? [4점]

> (가) $a_1 + a_2 + a_3 = m$
>
> (나) 2이상의 모든 자연수 n에 대하여
> $$\sum_{k=2}^{n} a_k = \frac{(n-1)(-3n+2m+8)}{2} \text{ 이다.}$$
>
> (다) $\displaystyle\sum_{n=1}^{2} (a_n - a_{10-n}) = 0$

① $\dfrac{39}{2}$ ② 20 ③ $\dfrac{41}{2}$ ④ 21 ⑤ $\dfrac{43}{2}$

234

공차가 0이 아닌 등차수열 $\{a_n\}$에 대하여

$$a_7 = |a_9|, \quad \sum_{k=1}^{5} \frac{1}{a_k a_{k+2}} = \frac{1}{42}$$

일 때, a_5의 값은? [4점]

① 13   ② 14   ③ 15   ④ 16   ⑤ 17

235

공차가 정수인 두 등차수열 $\{a_n\}$, $\{b_n\}$과 자연수 k가 다음 조건을 만족시킨다.

(가) $|a_1 - b_1| = 4$
(나) $a_k = b_k$, $a_{k+1} > b_{k+1}$

$\displaystyle\sum_{n=1}^{k} a_n = 10$일 때, $\displaystyle\sum_{n=1}^{k} b_n$의 최댓값과 최솟값의 합은? [4점]

① 30   ② 32   ③ 34   ④ 36   ⑤ 38

236

수열 $\{a_n\}$의 첫째항부터 제n항까지의 합을 S_n이라 하자. 모든 자연수 n에 대하여

$$S_n = 4 + 2a_{n+1}$$

이고 $a_3 = 3$일 때, $a_1 \times a_4$의 값은? [4점]

① 12   ② 24   ③ 36   ④ 48   ⑤ 60

237

첫째항이 자연수인 수열 $\{a_n\}$이 모든 자연수 n에 대하여

$$a_{n+1} = \begin{cases} \log_2 a_n & (\log_2 a_n \text{이 자연수인 경우}) \\ (a_n - 2)^2 & (\log_2 a_n \text{이 자연수가 아닌 경우}) \end{cases}$$

를 만족시킬 때, $a_5 = 1$이 되도록 하는 모든 a_1의 개수를 구하시오. [4점]

238

공차가 0이 아닌 등차수열 $\{a_n\}$의 첫째항부터 제 n항까지의 합을 S_n이라 할 때, 수열 $\{S_n\}$은 다음 조건을 만족시킨다.

(가) 어떤 자연수 k에 대하여 $S_k = S_{k+1}$이다.

(나) 모든 S_n의 값을 큰 수부터 차례로 나열한 수열을 $\{b_n\}$이라 할 때, $b_1 = 36$, $b_2 = 35$이다.

$|a_{10}|$의 값은? [4점]

① 1   ② 2   ③ 3   ④ 4   ⑤ 5

239

첫째항이 1, 공비가 2인 등비수열 $\{a_n\}$에 대하여 수열 $\{b_n\}$을 다음과 같이 정의한다.

$a_k = n$을 만족하는 자연수 k가 존재할 때, $b_n = k$

$a_k = n$을 만족하는 자연수 k가 존재하지 않을 때, $b_n = \dfrac{1}{2}$

예를 들어, $b_1 = 1$, $b_2 = 2$, $b_3 = \dfrac{1}{2}$ 이다. 이때,

$\displaystyle\sum_{k=1}^{200} b_k$ 의 값을 구하시오. [4점]

240

양의 실수 x에 대하여 부등식 $2^n \le x < 2^{n+1}$을 만족시키는 정수 n의 값을 $f(x)$라 할 때,

$\displaystyle\sum_{k=1}^{100}\left\{ f(k) + f\left(\dfrac{1}{k}\right) \right\}$ 의 값은? [4점]

① -95 ② -93 ③ -91 ④ -89 ⑤ -87

241

그림과 같이 곡선 $y = \sqrt{x}$ 위에 점 $P_1(1, 1)$ 이 있다. 점 P_1 을 지나고 선분 OP_1 에 수직인 직선이 x 축과 만나는 점을 Q_1 이라 하고, 점 Q_1 을 지나고 x 축에 수직인 직선이 곡선 $y = \sqrt{x}$ 와 만나는 점을 P_2 라 하자. 점 P_2 를 지나고 선분 OP_2 에 수직인 직선이 x 축과 만나는 점을 Q_2 라 하고 점 Q_2 를 지나고 x 축에 수직인 직선이 곡선 $y = \sqrt{x}$ 와 만나는 점을 P_3 이라 하자. 이와 같은 과정을 계속하여 두 점 P_n, Q_n 을 만들 때, $a_n = \overline{P_n Q_n}$ 이다. a_{80} 의 값을 구하시오. (단, O 는 원점이다.) [4점]

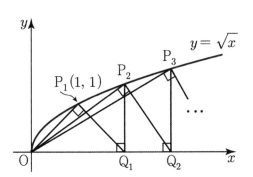

242

좌표평면에 그림과 같이 직선 l 이 있다. 자연수 n 에 대하여 점 $(n, 0)$ 을 지나고 x 축에 수직인 직선이 직선 l 과 만나는 점의 y 좌표를 a_n 이라 하자.

$a_5 = \dfrac{13}{3}$, $a_9 = -5$ 일 때, 수열 $\{a_n\}$ 의 첫째항부터 제n항까지의 합을 S_n 이라 할 때 S_n 의 최댓값을 구하시오. [4점]

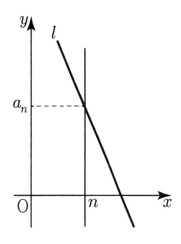

243

곡선 $y = x^2 + x$와 직선 $x = n$의 교점을 A_n이라 하고 점 $B_n(n+2, 0)$에 대하여 $\triangle OA_nB_n$의 넓이를 S_n이라 하자. $\displaystyle\sum_{n=1}^{10} \frac{1}{S_n}$의 값은? (단, O는 원점이고 n은 자연수이다.) [4점]

① $\dfrac{65}{132}$　　　② $\dfrac{61}{132}$　　　③ $\dfrac{31}{66}$

④ $\dfrac{21}{44}$　　　⑤ $\dfrac{10}{11}$

244

그림과 같이 자연수 n에 대하여 직선 $x = n$이 함수 $y = 2^x$의 그래프 및 $y = \left(\dfrac{1}{2}\right)^{x-1}$과 만나는 점을 각각 P_n, Q_n이라 하고 점 P_n을 지나고 x축에 평행한 직선이 $y = \left(\dfrac{1}{2}\right)^{x-1}$과 만나는 점을 R_n이라 하고 점 R_n을 지나고 y축에 평행한 직선이 $y = 2^x$와 만나는 점을 S_n이라 하자. 사각형 $P_nR_nS_nQ_n$의 넓이를 a_n이라 할 때, $\displaystyle\sum_{n=1}^{10} \log_2\left(\frac{2^n \times a_n}{2n-1} + 2\right)$의 값은? [4점]

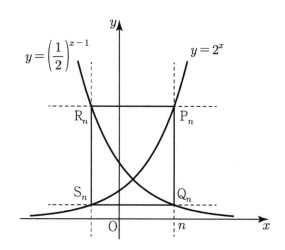

① 110　　② 100　　③ 90　　④ 80　　⑤ 70

245

모든 자연수 n에 대하여 수열 $\{a_n\}$이 다음 조건을 만족시킨다.

(가) $a_{3n-1} = -a_n - 1$

(나) $a_{3n} = 4a_n$

(다) $a_{3n+1} = -a_n + 1$

$a_9 = 32$일 때, $\displaystyle\sum_{n=1}^{364} a_n$의 값을 구하시오. [4점]

246

$a_1 = -2$이고 다음 조건을 만족시키는 모든 수열 $\{a_n\}$에 대하여 $\displaystyle\sum_{n=1}^{9} a_n a_{n+1}$의 최솟값을 m이라 할 때, $|m|$의 값을 구하시오. [4점]

(가) 모든 자연수 n에 대하여 $|a_n| + |a_{n+1}| = 4$

(나) $\displaystyle\sum_{n=1}^{5} a_{2n-1} > 0$

(다) $\displaystyle\sum_{n=1}^{5} a_{2n} < 0$

247

수열 $\{a_n\}$은 모든 자연수 n에 대하여

$$a_{n+1} = \begin{cases} a_n - 6 & (a_n \geq 0) \\ -2a_n + 3 & (a_n < 0) \end{cases}$$

을 만족시킨다. $a_5 + a_6 = 0$일 때, $\displaystyle\sum_{k=1}^{100} a_k$의 최댓값은?

[4점]

① 330　　② 340　　③ 360　　④ 370　　⑤ 380

248

모든 항이 자연수인 수열 $\{a_n\}$은 $a_1 = 1$, $a_3 = 8$이고

$$a_{n+2} = \sum_{k=a_n}^{a_{n+1}} (2k+1) \ (n \geq 1)$$

이다. $\displaystyle\sum_{n=1}^{4} a_n$의 값을 구하시오. [4점]

수열 $\{a_n\}$은 모든 자연수 n에 대하여

모든 항이 자연수인 수열 $\{a_n\}$은 $a_1 = 1$, $a_3 = 8$이고

249

$a_1 = 2$인 수열 $\{a_n\}$이 모든 자연수 n에 대하여

$$a_{n+1} = \{\log_2 |(a_n)^2 - 2n^2|\text{의 정수 부분}\}$$

이라 하자. $a_k = k-3$을 만족하는 10이하의 자연수 k의 개수는? [4점]

① 1   ② 2   ③ 3   ④ 4   ⑤ 5

250

3 보다 큰 자연수 n에 대하여 $f(n)$을 다음 조건을 만족시키는 가장 작은 자연수 a라 하자.

(가) $a \geq 3$

(나) 두 점 $(-1, 0)$, $\left(a^2 + 2a,\ n^{a-2}\right)$를 지나는 직선의 기울기는 1보다 크거나 같다.

$\displaystyle\sum_{n=4}^{20} f(n)$의 값은? [4점]

① 60   ② 62   ③ 64   ④ 66   ⑤ 68

랑데뷰 N제

수능 수학 4점 문항 대비를 위한 필독서

수학Ⅰ - 쉬사준킬 해설편

smart is sexy

Orbi.kr

황보백 지음

orbibooks

랑데뷰
N 제

쉬사준킬

수 학 I

랑데뷰
N 제

하루 중 90%는 겸손하게 10%는 자신있게 ...

빠른 정답

지수 로그 함수

삼각 함수

랑데뷰
N   제

하루 중 90%는 겸손하게 10%는 자신있게...

상세 해설

유형 1 거듭제곱근의 뜻과 성질

01 정답 ③

[그림 : 이호진T]

$n^2 - 15n + 50$의 n제곱근을 x라 하면

$x^n = n^2 - 15n + 50$

$\quad = (n-5)(n-10)$

(i) n이 홀수일 때 → $f(n) = 1$

(ii) n이 짝수일 때 →

① 우변의 값이 양수일 때 $f(n) = 2$

② 우변의 값이 0일 때 $f(n) = 1$

③ 우변의 값이 음수일 때 $f(n) = 0$

$$y = (x-5)(x-10)$$

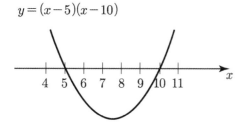

(i), (ii)에 맞춰 $f(n)$의 값을 구하면 다음과 같다.

n	$f(n)$
2	2
3	1
4	2
5	1
6	0
7	1
8	0
9	1
10	1
11	1
12	2
13	1
14	2
⋮	⋮

따라서

$f(7) = f(6) + f(5) \rightarrow k = 5$

$f(9) = f(8) + f(7) \rightarrow k = 7$

$f(10) = f(9) + f(8) \rightarrow k = 8$

$f(12) = f(11) + f(10) \rightarrow k = 10$

이 성립하므로 k의 개수는 4이다.

02 정답 ②

a의 n제곱근은 다음 방정식의 근이다.

$x^n = a$

이 방정식의 한 근이 $\sqrt[3]{3} \times \sqrt[9]{27}$ 이므로

$\left(\sqrt[3]{3} \times \sqrt[9]{27} \right)^n = a$

$\left(3^{\frac{1}{3}} \times 3^{\frac{3}{9}} \right)^n = a$

$3^{\frac{2n}{3}} = a$

a가 자연수이므로 n의 최솟값은 3이고, 이때의 a의 값은 3^2

따라서 $\alpha = 3$, $\beta = 9$

$\alpha\beta = 3 \times 9 = 27$

03 정답 29

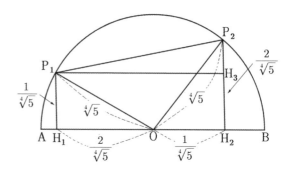

그림과 같이 반원의 중심을 O라 하면 $\overline{AB} = 2\sqrt[4]{5}$ 이므로

$\overline{OP_1} = \overline{OP_2} = \sqrt[4]{5}$

$\overline{OH_1} = \sqrt{\overline{OP_1}^2 - \overline{P_1H_1}^2}$

$\qquad = \sqrt{\sqrt{5} - \frac{1}{\sqrt{5}}} = \sqrt{\frac{4}{\sqrt{5}}} = \frac{2}{\sqrt[4]{5}}$

$\overline{OH_2} = \sqrt{\overline{OP_2}^2 - \overline{P_2H_2}^2}$

$\qquad = \sqrt{\sqrt{5} - \frac{4}{\sqrt{5}}} = \sqrt{\frac{1}{\sqrt{5}}} = \frac{1}{\sqrt[4]{5}}$

따라서

$\overline{P_1H_3} = \overline{H_1H_2} = \frac{3}{\sqrt[4]{5}}$

$\overline{P_2H_3} = \frac{1}{\sqrt[4]{5}}$

삼각형 $P_1H_3P_2$의 넓이는

$S = \frac{1}{2} \times \overline{P_1H_3} \times \overline{P_2H_3}$

$\quad = \frac{1}{2} \times \frac{3}{\sqrt[4]{5}} \times \frac{1}{\sqrt[4]{5}} = \frac{3}{2\sqrt{5}}$

따라서 $S^2 = \frac{9}{20}$

$p = 20$, $q = 9$이므로 $p + q = 29$

04 정답 79

$\sqrt[n]{3^m} = 3^{\frac{m}{n}}$ 이 자연수가 되기 위해서는 m은 n의 배수이면 된다.

자연수 k에 대하여 $m = kn$이라고 할 수 있다.

$\sqrt[n]{m^4} = m^{\frac{4}{n}} = (kn)^{\frac{4}{n}}$ 가 자연수가 되기 위한 조건은 다음과 같다.

(i) n이 홀수일 때,

① $n = 3$일 때, $m = 3k$이고 $(3k)^{\frac{4}{3}}$ 이 자연수가 되기 위해서는 $k = 3^2$, $3^2 \times 2^3$, $3^2 \times 3^3$, $\cdots$ 가 가능하다. m이 100이하의 자연수이므로 순서쌍 (m, n)은 $(27, 3)$뿐이다.

② $n = 5$일 때, $m = 5k$이고 $(5k)^{\frac{4}{5}}$ 가 자연수가 되기 위해서는 $k = 5^4$이상이 되어야 하는데 m이 100이하의 자연수라는 조건을 만족시킬 수 없다.

n이 5이상인 홀수일 때는 마찬가지로 m의 값이 100이하의 자연수라는 조건을 만족시킬 수 없다.

(ii) n이 짝수일 때,

① $n = 2$일 때, $m = 2k$이고 $(2k)^2$은 k가 자연수이므로 모두 자연수이다.

순서쌍 (m, n)은 $(2, 2)$, $(4, 2)$, $\cdots$, $(100, 2)$로 개수는 50이다.

② $n = 4$일 때, $m = 4k$이고 $(4k)$은 k가 자연수이므로 모두 자연수이다.

순서쌍 (m, n)은 $(4, 4)$, $(8, 4)$, $\cdots$, $(100, 4)$로 개수는 25이다.

③ $n = 6$일 때, $m = 6k$이고 $(6k)^{\frac{2}{3}}$ 가 자연수가 되기 위해서는 $k = 6^2$이상이 되어야 하는데 m이 100이하의 자연수라는 조건을 만족시킬 수 없다. n이 6이상의 짝수이고 $n = 2^a$꼴이 아닐 때는 조건을 만족시키는 m의 값은 존재하지 않는다.

④ $n = 8$일 때, $m = 8k$이고 $(8k)^{\frac{1}{2}}$ 가 자연수가 되기 위해서는 $k = 2$, $k = 2 \times 2^2$, $\cdots$ 가 가능하다. m이 100이하의 자연수이므로 순서쌍 (m, n)은 $(16, 8)$, $(64, 8)$만 가능하다.

⑤ $n = 16$일 때, $m = 16k$이고 $(16k)^{\frac{1}{4}}$ 가 자연수 → $(16, 16)$

⑥ $n = 32$일 때, $m = 32k$이고 조건을 만족시키는 100이하의 m은 존재하지 않는다. m이 32이상의 2^a일 때도 마찬가지이다.

(i), (ii)에서 $1 + 50 + 25 + 2 + 1 = 79$

05 정답 ②

$n = 2$일 때, $a^3 \in A_1$에서 $a^3 = 64$ 또는 $a^3 = 729$이므로 $a = 4$ 또는 $a = 9$이다.

$x^2 = 4$에서 $x = \pm 2$,

$x^2 = 9$에서 $x = \pm 3$이다.

따라서 $A_2 = \{-3, -2, 2, 3\}$

$n = 3$일 때, $a^4 \in A_2$에서 $a^4 = -3$ 또는 $a^4 = -2$ 또는 $a^4 = 2$ 또는 $a^4 = 3$이다.

a가 실수이므로 $a = \pm 2^{\frac{1}{4}}$ 또는 $a = \pm 3^{\frac{1}{4}}$ 이다.

$x^3 = \pm 2^{\frac{1}{4}}$ 에서 $x = \pm 2^{\frac{1}{12}}$,

$x^3 = \pm 3^{\frac{1}{4}}$ 에서 $x = \pm 3^{\frac{1}{12}}$ 이다.

따라서 $A_3 = \left\{ -3^{\frac{1}{12}}, -2^{\frac{1}{12}}, 2^{\frac{1}{12}}, 3^{\frac{1}{12}} \right\}$이다.

집합 A_3의 모든 원소의 곱은

$3^{\frac{1}{6}} \times 2^{\frac{1}{6}} = (3 \times 2)^{\frac{1}{6}} = 6^{\frac{1}{6}}$ 이다.

06 정답 40

$4^{x - \frac{20}{n}} - 2^x + 4^{-\frac{20}{n}} = 0$

$4^{x - \frac{20}{n}} + 4^{-\frac{20}{n}} = 2^x$

$4^x + 1 = 2^x \times 4^{\frac{20}{n}}$

$2^x + 2^{-x} = 2^{\frac{40}{n}}$

$4^x + 4^{-x} + 2 = 2^{\frac{80}{n}}$

$4^x + 4^{-x} = 2^{\frac{80}{n}} - 2$

$2^{\frac{80}{n}} - 2$의 값이 자연수가 되기 위해서는 n은 40이하의 80의 약수이면 된다.

따라서 n의 최댓값은 40이다.

[랑데뷰팁]

산술기하 평균에서 $4^x + 4^{-x} \geq 2$이다.

---

07 정답 96

$\overline{PC} = 4^x - 2^x + 4 + 2 \times 2^x = 4^x + 2^x + 4$이고

$\overline{PA}^2 = \overline{PB} \times \overline{PC}$ 에서

$24 \times 2^{2x} = (2^{2x} - 2^x + 4)(2^{2x} + 2^x + 4)$

$24 \times 2^{2x} = (2^{2x} + 4)^2 - (2^x)^2$

$24 \times 4^x = 4^{2x} + 8 \times 4^x + 16 - 4^x$

$4^{2x} - 17 \times 4^x + 16 = 0$

$(4^x - 1)(4^x - 16) = 0$에서

$x = 0$ 또는 $x = 2$이다.

따라서 $\overline{PA} = 2\sqrt{6}$ 또는 $\overline{PA} = 8\sqrt{6}$

그러므로 모든 $\overline{PA}$의 길이의 곱은 96이다.

유형 3 지수의 활용

08 정답 505

$5 \times 16^y - 4^y = 2^{2022}$에서 $5 \times 2^{4x} = 2^{2y} + 2^{2022}$

(i) $2y < 2022$일 때,

$5 \times 2^{4x} = 2^{2y} \times (1 + 2^{2022-2y})$

$1 + 2^{2022-2y}$는 홀수이므로

$4x = 2y$, $1 + 2^{2022-2y} = 5$

$2022 - 2y = 2$에서 $y = 1010$, $x = 505$

$\therefore y - x = 505$

(ii) $2y > 2022$일 때,

$5 \times 2^{4x} = 2^{2022} \times (2^{2y-2022} + 1)$

$1 + 2^{2y-2022}$는 홀수이므로

$4x = 2022$, $2^{2y-2022} + 1 = 5$

$x = \dfrac{1011}{2}$이므로 자연수에 모순

따라서, 만족하지 않는다.

(iii) $2y = 2022$일 때,

$5 \times 2^{4x} = 2^{2y} + 2^{2022} = 2^{2022} + 2^{2022} = 2^{2023}$이므로

$5 = 2^{2023-4x}$

따라서, 만족하는 자연수 x는 존재하지 않는다.

(i), (ii), (iii)에서 $y - x = 505$

유형 4 로그의 뜻과 성질

09 정답 24

(가)에서 $\log_2 mn \le 7$이므로 $m \times n \le 128$이다.

(나)에서 $\log_m n = \dfrac{\log n}{\log m} = \dfrac{q}{p}$ (p와 q는 서로소인 자연수)

에서 $p \log n = q \log m$이므로 $n^p = m^q$이다.

즉, $n = a^k$, $m = a^l$꼴이어야 한다.

($a \ge 2$, k, l은 자연수이다.)

(가)에서 $a^{k+l} \le 128$이다.

(i) $a = 2$일 때, $2^{k+l} \le 128$이므로 $k + l \le 7$

순서쌍 (m, n)은

$(2, 2^2)$, $(2, 2^3)$, $(2, 2^4)$, $(2, 2^5)$, $(2, 2^6)$

$(2^2, 2)$, $(2^2, 2^3)$, $(2^2, 2^4)$, $(2^2, 2^5)$

$(2^3, 2)$, $(2^3, 2^2)$, $(2^3, 2^4)$

$(2^4, 2)$, $(2^4, 2^2)$, $(2^4, 2^3)$

$(2^5, 2)$, $(2^5, 2^2)$

$(2^6, 2)$

으로 $5 + 4 + 3 + 3 + 2 + 1 = 18$

(ii) $a = 3$일 때, $3^{k+l} \le 128$이므로 $k + l \le 4$

순서쌍 (m, n)은

$(3, 3^2)$, $(3, 3^3)$

$(3^2, 3)$

$(3^3, 3)$

으로 $2 + 1 + 1 = 4$

(iii) $a = 5$일 때, $5^{k+l} \le 128$이므로 $k + l \le 3$

순서쌍 (m, n)은

$(5, 5^2)$, $(5^2, 5)$

으로 2

(iv) $a \ge 6$인 경우는 존재하지 않는다.

(i), (ii), (iii), (iv)에서 순서쌍 (m, n)의 개수는

$18 + 4 + 2 = 24$이다.

10 정답 ③

두 자연수 a, b에 대하여

$\log_n \dfrac{243}{m} = a$, $\log_m 81 = b$라 하자.

$\dfrac{243}{m} = n^a$ …… ㉠

$81 = m^b$ …… ㉡

㉠, ㉡에서

$3^{5 - \frac{4}{b}} = n^a$

a, b가 자연수이므로 b는 4의 약수이다.

(i) $b = 1$일 때, (n, a)은 다음과 같다.

$3 = n^a$에서 $(3, 1)$

(ii) $b = 2$일 때, (n, a)은 다음과 같다.

$3^3 = n^a$에서 $(3, 3)$, $(27, 1)$

(iii) $b = 4$일 때, (n, a)은 다음과 같다.

$3^4 = n^a$에서 $(3, 4)$, $(9, 2)$, $(81, 1)$

(i), (ii), (iii)에서 모든 n의 합은

$3 + 9 + 27 + 81 = 120$이다.

11 정답 8

$f(x) = -x^2 + 2\sqrt{a}x + 3a$라 하자.

로그 진수의 조건 $f(x) > 0$

$f(x) = -x^2 + 2\sqrt{a}x + 3a$

$\quad = -(x - \sqrt{a})^2 + 4a$

$\log_2 (-x^2 + 2\sqrt{a}x + 5a)$의 값이 자연수가 되도록 하는 실수

x의 개수가 9이므로 $y = f(x)$의 그래프는 $y = 2$, $y = 2^2$,

$y = 2^3$, $y = 2^4$와 각각 2개씩 만나고, $y = 2^5$와 한 점에서

만나야 한다.

따라서 $4a = 32$에서 $a = 8$이다.

12 정답 ④

$\sqrt[3]{a}=\sqrt{b}$ 에서 $b=a^{\frac{2}{3}}$ 이다.

$a\log b=a\log a^{\frac{2}{3}}=\frac{2}{3}a\log a$, $b\log a=a^{\frac{2}{3}}\log a$

에서 $\log a\neq 0$이므로 $\frac{2}{3}a=a^{\frac{2}{3}}$ 이다.

$a^{\frac{1}{3}}=\frac{3}{2}$

$\therefore\ a=\frac{27}{8}$

$b=\left(\frac{27}{8}\right)^{\frac{2}{3}}=\left(\frac{3}{2}\right)^2=\frac{9}{4}$ 이다.

따라서 $a-b=\frac{27}{8}-\frac{9}{4}=\frac{9}{8}$ 이다.

13 정답 ③

(가)에서 $(a-b)^{\frac{3}{2}}=8$에서 $a-b=4$

(나)에서

$\log_{a+1}b\times\log_4(a+1)+\log_2\sqrt{a+\frac{1}{b}}$

$=\frac{\log b}{\log(a+1)}\times\frac{\log(a+1)}{\log 4}+\log_2\sqrt{a+\frac{1}{b}}$

$=\log_4 b+\log_4\left(a+\frac{1}{b}\right)$

$=\log_4(ab+1)=\log_2\sqrt{61}=\log_4 61$

$ab+1=61$에서 $ab=60$이다.

$(a+b)^2=(a-b)^2+4ab$

$\qquad\quad=16+240=256$

$a+b=16$

따라서 $\log_2(a+b)=4$

14 정답 ⑤

한 자리 자연수 m, n에 대하여

$\log a+\log c=m$라 하면

$\log a+\log c=\log ac=m$, $ac=10^m$이다.

$\log_c a=n$라 하면 $a=c^n$이므로 $c^{n+1}=10^m$, $c=10^{\frac{m}{n+1}}$ 이다.

$\log_c a=\log_b c$이므로 $\log_b c=n$에서 $c=b^n$, $b=c^{\frac{1}{n}}$ 이다.

그러므로

$a\times b\times c$

$=c^n\times c^{\frac{1}{n}}\times c$

$=c^{n+\frac{1}{n}+1}$

$=c^{\frac{n^2+n+1}{n}}$

$=10^{\frac{m(n^2+n+1)}{n(n+1)}}$

$=10^{m\left(1+\frac{1}{n^2+n}\right)}$

이 값이 최대가 되려면 m은 최대, n은 최소이어야 하므로
$m=9$, $n=1$일 때다.
따라서

$M=10^{9\times\left(1+\frac{1}{2}\right)}=10^{\frac{27}{2}}$

$\log M=\frac{27}{2}$

[랑데뷰팁]

$a=b=c=10^{\frac{9}{2}}$일 때, $a\times b\times c$가 최대이다.

15 정답 32

$a^3=b^2$에서 $a^3b^{-2}=1$이다.$\cdots$㉠

$\log_b\left(\sqrt{a^m}\times b^n\right)=8\Rightarrow\sqrt{a^m}\times b^n=b^8\Rightarrow a^{\frac{m}{2}}\times b^{n-8}=1$

$\Rightarrow a^m\times b^{2n-16}=1$

㉠에서

$a^3b^{-2}=a^6b^{-4}=a^9b^{-6}=a^{12}b^{-8}=a^{15}b^{-10}=a^{18}b^{-12}=a^{21}b^{-14}$

$=\cdots=a^pb^q=\cdots=1$이므로

$m=p$, $2n-16=q$이다.

두 자연수 m, n을 순서쌍으로 나타내면 (m, n)은
$(3, 7)$, $(6, 6)$, $(9, 5)$, $(12, 4)$, $(15, 3)$, $(18, 2)$, $(21, 1)$이다.
따라서 $m+n$의 최솟값은 10, 최댓값은 22이다.
그러므로 $m+n$의 최댓값과 최솟값의 합은 32이다.

[다른 풀이]–유승희T

$a^3=b^2$에서 $b=a^{\frac{3}{2}}$ $\cdots$ ㉠

$\log_b\left(\sqrt{a^m}\times b^n\right)=8\Rightarrow\sqrt{a^m}b^n=b^8$

㉠을 대입하여 정리하면

$a^{\frac{m}{2}}a^{\frac{3n}{2}}=a^{\frac{m+3n}{2}}=a^{12}$

$m+3n=24$이므로

두 자연수 m, n을 순서쌍으로 나타내면 (m, n)은
$(3, 7)$, $(6, 6)$, $(9, 5)$, $(12, 4)$, $(15, 3)$, $(18, 2)$, $(21, 1)$이다.
따라서 $m+n$의 최솟값은 10, 최댓값은 22이다.
그러므로 $m+n$의 최댓값과 최솟값의 합은 32이다.

16 정답 16

(나)에서 $\log \dfrac{x^3}{4} - \log \dfrac{5}{2\sqrt{x}}$ 은 정수이다.

$\log \dfrac{x^3}{4} - \log \dfrac{5}{2\sqrt{x}}$

$= \log \left(\dfrac{x^3}{4} \times \dfrac{2\sqrt{x}}{5} \right)$

$= \log \left(\dfrac{x^3 \sqrt{x}}{10} \right)$

$= \dfrac{7}{2} \log x - 1$

(가)에서

$7 < \dfrac{7}{2} \log x < \dfrac{35}{4}$

$6 < \dfrac{7}{2} \log x - 1 < \dfrac{31}{4}$

그러므로 $\dfrac{7}{2} \log x - 1 = 7$ 이다.

$\therefore \log x = \dfrac{16}{7}$

$7 \log x = 16$

17 정답 81

$A(a, 3^a)$, $B(b, 3^b)$ 이라 두자. $(a < b)$

직선 l의 기울기가 1이므로 $\dfrac{3^b - 3^a}{b-a} = 1$ 에서

$3^b - 3^a = b - a$ $\cdots$ ㉠

$\overline{AB} = 4\sqrt{2}$ 이므로 $(b-a)^2 + (3^b - 3^a)^2 = 32$ $\cdots$ ㉡

㉠을 ㉡에 대입하면 $2(b-a)^2 = 32$ 에서 $b - a = 4$

$\therefore \dfrac{\overline{OD}}{\overline{OC}} = \dfrac{3^b}{3^a} = 3^{b-a} = 3^4 = 81$

18 정답 3

[출제자 : 정찬도T]

직선 AB가 원 C의 넓이를 이등분하므로 직선 AB는 원 C의 중심을 지나는 직선이다. 따라서 두 점 A, B는 원 C의 지름의 양 끝점이다. 원 C의 중심이 $\left(0, \dfrac{5}{3} \right)$ 이므로 두 점 A, B는 $\left(0, \dfrac{5}{3} \right)$ 에 대하여 대칭이다.

$A(t, a^t)$ 라 하면 $B\left(-t, \dfrac{10}{3} - a^t \right)$ 이다. 점 B가 $y = a^x$ 위의 점이므로

$\dfrac{10}{3} - a^t = a^{-t}$

$a^t + a^{-t} - \dfrac{10}{3} = 0$

$(a^t)^2 - \dfrac{10}{3} a^t + 1 = 0$

$(a^t - 3)\left(a^t - \dfrac{1}{3} \right) = 0$

$a^t = 3$ 또는 $a^t = \dfrac{1}{3}$

$t = \log_a 3$ 또는 $t = -\log_a 3$

따라서 두 점 $(\log_a 3, 3)$, $\left(-\log_a 3, \dfrac{1}{3} \right)$ 이 원 C위의 점이므로 대입하면

$(\log_a 3)^2 + \left(3 - \dfrac{5}{3} \right)^2 = \dfrac{52}{9}$

$(\log_a 3)^2 = \dfrac{36}{9} = 4$

$\log_a 3 = 2$ $(\because a > 1)$

그러므로 $a^2 = 3$

19 정답 ②

$y = f(x)$의 점근선은 $y = 2$이다.

조건 (가), (나)를 만족시키기 위해서는 함수 $g(x)$는 함수 $f(x)$을 $y = 2$에 대칭인 함수이어야 한다.

따라서

$y = 2^{3x-2} + 2$의 $y = 2$에 대칭인 함수는

$4 - y = 2^{3x-2} + 2$

$y = -2^{3x-2} + 2 = -8^{x - \frac{2}{3}} + 2$ 이다.

그러므로 $g(x) = -8^{x - \frac{2}{3}} + 2$ 이다.

$a = 8$, $b = -\dfrac{2}{3}$, $c = 2$ 이다.

$a + b + c = 8 + \left(-\dfrac{2}{3} \right) + 2 = \dfrac{28}{3}$

20 정답 ①

[그림 : 도정영T]

$A(0, 1)$, $B(0, -1)$ 이므로 점 $P(t, 2^{2t})$ 라 하면

$m_1 = \dfrac{2^{2t} - 1}{t}$, $m_2 = \dfrac{2^{2t} + 1}{t}$ 이다.

$\dfrac{m_2}{m_1} = \dfrac{5}{3}$ 에서 $\dfrac{2^{2t}+1}{2^{2t}-1} = \dfrac{5}{3}$ 이다.

$\therefore\ t=1$

점 P$(1, 4)$이므로 직선 AP의 방정식은 $y=3x+1$이다.

점 Q(p, q)가 직선 AP 위의 점이므로 $q=3p+1$ …… ㉠

점 Q(p, q)가 곡선 $g(x)=-a^x$ 위의 점이므로 $q=-a^p$ …… ㉡

㉠, ㉡과 $a^p=-2p$에서 $-3p-1=-2p$

$\therefore\ p=-1$

㉠에서 $q=-2$이므로

㉡에서 $-2=-a^{-1}$이므로 $a=\dfrac{1}{2}$이다.

21 정답 10

두 점 A , B가 직선 $y=3x+k$위의 점이므로 점
A$(p, 3p+k)$라 하면 점 B$(p+m, 3p+k+3m)$가 되고
$\overline{\mathrm{AB}} = \sqrt{m^2+(3m)^2} = \sqrt{10}\,m = \sqrt{10}$ 이므로 $m=1$이
된다.
$(m>0)$

점 A$(p, 3p+k)$는 함수 $y=2^{-x}$ 위의 점이고 점
B$(p+1, 3p+k+3)$은 함수 $y=4^{-x}+3$위의 점이므로
$3p+k=2^{-p}$, $3p+k+3=4^{-p-1}+3$ 이고
$p=-2$ 이고 $k=10$ 가 된다.

따라서
A$(-2, 4)$, C$(0, 10)$, O$(0,0)$이고 삼각형OAC의 넓이는
$\dfrac{1}{2} \times 2 \times 10 = 10$

22 정답 ①

$y=a^{x+3}$와 $y=-2x+5$의 교점을 $(s, -2s+5)$라 $y=a^{x+3}$와
$y=-2x+5$의 교점을 P라고 하면
P$(s, -2s+5)$이고
$a^{s+3}=-2s+5$ $\cdots$ ㉠
$y=a^x+b$와 $y=-2x+5$의 교점을 Q라고 하면
Q$(t, -2t+5)$이고
$a^t+b=-2t+5$ $\cdots$ ㉡
두 점 P와 Q 사이의 거리를 구하면
$\sqrt{(t-s)^2+4(t-s)^2} = |t-s|\sqrt{5}$
$b<0$이므로 $t>s$
따라서 $t-s=3$, 즉 $t=s+3$
한편, ㉡에 $t=s+3$을 대입하면
$a^{s+3}+b=-2(s+3)+5$
$\qquad = -2s+5-6$
$\qquad = a^{s+3}-6\ (\because\ ㉠)$
따라서 $b=-6$

23 정답 ②

a_3, a_4, a_5의 대소 관계는 다음 그림과 같이
$a_3 < a_5 < a_4$이다.

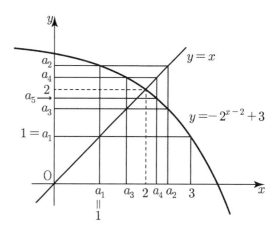

유형 9 로그함수와 그 그래프

24 정답 ①

[그림 : 도정영T]

점 B에서 선분 AE에 내린 수선의 발을 H라 하자.

그림과 같이 직선 AB의 기울기가 $-\dfrac{3}{4}$이므로 직각삼각형
ABH에서 $\overline{\mathrm{AH}}=3t$, $\overline{\mathrm{BH}}=4t$, $\overline{\mathrm{AB}}=5t$라 할 수 있다.
$\overline{\mathrm{AB}} = \overline{\mathrm{AE}} = 5t$이므로 $\overline{\mathrm{HE}} = 2t$이다.

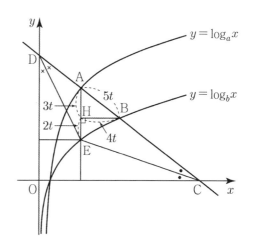

점 E에서 직선 AB에 내린 수선의 발을 K라 하자. 직각삼각형
AEK에서 $\tan(\angle \mathrm{EAK}) = \dfrac{4}{3}$이고 $\overline{\mathrm{AE}}=5t$이므로
$\overline{\mathrm{EK}}=4t$이다.

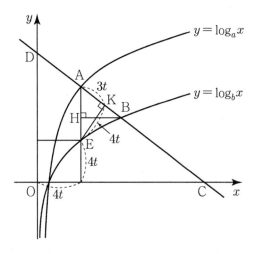

점 E가 삼각형 OCD의 두 내각 $\angle OCD$와 $\angle ODC$의 이등분선이므로 삼각형 OCD의 내심이다.

따라서 점 $E(4t, 4t)$이다.

그러므로 $A(4t, 9t)$, $B(8t, 6t)$이다.

두 점 E와 B가 곡선 $y = \log_b x$ 위의 점이므로

$4t = \log_b 4t \rightarrow b^{4t} = 4t$

$6t = \log_b 8t \rightarrow b^{6t} = 8t$

$b = (4t)^{\frac{1}{4t}} = (8t)^{\frac{1}{6t}} \rightarrow (4t)^3 = (8t)^2 \rightarrow 2^6 t^3 = 2^6 t^2$

$\therefore t = 1$

따라서 $b = 4^{\frac{1}{4}}$

점 $A(4, 9)$가 곡선 $y = \log_a x$ 위의 점이므로 $9 = \log_a 4$에서

$a^9 = 4$

따라서 $a = 4^{\frac{1}{9}}$

$a \times b = 4^{\frac{1}{4} + \frac{1}{9}} = 4^{\frac{13}{36}} = 2^{\frac{13}{18}}$ 이다.

25 정답 ③

[그림 : 도정영T]

두 함수 $y = \log_2 x$와 $y = -\log_2(-x)$은 원점대칭이므로 $\overline{OA} = \overline{OC}$이다.

그러므로 $\overline{AC} = 2\overline{OA}$이다.

따라서 $\overline{AC} : \overline{AB} = 2 : 3$에서

$\overline{OA} : \overline{AB} = 1 : 3$이고

$\overline{OA} : \overline{OB} = 1 : 4$이다.

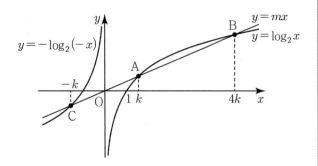

점 A의 x좌표를 k라 하면 점 B의 x좌표는 $4k$이다.

$A(k, \log_2 k)$, $B(4k, \log_2 4k)$이고 세 점 O, A, B가 한 직선 위에 있으므로

$$\frac{\log_2 k}{k} = \frac{\log_2 4k}{4k}$$

$4\log_2 k = \log_2 4k$

$k^4 = 4k$

$\therefore k = 2^{\frac{2}{3}}$

따라서

$$m = \frac{\log_2 k}{k} = \frac{\frac{2}{3}}{2^{\frac{2}{3}}} = \frac{2}{3 \times 2^{\frac{2}{3}}} = \frac{2^{\frac{1}{3}}}{3} = \frac{\sqrt[3]{2}}{3}$$ 이다.

26 정답 ①

로그함수의 밑조건에 의해, $a > 0$, $a \neq 1$, $a \neq \frac{1}{2}$이므로, 다음 세 가지 경우로 나누어 볼 수 있다.

(ⅰ) $0 < a < \frac{1}{2}$일 때

$y = \log_a x$, $y = \log_{2a} x$의 그래프는 다음 그림과 같다.

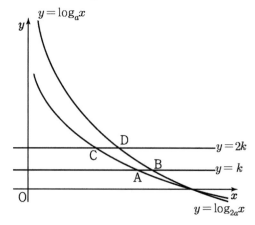

따라서 세 점 O, A, C는 한 직선 위에 있을 수 없다.

(ⅱ) $\frac{1}{2} < a < 1$일 때

$y = \log_a x$, $y = \log_{2a} x$의 그래프는 다음 그림과 같다.

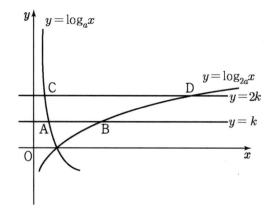

마찬가지로 세 점 O, A, C는 한 직선 위에 있을 수 없다.

(iii) $a > 1$일 때

$y = \log_a x$, $y = \log_{2a} x$ 의 그래프는 다음 그림과 같다.

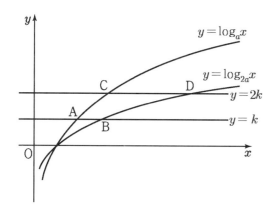

점 A의 좌표는 (a^k, k), 점 B의 좌표는 $((2a)^k, k)$, 점 C의 좌표는 $(a^{2k}, 2k)$, 점 D는 $((2a)^{2k}, 2k)$이고

세 점 O, A, C가 한 직선 위에 있으므로, $\dfrac{k}{a^k} = \dfrac{2k}{a^{2k}}$ 를 만족한다.

따라서 $a^k = 2$이다.   ······ ㉠

$\dfrac{\overline{CD}}{\overline{AB}} = 6$ 이므로, $(2a)^{2k} - a^{2k} = 6\{(2a)^k - a^k\}$이다.

㉠과 연립하면, $2^{2k} \cdot 4 - 4 = 6(2^k \cdot 2 - 2)$이므로

$2^k = t \, (t > 1)$로 치환하면, $4t^2 - 4 = 12t - 12$

$\therefore t^2 - 3t + 2 = 0$이므로 $t = 2 \, (t > 1)$이다.

$\therefore k = 1$, $a = 2$ $\therefore a^2 + k = 5$

27 정답 6

[그림 : 이정배T]

두 점 P, Q를 지나고 기울기가 m인 직선의 x절편을 R라 하면 삼각형 PAR와 삼각형 QRC는 이등변삼각형이다. ···㉠

두 점 P, Q에서 x축에 내린 수선의 발을 각각 D, E라 하자.

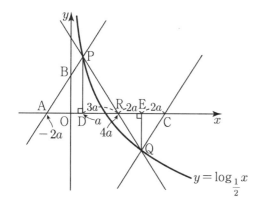

$\overline{AD} = 3\overline{OD}$에서 $D(a, 0)$이므로 $A(-2a, 0)$, $R(4a, 0)$

$\overline{RE} = \dfrac{2}{3}\overline{RD} = 2a$이므로 $E(6a, 0)$

$\therefore b = 6a$

$\overline{QE} = \dfrac{2}{3}\overline{PD}$에서 $-\log_{\frac{1}{2}} 6a = \dfrac{2}{3} \log_{\frac{1}{2}} a$

$\dfrac{1}{6a} = a^{\frac{2}{3}}$

$a^{\frac{5}{3}} = 6^{-1}$

$\therefore a = 6^{-\frac{3}{5}}$, $b = 6^{\frac{2}{5}}$

따라서 $a^5 b^{10} = 6^{-3} \times 6^4 = 6$

28 정답 ②

[출제자 : 정일권T]

함수 $f(x)$를 x축으로 3만큼, y축으로 4만큼 평행이동한 그래프가 $g(x)$이고, 직선 l의 기울기가 $\dfrac{4}{3}$이므로 $\overline{AB} = 5$임을 알 수 있다.(점 A가 이동한 점이 점 B이다.)

따라서 $\overline{PA} : \overline{AB} = 1 : 3$에서 $\overline{PA} = x$라 하면

$1 : 3 = x : 5$, $x = \overline{PA} = \dfrac{5}{3}$ 이고,

한편, 점 A에서 x축에 내린 수선의 발을 A´, 점 P의 x좌표를 a라 하면

$\overline{PA'} = 1$, $\overline{AA'} = \dfrac{4}{3}$이므로, 점 A의 좌표는 $\left(a + 1, \dfrac{4}{3}\right)$이다.

함수 $f(x)$가 점 A를 지나므로 대입하면

$\dfrac{4}{3} = \log_8 (a + 1 + 1) \rightarrow 8^{\frac{4}{3}} = a + 2$, $a = 14$

따라서 점 $P(14, 0)$를 직선 l이 지나므로

$l : y = \dfrac{4}{3}x - k \rightarrow 0 = \dfrac{4}{3} \times 14 - k$

$\therefore k = \dfrac{56}{3}$

유형 10 로그함수의 활용

29 정답 ⑤

[그림 : 배용제T]

$\log_4 (x^2 - 2ax + a^2)$

$= \log_{2^2}(x - a)^2$

$= \log_2 |x - a|$

가 정의되는 조건은 x가 $x \neq a$인 모든 실수이다.

$\log_2 (-x^2 + 2bx - b^2 + 2)$

$= \log_2 \{-(x - b)^2 + 2\}$

가 정의 되는 조건은 x가 $b - \sqrt{2} < x < b + \sqrt{2}$이다.

방정식 $\log_2 |x - a| = \log_2 \{-(x - b)^2 + 2\}$가 오직 하나의 실근을 갖기 위해서는 다음 그림과 같이 두 그래프 $y = |x - a|$,

$y = -(x-b)^2 + 2$가 그림과 같이 한 점에서 만나면 된다.

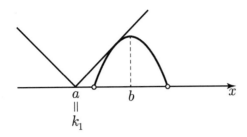

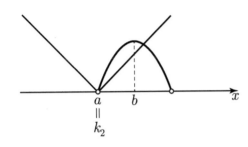

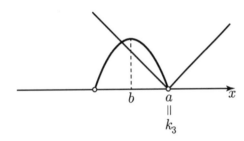

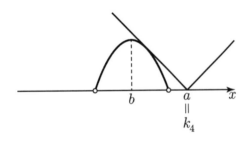

즉, a의 개수는 4이므로 $m = 4$이다.

그림에서 k_1과 k_4는 $x = b$에 대칭, k_2와 k_3도 $x = b$에 대칭이다.

따라서 $\sum_{n=1}^{m} k_n = \sum_{n=1}^{4} k_n = 8$, $k_1 + k_2 + k_3 + k_4 = 4b = 8$

$\therefore b = 2$

직선 $y = -x + a$이 곡선 $y = -(x-2)^2 + 2$에 접할 때가

$a = k_m = k_4$일 때다.

따라서

$-x + a = -x^2 + 4x - 2$

$x^2 - 5x + a + 2 = 0$

$D = 25 - 4(a+2) = 0$

$4a = 17$

$a = \dfrac{17}{4}$

$\therefore k_4 = \dfrac{17}{4}$

따라서 $k_m \times b^2 = \dfrac{17}{4} \times 2^2 = 17$이다.

30 정답 ①

두 점 $(10, 3)$, $(4, 1)$을 지나는 직선 $g(x)$의 방정식은

$g(x) = \dfrac{1}{3}x - \dfrac{1}{3}$이다.

로그부등식의 조건에서 $0 < g(x) < 1$ 또는 $g(x) > 1$이고

$f(x) > 0$이어야 한다.

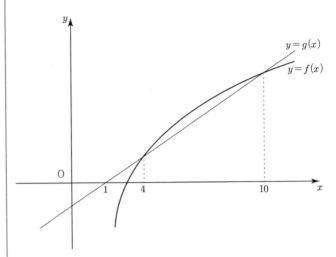

(i) $0 < g(x) < 1$일 때,

$\log_{g(x)} f(x) \geq \log_{g(x)} g(x)$에서

$f(x) \leq g(x)$이다.

㉠ $0 < g(x) < 1$에서

$0 < \dfrac{1}{3}x - \dfrac{1}{3} < 1$

$0 < x - 1 < 3$

$\therefore 1 < x < 4$

㉡ $f(x) \leq g(x)$에서

$x \leq 4$ 또는 $x \geq 10$이다.

㉢ $f(x) > 0$에서

$\log_2(2x-4) - 1 > 0$

$\log_2(2x-4) > 1$

$2x - 4 > 2$

$x > 3$

㉠, ㉡, ㉢에서 $3 < x < 4$이다.

따라서 자연수 x는 존재하지 않는다.

(ii) $g(x) > 1$일 때,

$\log_{g(x)} f(x) \geq \log_{g(x)} g(x)$에서

$f(x) \geq g(x)$이다.

㉠ $g(x) > 1$에서

$\dfrac{1}{3}x - \dfrac{1}{3} > 1$

$x - 1 > 3$

$\therefore x > 4$

㉡ $f(x) \geq g(x)$에서 $4 \leq x \leq 10$

㉠, ㉡에서 $4 < x \leq 10$이다.

따라서 자연수 x는 5, 6, 7, 8, 9, 10이다.

(i), (ii)에서 부등식을 만족시키는 모든 자연수의 합은

$5 + 6 + 7 + 8 + 9 + 10 = 45$

31 정답 18

$\log_2 f(x) + \log_{\frac{1}{4}}\left(\frac{2}{3}x + \frac{2}{3}\right)^2 \leq 0$에서

$f(x) > 0$, $x \neq -1$이므로 $-3 < x < -1$
또는 $-1 < x < 7 \cdots \bigcirc$

$\log_2 f(x) - \log_2\left(\frac{2}{3}x + \frac{2}{3}\right) \leq 0$

$\log_2 \dfrac{f(x)}{\frac{2}{3}x + \frac{2}{3}} \leq \log_2 1$

$\dfrac{f(x)}{\frac{2}{3}x + \frac{2}{3}} \leq 1$에서

(i) $-1 < x < 7$일 때,

$\frac{2}{3}x + \frac{2}{3} > 0$이므로 $f(x) \leq \frac{2}{3}x + \frac{2}{3}$에서 만족하는 정수 x는
3, 4, 5, 6,

(ii) $-3 < x < -1$일 때,

$\frac{2}{3}x + \frac{2}{3} < 0$이므로 $f(x) \geq \frac{2}{3}x + \frac{2}{3}$에서 만족하는 정수 x는
-2이다.

이때,

$f(x) = a(x+3)(x-7)$에서 $\left(3, \frac{8}{3}\right)$을 대입하면

$\frac{8}{3} = a \times 6 \times (-4) \rightarrow a = -\frac{1}{9}$

$f(x) = -\frac{1}{9}(x+3)(x-7)$에서 $f(-2) = 1$이므로

$\log_2 f(-2) + \log_{\frac{1}{4}}\left(\frac{2}{3}(-2) + \frac{2}{3}\right)^2$

$= \log_2 1 - \log_2 \frac{2}{3}$

$= -1 + \log_2 3 > 0$ (모순)

이다.
그러므로 $3+4+5+6 = 18$

32 정답 514

두 방정식의 두 근을 α, β라 하자.
$2^{2x} - a \times 2^x + 1024 = 0$에서 $2^\alpha \times 2^\beta = 1024$가 성립하므로
$\alpha + \beta = 10$이다.
$(\log_3 x)^2 - \log_3 x^2 + b = 0$
$\Rightarrow (\log_3 x)^2 - 2\log_3 x + b = 0$에서 $\log_3 \alpha + \log_3 \beta = 2$가
성립하므로 $\alpha \times \beta = 9$이다.
따라서 $\alpha = 1$, $\beta = 9$라 할 수 있다.
$\alpha = 1$을 $2^{2x} - a \times 2^x + 1024 = 0$에 대입하면
$4 - 2a + 1024 = 0$에서 $a = 514$
$\alpha = 1$을 $(\log_3 x)^2 - \log_3 x^2 + b = 0$에 대입하면 $b = 0$이다.
따라서 $a + b = 514$

유형 11 지수함수와 로그함수의 관계

33 정답 ①

[그림 : 도정영T]

$f(x) = a^x$의 역함수는 $y = \log_a x$이고 $h(x) = \log_a x$라 하면 선분
CD의 중점 E는 곡선 $y = h(x)$ 위의 점이다.
두 점 A, E가 기울기가 -1인 직선 위의 점이므로 두 점 A와
E는 직선 $y = x$ 위의 점이다. 따라서 $A(t, a^t)$이므로
$E(a^t, t)$이고 점 B가 삼각형 ACD의 무게중심이므로 점 E는
선분 CD의 중점이다.
따라서 $C(a^t, 2t)$이다.

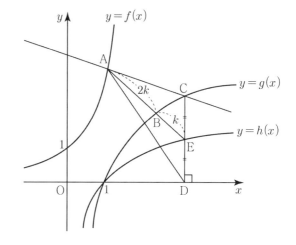

또한 점 B는 선분 AE를 $2:1$로 내분하는 점이다.

$\therefore B\left(\dfrac{2a^t + t}{3}, \dfrac{2t + a^t}{3}\right)$ ...... $\bigcirc$

직선 BC의 기울기가 $\dfrac{1}{2}$

$\dfrac{\frac{a^t - 4t}{3}}{\frac{-a^t + t}{3}} = \dfrac{1}{2}$

$-a^t + t = 2 \times a^t - 8t$

$3 \times a^t = 9t$

$a^t = 3t$이다. $\bigcirc$에 대입하면 $B\left(\dfrac{7t}{3}, \dfrac{5t}{3}\right)$이다.

점 B가 곡선 $y = 2\log_a x$ 위의 점이므로

$\dfrac{5t}{3} = 2\log_a \dfrac{7t}{3} \rightarrow \log_a \dfrac{7t}{3} = \dfrac{5t}{6} \rightarrow a^{\frac{5t}{6}} = \dfrac{7t}{3} \rightarrow a^t = \left(\dfrac{7t}{3}\right)^{\frac{6}{5}}$

따라서 $3t = 7^{\frac{6}{5}} \times 3^{-\frac{6}{5}} \times t^{\frac{6}{5}}$

$t^{-\frac{1}{5}} = 7^{\frac{6}{5}} \times 3^{-\frac{11}{5}}$

$t = 7^{-6} \times 3^{11} = \dfrac{3^{11}}{7^6}$

34 정답 ②

[그림 : 도정영T]

그림과 같이 점 A_n의 x좌표가 점 B_n의 x좌표보다 작다고 하자.

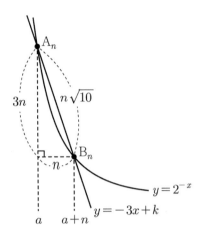

$\overline{A_nB_n} = n \times \sqrt{10}$ 이므로 점 A_n의 x좌표를 a라 하면 점 B_n의 x좌표는 $a+n$이다.

따라서

$A_n(a, 2^{-a})$, $B_n(a+n, 2^{-a-n})$

$2^{-a} - 2^{-a-n} = 3n$

$2^{-a}(1 - 2^{-n}) = 3n$

$2^{-a}\left(\dfrac{2^n-1}{2^n}\right) = 3n$

$2^{-a} = \dfrac{3n \times 2^n}{2^n - 1}$

한편, 원 $(x-t)^2 + (y-t)^2 = r^2$은 중심이 (t, t)로 직선 $y=x$위의 점이므로 $y=x$에 대칭이다. 이 원과 역함수 관계인 두 함수 $y = 2^{-x}$, $y = -\log_2 x = \log_2 \dfrac{1}{x}$가 만나는 점은 $y=x$에 대칭이다.

따라서 두 점 A_n, B_n중 y좌표가 작은 점 B_n의 y좌표가 x_n이다.

$x_n = 2^{-a-n}$

$= 2^{-a} \times 2^{-n}$

$= \dfrac{3n \times 2^n}{2^n - 1} \times 2^{-n}$

$= \dfrac{3n}{2^n - 1}$

$x_4 = \dfrac{3 \times 4}{2^4 - 1} = \dfrac{4}{5}$, $x_6 = \dfrac{3 \times 6}{2^6 - 1} = \dfrac{2}{7}$

따라서 $x_4 + x_6 = \dfrac{4}{5} + \dfrac{2}{7} = \dfrac{38}{35}$이다.

35 정답 15

[그림 : 최성훈T]

곡선 $y = 2^{x-b} - c$의 그래프는 점근선이 $y = -c$이고 두 점

$(b, 1-c)$, $(b+1, 2-c)$을 지나는 증가하는 곡선이다.

$c > 0$이므로 x축과 한 점에서 만난다.

따라서 함수 $y = |2^{x-b} - c|$의 그래프는 그림과 같다.

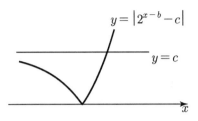

곡선 $y = \log_3(x-3)$의 그래프는 점근선이 $x = 3$이고 $(4, 0)$을 지나므로 함수 $y = |\log_3(x-3)|$의 그래프는 그림과 같다.

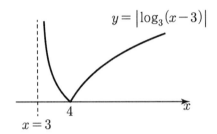

따라서 함수 $f(x) = \begin{cases} |2^{x-b} - c| & (x \leq a) \\ |\log_3(x-3)| & (x > a) \end{cases}$ 의 그래프가

$y = t$와 만나는 점의 개수가 3이기 위한 t의 범위가 $0 < t < 2$이기 위해서는 a가 자연수이므로 $a = 3$, $a = 4$인 경우로 나눌 수 있다.

(i) $a = 3$일 때, $c = 2$이어야 한다.

함수 $y = |2^{x-b} - 2|$의 그래프가 $(3, 0)$를 지나므로 $2^{3-b} - 2 = 0$에서 $b = 2$이다.

따라서 $a + b + c = 3 + 2 + 2 = 7$이다.

(ii) $a = 4$일 때, $c = 2$이어야 한다.

함수 $y = |2^{x-b} - 2|$의 그래프가 $(4, 2)$를 지나므로 $2^{4-b} - 2 = 2$에서 $b = 2$이다.

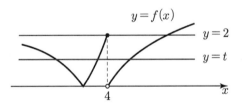

따라서 $a + b + c = 4 + 2 + 2 = 8$이다.

(i), (ii)에서 모든 $a + b + c$의 값의 합은 15이다.

36 정답 ③

[그림 : 이정배T]

두 함수 $y = a^x$와 $y = \log_a x$는 역함수 관계이고 두 점 BD가 기울기가 -1인 직선 위의 점이므로 두 점 B와 D는 $y = x$에 대칭인 점이다. 따라서 직선 AB와 직선 CD도 $y = x$에 대칭인 함수이다.

그러므로 두 점 A와 C가 $y=x$에 대칭이다.

따라서 $\overline{OA}=\overline{OC}$

(나)에서 $\overline{CD}=2\overline{OA}$

점 C의 x좌표를 t $(t>0)$라 하면 점 D의 x좌표는 $3t$이다.

점 C에서 x축에 내린 수선의 발을 C′, 점 D에서 x축에 내린 수선의 발을 D′라 하면 $3\overline{CC'}=\overline{DD'}$이다.

따라서

$-3\log_a t=-\log_a 3t$

$t^3=3t$

$t=\sqrt{3}\ (\because t>0)$

따라서 점 D의 좌표는 $(3\sqrt{3},\ -2\sqrt{3})$이다.

점 C의 x좌표는 $\sqrt{3}$이고 $\overline{CC'}=\dfrac{1}{3}\overline{DD'}$에서 점 C의 y좌표는 $-\dfrac{2}{3}\sqrt{3}$이다.

$\therefore\ C\left(\sqrt{3},\ -\dfrac{2}{3}\sqrt{3}\right)$

점 A는 점 C의 $y=x$에 대칭인 점이므로

$A\left(-\dfrac{2}{3}\sqrt{3},\ \sqrt{3}\right)$이다.

따라서 선분 AC의 길이는

$\sqrt{\left(\dfrac{5}{3}\sqrt{3}\right)^2+\left(-\dfrac{5}{3}\sqrt{3}\right)^2}=\sqrt{\dfrac{25+25}{3}}=\dfrac{5\sqrt{2}}{\sqrt{3}}$

$=\dfrac{5\sqrt{6}}{3}$

37 정답 ③

[그림 : 최성훈T]

$y=2^{x-2}$의 역함수는 $y=\log_2 x+2$이고 곡선 $y=2^{x-2}$와 직선 $y=x$로 둘러싸인 부분의 넓이를 S라 하면 곡선 $y=\log_2 x+2$와 직선 $y=x$로 둘러싸인 부분의 넓이도 S로 같다.

또한 $y=\log_2 x+2$, $y=x$을 y축 대칭이동한 그래프는 $y=\log_2(-x)+2$와 $y=-x$로 곡선 $y=\log_2(-x)+2$와 직선 $y=-x$로 둘러싸인 부분의 넓이도 S이다.

$y=-x+8$은 $y=-x$을 평행이동한 그래프이다.

따라서 $y=\log_2(-x)+2$와 직선 $y=-x$의 교점이 $(-4, 4)$이다.

$y=\log_2(-x+a)+b$은 $y=\log_2(-x)+2$을 x축의 방향으로 8만큼 평행이동한 그래프이다.

그러므로 $y=\log_2(-x+8)+2$이다.

$\therefore\ a=8,\ b=2$

$a+b=10$이다.

38 정답 7

$y=a^x-b$에서 x와 y를 바꾸면 $x=a^y-b$이고,

y를 x에 대한 함수로 나타내면 $y=\log_a(x+b)$이므로 함수 $y=a^x-b$의 역함수는 $y=\log_a(x+b)$이다.

점 A의 좌표는 $(2, 13)$이고, 두 점 A, B는 직선 $y=x$에 대하여 서로 대칭이므로 점 B의 좌표는 $(13, 2)$이다. 점 C는 증가하는 두 역함수의 교점이므로 $y=x$ 위에 있다.

따라서 $C(t,\ t)$라 하면

삼각형 ABC의 넓이가 $\dfrac{143}{2}$이므로

$\dfrac{143}{2}=\dfrac{1}{2}\left|\begin{matrix}2 & 13 & t & 2 \\ 13 & 2 & t & 13\end{matrix}\right|$

$143=|4+26t-169-4t|$.

$|165-22t|=143$에서 $t=1$이다.

따라서 $C(1, 1)$

$y=a^x-b$ 위에 $A(2, 13)$, $C(1, 1)$이 있으므로

$a^2-b=13$

$a-b=1$

$a^2-a-12=0$

$(a-4)(a+3)=0$

$\therefore\ a=4,\ b=3$

따라서 $a+b=7$

39 정답 ④

$y=2^{-x}+k$의 점근선이 $y=k$이므로 함수 $g(t)$가 $t=k$에서는 불연속일 수 밖에 없다.

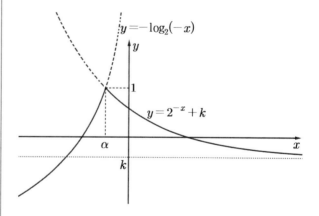

$t=1$에서 불연속이므로 $y=-\log_2(-x)$와 $y=2^{-x}+k$의 교점의 y좌표가 1이다.

따라서 방정식 $-\log_2(-x)=1$의 해는

$x=-\dfrac{1}{2}$이므로 $\alpha=-\dfrac{1}{2}$이다.

따라서 $2^{-\left(-\frac{1}{2}\right)}+k=1$이므로 $k=1-\sqrt{2}$이다.

따라서 $t=-1$일 때 최솟값이 $k+1=\dfrac{3}{2}$이므로 $k=\dfrac{1}{2}$이다.

한편, $2^x-2^{-x}=-1 \Rightarrow \left(2^x\right)^2+2^x-1=0$

$2^p=\dfrac{-1\pm\sqrt{5}}{2}$에서 $2^p>0$이므로 $2^p=\dfrac{-1+\sqrt{5}}{2}$이다.

따라서 $2^p+k=\dfrac{-1+\sqrt{5}}{2}+\dfrac{1}{2}=\dfrac{\sqrt{5}}{2}$이다.

유형 12 지수함수와 로그함수의 최댓값과 최솟값

40 정답 11

O와 A가 평행이동한 점을 각각 O$'$, A$'$이라 하면 O$'(2,3)$, A$'(3,3)$이다.

$y=\log_2(x+a)$가 선분 O$'$A$'$과 만나려면

$\log_2(2+a)\le 3$, $2+a\le 8$, $a\le 6$이고

$\log_2(3+a)\ge 3$, $3+a\ge 8$, $a\ge 5$이다.

$\therefore 5\le a\le 6$

a의 최댓값은 6, 최솟값은 5이다.

따라서 최댓값과 최솟값의 합은 11이다.

41 정답 130

$\log_x y=2\log_2\dfrac{1}{x}+\log_x 32+3$에서

$\log_x y=-2\log_2 x+\log_x 32+3$

$\dfrac{\log_2 y}{\log_2 x}=-2\log_2 x+\dfrac{\log_2 32}{\log_2 x}+3$이므로

$\log_2 y=-2\left(\log_2 x\right)^2+3\log_2 x+5$

한편,

$\log_2 xy=\log_2 x+\log_2 y$

$\qquad =\log_2 x-2\left(\log_2 x\right)^2+3\log_2 x+5$

$\qquad =-2\left(\log_2 x\right)^2+4\log_2 x+5$

$\qquad =-2\left(\log_2 x-1\right)^2+7$

따라서 $x=2$일 때 $\log_2 xy$는 최댓값 7을 갖는다.

$xy\le 2^7$이다.

$a=2$, $M=128$

$a+M=130$

42 정답 ④

$2^x-2^{-x}=t$라 두고 양변을 제곱하면

$4^x-2+4^{-x}=t^2$에서 $4^x+4^{-x}=t^2+2$이므로

$y=4^x+4^{-x}+2\left(2^x-2^{-x}\right)+k$

$\quad =\left(t^2+2\right)+2t+k$

$\quad =(t+1)^2+k+1$

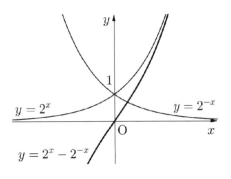

유형 13 지수함수와 로그함수의 실생활 문제

43 정답 ②

2020년 4월 초의 코로나19의 완치된 사람 수를 A라 하면

$\log A=\dfrac{9}{10}\log 10^6+a\cdots\text{㉠}$가 성립한다.

n개월 후 완치된 사람 수를 8A라 하면 감염자 수는

$10^6(1.6)^n$이므로

$\log 8A=\dfrac{9}{10}\log 10^6(1.6)^n+a\cdots\text{㉡}$

㉠, ㉡에서

$\log\left(\dfrac{8A}{A}\right)\ge\dfrac{9}{10}\log\left(\dfrac{10^6(1.6)^n}{10^6}\right)$

$3\log 2=\dfrac{9}{10}n\log 1.6$

$0.9=\dfrac{9}{10}n\times 0.2$

$\therefore n=5$

지수로그함수 단원 평가

44 정답 24

$\left(\sqrt{\sqrt[3]{2}\,\sqrt[4]{8}}\right)^n=\left(\sqrt{2^{\frac{1}{3}}\times 2^{\frac{3}{4}}}\right)^n=\left\{\left(2^{\frac{1}{3}}\times 2^{\frac{3}{4}}\right)^{\frac{1}{2}}\right\}^n$

$\qquad =\left\{\left(2^{\frac{1}{3}+\frac{3}{4}}\right)^{\frac{1}{2}}\right\}^n=\left\{\left(2^{\frac{13}{12}}\right)^{\frac{1}{2}}\right\}^n=2^{\frac{13}{24}n}$

$\dfrac{13}{24}n$이 0 또는 자연수일 때, $\left(\sqrt{\sqrt[3]{2}\,\sqrt[4]{8}}\right)^n$이 자연수가 된다.

n은 자연수이고 n이 24의 배수일 때, $\dfrac{13}{24}n$이 자연수가 되므로

n의 최솟값은 24이다.

45 정답 3

-25의 세제곱근 중 실수인 것은

$x^3 = -25$에서 $x = \sqrt[3]{-25}$으로 1개다.

따라서 $a = 1$

$\sqrt{23}$의 네제곱근 중 실수인 것은

$x^4 = \sqrt{23}$에서 $x = \pm\sqrt[8]{23}$으로 2개다.

따라서 $b = 2$

$a + b = 3$

[랑데뷰팁]

n	$a > 0$	$a = 0$	$a < 0$
짝수	2	1	0
홀수	1	1	1

46 정답 ④

$64^{\frac{1}{x}} = 144 \Rightarrow 8^{\frac{1}{x}} = 12$

$64^{\frac{1}{y}} = \dfrac{16}{3} \Rightarrow 8^{\frac{1}{y}} = \dfrac{16}{3}$

따라서

$8^{\frac{1}{x} + \frac{2}{y}} = 64$, $8^{\frac{1}{x} - \frac{2}{y}} = \dfrac{9}{4}$

$\left(8^{\frac{1}{x} + \frac{2}{y}}\right)^{\frac{1}{x} - \frac{2}{y}} = 64^{\frac{1}{x} - \frac{2}{y}} = \left(8^{\frac{1}{x} - \frac{2}{y}}\right)^2 = \left(\dfrac{9}{4}\right)^2$

$8^{\frac{1}{x^2} - \frac{4}{y^2}} = \left(\dfrac{9}{4}\right)^2$

$8^{\frac{1}{2x^2} - \frac{2}{y^2}} = \dfrac{9}{4}$

$8^{\frac{1}{2x^2}} = \dfrac{9}{4} \times 8^{\frac{2}{y^2}} = \dfrac{9}{4} \times 64^{\frac{1}{y^2}}$

따라서 $k = \dfrac{9}{4}$

47 정답 ②

[그림 : 최성훈T]

점 $A_n(a, \log_2 a)$, $B_n(b, \log_2 b)$ $(0 < a < b)$라 하면

(가)에서 $\dfrac{\log_2 b - \log_2 a}{b - a} = \dfrac{1}{2} \rightarrow \log_2 b - \log_2 a = \dfrac{1}{2}(b - a)$

...... ㉠

(나)에서

$\overline{A_n B_n} = \sqrt{(b-a)^2 + (\log_2 b - \log_2 a)^2} = \dfrac{\sqrt{5}}{2}(b - a) = \sqrt{5} \times n$

따라서 $\dfrac{b - a}{2} = n$

㉠에서 $\log_2 \dfrac{b}{a} = n$

$b = 2^n \times a$

$b = 2^n \times (b - 2n)$

$(2^n - 1)b = 2^{n+1} \times n$

$\therefore b = \dfrac{2^{n+1} \times n}{2^n - 1}$

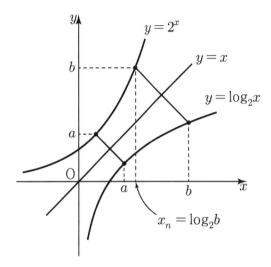

두 곡선 $y = \log_2 x$와 $y = 2^x$은 역함수 관계이고 두 점 A_n, B_n을 지나고 기울기가 -1인 두 직선이 곡선 $y = 2^x$와 만나는 두 점은 각각 두 점 A_n, B_n의 $y = x$에 대칭인 점이다.

즉, $a < b$에서 점 B_n의 y좌표가 x_n이다.

$x_n = \log_2 b = \log_2\left(\dfrac{2^{n+1} \times n}{2^n - 1}\right)$

$x_3 = \log_2\left(\dfrac{2^4 \times 3}{7}\right)$, $x_7 = \log_2\left(\dfrac{2^8 \times 7}{127}\right)$이므로

$x_3 + x_7 = \log_2\left(\dfrac{2^4 \times 3}{7} \times \dfrac{2^8 \times 7}{127}\right)$

$\qquad = \log_2 \dfrac{2^{12} \times 3}{127} = 12 + \log_2 \dfrac{3}{127}$

[다른 풀이]

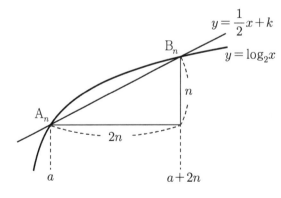

$B_n(b, \log_2 b)$에서 $b = a + 2n$이다.

따라서 $x_n = \log_2(a + 2n)$

$\log_2(a + 2n) - \log_2 a = n$ ...... ㉠

$\therefore x_n = n + \log_2 a$

㉠에서 $\log_2\left(1 + \dfrac{2n}{a}\right) = n \rightarrow 1 + \dfrac{2n}{a} = 2^n \rightarrow a = \dfrac{2n}{2^n - 1}$

따라서 $x_n = n + \log_2\left(\dfrac{2n}{2^n - 1}\right)$

이하 동일

48 정답 ⑤

두 함수 $y = 2^{x-a} + b$, $y = \log_2(x-b) + a$는 서로 역함수
관계이고 증가함수이므로 두 함수의 그래프의 교점인 A, B는
직선 $y = x$ 위에 있음을 알 수 있다.

(가)에서 직선 $y = x$위의 두 점 A, B사이 거리가 $\sqrt{2}$이므로
$\mathrm{A}(t,\ t)$, $\mathrm{B}(t+1,\ t+1)$
라 할 수 있다.

(나)에서 직선 AB가 $y = x$이므로 직선 $y = x$에 수직인 직선의
기울기는 -1이다.

또한 $(0, 5)$을 지나므로 직선 AB의 수직이등분선의 방정식은
$y = -x + 5$이다.

두 점 A, B의 중점은 $\left(\dfrac{2t+1}{2},\ \dfrac{2t+1}{2}\right)$이고 이 점이 직선

$y = -x + 5$ 위에 있으므로

$\dfrac{2t+1}{2} = -\dfrac{2t+1}{2} + 5$

$2t + 1 = 5$

$\therefore\ t = 2$

따라서 $\mathrm{A}(2, 2)$, $\mathrm{B}(3, 3)$이다.

$2^{2-a} + b = 2$

$2^{3-a} + b = 3$

에서 변변 빼면

$2^{3-a} - 2^{2-a} = 1$

$2^{2-a}(2-1) = 1$

$2^{2-a} = 1$

$\therefore\ a = 2$, $b = 1$이다.

$a^2 + b^2 = 5$이다.

49 정답 7

[그림 : 이호진T]

$y = 2^{\frac{x+1}{3}}$ 은 증가함수이다.

따라서 $t < 1$일 때, $t \le x \le t+3$에서 함수 $f(x)$의 최솟값
$g(t) = f(t)$이다.

$a > 1$이므로 $y = \log_a \dfrac{24}{x+1}$은 감소함수이다.

따라서 $t = 2$일 때, $2 \le x \le 5$에서 함수 $f(x)$의 최솟값
$g(t)$가 최대가 되기 위해서는 $f(2) = f(5)$이고 $t > 2$일 때
$g(t) = f(t+3)$이면 된다.

$f(2) = 2^{\frac{2+1}{3}} = 2$

$f(5) = \log_a \dfrac{24}{5+1} = \log_a 4$

$f(2) = f(5)$에서 $a = 2$이다.

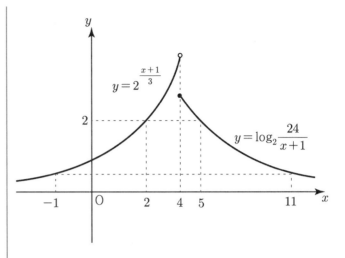

$y = 2^{\frac{x+1}{3}}$

$y = \log_2 \dfrac{24}{x+1}$

$t < 2$일 때, $g(t) = 2^{\frac{t+1}{3}}$이므로 $g(t) = 1$의 해는 $t = -1$이다.

$t > 2$일 때, $g(t) = \log_2 \dfrac{24}{(t+3)+1}$이므로 $g(t) = 1$의 해는

$t = 8$이다.

따라서 모든 t의 합은 $(-1) + 8 = 7$이다.

50 정답 ③

$y = -\left|2^{x+3} - 4\right|$의 그래프는 그림과 같다.

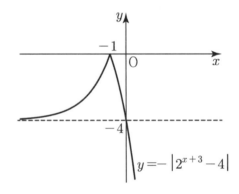

$y = -\left|2^{x+3} - 4\right|$

함수 $f(x)$가 구간 $(-\infty, 3]$에서 연속이므로 $x = 0$에서
연속이다.

따라서

$\lim_{x \to 0-} f(x) = -4$이므로 $f(0) = b = -4$이다.

$0 \le x \le 3$에서 $y = x^3 + ax^2 - 4$이다.

$h(x) = x^3 + ax^2 - 4$라 하면

$h'(x) = 3x^2 + 2ax = x(3x + 2a)$

$h'(x) = 0$의 해가 $x = 0$, $x = -\dfrac{2a}{3}$이다.

$a < 0$이므로 삼차함수 $h(x)$는 $x = 0$에서 극댓값 -4를 갖는다

$x = -\dfrac{2a}{3}$에서 극솟값을 갖는다.

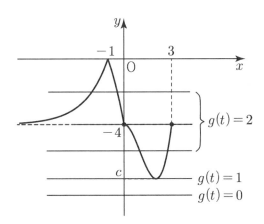

함수 $g(t)$가 음의 실수 t에 대하여 $t=c$에서만 불연속이기
위해서는 삼차함수 $h(x)$가 $0 \le x \le 3$에서 극솟값 c을 갖고
$(3, -4)$를 지나야 한다.
라 하면
$h(3) = 27 + 9a - 4 = -4$
$\therefore a = -3$
$h(x) = x^3 - 3x^2 - 4$
$h'(x) = 3x^2 - 6x = 3x(x-2)$
따라서 삼차함수 $h(x)$는 $x=2$에서 극솟값
$h(2) = 8 - 12 - 4 = -8$을 갖는다.
$\therefore c = -8$
그러므로 $a + b + c = (-3) + (-4) + (-8) = -15$이다.

51 정답 ⑤

[검토 : 서영만T]

$(x - \log_2 a)^2 + (y - \log_2 b)^2 = 8$의 중심 $(\log_2 a, \log_2 b)$에서
직선 $x + y - 16 = 0$까지의 거리에서 원의 반지름의 길이
$2\sqrt{2}$를 빼면 점 P에서 직선 $x + y - 16 = 0$까지의 거리가
최소가 된다.
따라서
$$5\sqrt{2} = \frac{|\log_2 a + \log_2 b - 16|}{\sqrt{2}} - 2\sqrt{2}$$
$|\log_2 a + \log_2 b - 16| = 14$
$\log_2 ab = 30$ 또는 $\log_2 ab = 2$
$ab = 2^{30}$ 또는 $ab = 2^2$이다.

(i) $ab = 2^{30}$일 때,

b	2^{29}	2^{28}	2^{27}	2^{25}	2^{24}	2^{20}	2^{15}
a	2	2^2	2^3	2^5	2^6	2^{10}	2^{15}
$\log_a b$	29	14	9	5	4	2	1

(ii) $ab = 2^2$일 때,

b	2
a	2
$\log_a b$	1

(i), (ii)에서 순서쌍 (a, b)의 개수는 8이다.

52 정답 6

[그림 : 배용제T]

[검토자 : 이덕훈T]

곡선 $y = 2^{x+1} - b$는 점근선이 $y = -b$이고 증가함수이다.
곡선 $y = 2^{-x+2} + b$는 점근선이 $y = b$이고 감소함수이다.
따라서
$-b < t < k$인 모든 실수 t에 대하여 함수 $y = f(x)$의 그래프와
직선 $y = t$의 교점의 개수는 1이기 위해서는 두 점근선 $y = -b$,
$y = b - a$가 직선 $y = -\frac{1}{2}x + \frac{1}{2}$의 경계여야 한다.

즉, $-a \le x \le a$에서 감소함수인 $y = -\frac{1}{2}x + \frac{1}{2}$는 $(-a, b)$을
지나고 곡선 $y = 2^{x+1} - b$은 $(-a, b-a)$을 지나야 한다.

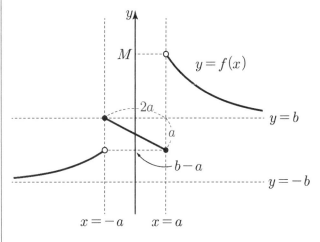

정리하면 다음과 같다.
$\frac{1}{2}a + \frac{1}{2} = b$ ······ ㉠
$2^{-a+1} - b = b - a$ ······ ㉡
㉠에서 $2b - a = 1$이므로 ㉡에 대입하면 $2^{-a+1} = 1$
$\therefore a = 1$
㉡에서 $b = 1$
따라서 $x > 1$에서 $y = 2^{-x+2} + 1$은 $x = 1$에서 $y = 3$이므로
$M = 3$이다.
그러므로 $M(a+b) = 6$이다.

53 정답 15

[출제자 : 김종렬T]
[그림 : 서태욱T]

$f(n)=1$이려면 곡선 $y=\left|5^{2-x}-a\right|$와 직선 $y=n$이
제1사분면에서 한 점에서만 만나야 한다.

$g(x)=\left|5^{2-x}-a\right|$라 하면 곡선 $y=g(x)$의 점근선은
$y=a$ $(\because a>0)$이고,

$g(0)=\left|5^2-a\right|=\left|25-a\right|$이므로 함수 $y=g(x)$의 그래프는
a의 값의 범위에 따라 다음과 같다.

(i) $25-a>a$, 즉 $a<\dfrac{25}{2}$일 때

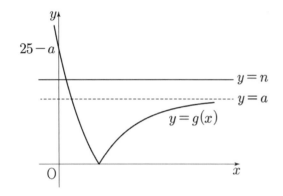

$f(n)=1$인 n의 개수가 1이상이고 5이하 이려면
$$1\le(25-a)-a\le5$$
이어야 한다.
$$\therefore\ 10\le a\le12$$

(ii) $25-a=a$, 즉 $a=\dfrac{25}{2}$ 이고 자연수 a의 조건에 어긋난다.

(iii) $25-a<a$, 즉 $a>\dfrac{25}{2}$일 때

(iii)-① $25-a\ge0$, $a\le25$ 일 때

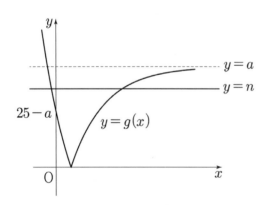

$1\le a-(25-a)\le5$, $1\le2a-25\le5$
$$\therefore\ 13\le a\le15$$

(iii)-② $25-a<0$, $a>25$ 일 때는 아래 그림과 같이
$f(n)=1$을 만족시키는 자연수 n의 개수가
1이상이고 5이하가 되도록 하는 조건을 만족하지 않는다.

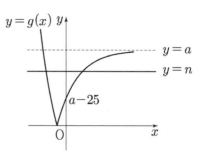

따라서 구하는 자연수 a의 값은 10, 11, 12, 13, 14, 15이며,
$y=\left|5^{2-x}-a\right|$와 $x=1$과의 교점의 y좌표는 각각
5, 6, 7, 8, 9, 10이다. 따라서 최댓값과 최솟값의 합은
$5+10=15$

54 정답 4

$2^{x-y}=a$라 두면 $2^{y-x}=\dfrac{1}{a}$이므로

$$\dfrac{2^{x-y}}{1+2^{2x-2y}}+\dfrac{2^{y-x}}{1+2^{2y-2x}}$$

$$=\dfrac{a}{1+a^2}+\dfrac{\dfrac{1}{a}}{1+\left(\dfrac{1}{a}\right)^2}$$

$$=\dfrac{a}{1+a^2}+\dfrac{\dfrac{1}{a}}{\dfrac{a^2+1}{a^2}}=\dfrac{a}{1+a^2}+\dfrac{a}{1+a^2}=\dfrac{2a}{1+a^2}=\dfrac{1}{2}$$

이므로 $a^2+1=4a$

양변을 a로 나누면 $a+\dfrac{1}{a}=4$

$$\therefore\ 2^{y-x}+2^{x-y}=\dfrac{1}{a}+a=4$$

55 정답 ②

$\log_a N=n+\alpha$ (단, n은 정수, $0\le\alpha<1$)에 대하여 $n-\alpha$가
최소이려면 n은 최소이고 α는 최대이어야 한다. 진수 N이
자연수이므로 n의 최솟값은 0이다.

즉, $\log_a N=\alpha$이고 $\log_a a=1$이므로 $N=a-1$일 때 α가
최대이다.

즉, $f(a)=0-\log_a(a-1)=-\log_a(a-1)$

$f(3)\times f(4)\times f(5)\times\cdots\times f(100)$

$=(-\log_3 2)\times(-\log_4 3)\times(-\log_5 4)\times\cdots\times(-\log_{100}99)$

$=\left(-\dfrac{\log2}{\log3}\right)\times\left(-\dfrac{\log3}{\log4}\right)\times\left(-\dfrac{\log4}{\log5}\right)\times\cdots\times\left(-\dfrac{\log99}{\log100}\right)$

$=\dfrac{\log2}{\log100}=\log\sqrt{2}$

$k=\log\sqrt{2}$ 이므로 $100^k=100^{\log\sqrt{2}}=\sqrt{2^2}=2$

56 정답 ④

P$(a,\ 4^a)$이라 하면 원점 O와 점 P을 $1:3$으로 내분하는 점

$\left(\dfrac{a}{4},\ \dfrac{4^a}{4}\right)$이 $y=\left(\dfrac{1}{2}\right)^x$ 위의 점이므로

$2^{2a-2}=2^{-\frac{a}{4}}$　　　 $\therefore\ a=\dfrac{8}{9}$

57 정답 ③

[그림 : 이정배T]

곡선 $y=\log_2(x+4)$을 x축 방향으로 4만큼, y축 방향으로 -3만큼 평행이동시킨 곡선이 $y=\log_2 x-3$이다.

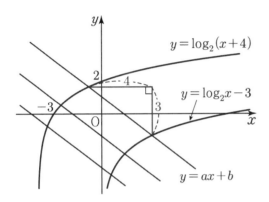

따라서 직선 $y=ax+b$에서 기울기 a의 값이 $-\dfrac{3}{4}$이면 b의 값에 관계없이 두 교점 사이의 거리는 항상 $\sqrt{4^2+(-3)^2}=5$로 일정하다.

58 정답 10

[그림 : 이정배T]

$\tan(\angle AOB)=\dfrac{4\sqrt{3}}{3}=\dfrac{4}{\sqrt{3}}$이므로 직각삼각형 AOB에서 $\overline{OA}=\sqrt{3}k,\ \overline{AB}=4k$라 할 수 있다.

직선 OA의 기울기가 $\dfrac{\sqrt{3}}{3}$이므로 직선 OA와 x축의 양의 방향이 이루는 각은 $\dfrac{\pi}{6}$이다.

따라서 점 A$\left(\dfrac{3}{2}k,\ \dfrac{\sqrt{3}}{2}k\right)$이다.

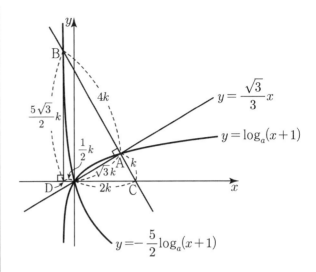

직선 AB와 x축이 만나는 점을 C라 할 때,

$\angle ACO=\dfrac{\pi}{3}$이므로

$\overline{AC}=k$이고 $\overline{BC}=5k$이다.

점 B에서 x축에 내린 수선의 발을 점 D라 할 때,

$\overline{CD}=\dfrac{5}{2}k,\ \overline{BD}=\dfrac{5\sqrt{3}}{2}k$이다.

따라서 B$\left(-\dfrac{1}{2}k,\ \dfrac{5\sqrt{3}}{2}k\right)$

점 A는 곡선 $y=\log_a(x+1)$ 위의 점이므로

$\dfrac{\sqrt{3}}{2}k=\log_a\left(\dfrac{3}{2}k+1\right)$

$a^{\frac{\sqrt{3}}{2}k}=\dfrac{3}{2}k+1\ \cdots\text{㉠}$

점 B는 곡선 $y=-\dfrac{5}{2}log_a(x+1)$ 위의 점이므로

$\dfrac{5\sqrt{3}}{2}k=-\dfrac{5}{2}log_a\left(-\dfrac{1}{2}k+1\right)$

$a^{-\sqrt{3}k}=-\dfrac{1}{2}k+1\ \cdots\text{㉡}$

㉠, ㉡에서 $a^{\frac{\sqrt{3}}{2}k}=t\ (t>0)$라 두면

㉠에서 $t=\dfrac{3}{2}k+1\ \cdots\text{㉢}$

㉡에서 $\dfrac{1}{t^2}=-\dfrac{1}{2}k+1\Rightarrow\dfrac{3}{t^2}=-\dfrac{3}{2}k+3$

$t+\dfrac{3}{t^2}=4$

$t^3-4t^2+3=0$

$(t-1)(t^2-3t-3)=0$

$t=1$이면 $k=0$이므로 모순

$t=\dfrac{3+\sqrt{21}}{2}\ (\because\ t>0)$

따라서

㉢에서 $\dfrac{3+\sqrt{21}}{2}=\dfrac{3}{2}k+1$

$$\frac{3}{2}k = \frac{1+\sqrt{21}}{2}$$

$$k = \frac{1+\sqrt{21}}{3}$$

$$\overline{OA} = \sqrt{3}\,k = \frac{\sqrt{3}+3\sqrt{7}}{3}$$

$p=1$, $q=3$이므로 $p+q=4$이다.

59 정답 ②

$P_1(1,0)$이고 $\overline{OP_n}=2\overline{OP_{n-1}}$에서

$P_2(2,0)$, $P_3(2^2,0)$, $P_4(2^3,0)$, $\cdots$, $P_n(2^{n-1},0)$이다.

따라서 $P_{n-1}(2^{n-2},0)$, $P_n(2^{n-1},0)$, $P_{n+1}(2^n,0)$이고

$Q_n(2^{n-1},n-1)$이다.

그러므로 삼각형 $Q_nP_{n-1}P_{n+1}$의 넓이 S_n은

$$S_n = \frac{1}{2}\times\left(2^n-2^{n-2}\right)\times(n-1)$$

$$= \frac{3}{2}\times 2^{n-2}\times(n-1)$$

$$S_{n+1} = \frac{3}{2}\times 2^{n-1}\times n$$

따라서

$$\frac{S_{n+1}}{S_n} = \frac{2n}{n-1}$$

$$\frac{S_{102}}{S_{101}} = \frac{2\times 101}{100} = \frac{101}{50}$$

60 정답 ②

$A(1,0)$, $B(7,0)$이므로 $\overline{AB}=6$

따라서 직각삼각형의 빗변이 길이가 6이다.

두 곡선 $y=\log_a x$, $y=\log_a(8-x)$은 $x=4$에 대칭이므로

꼭짓점 C에서 $\overline{AB}$에 내린 수선의 발을 H라 하면

$\overline{AH}=\overline{CH}=3$

따라서 꼭짓점 C의 좌표는 $(4,3)$이다.

$3=\log_a 4$

$a^3=4$

$\therefore a=\sqrt[3]{4}$

61 정답 ②

$f(x)=\log_2(x-k)-4$와 x축과 만나는 점은

$0=\log_2(x-k)-4$에서

$\log_2(x-k)=4$

$x-k=2^4$

$x=k+16$

따라서 $A(k+16, 0)$이다.

$f(x)=\log_2(x-k)-4$와 y축과 만나는 점은

$f(0)=\log_2(-k)-4=\log_2\left(-\dfrac{k}{16}\right)$

따라서 $B\left(0, \log_2\left(-\dfrac{k}{16}\right)\right)$

$-k>0$에서 $k<0$이고 $\overline{BO}$가 자연수이므로 $k=-2^a$꼴이야

한다.

삼각형 AOB의 넓이는

$$S = \left|\frac{1}{2}\times(k+16)\times\log_2\left(-\frac{k}{16}\right)\right|$$

이므로

(i) $a=0$, 즉 $k=-1$일 때, $S=\left|\dfrac{1}{2}\times 15\times(-4)\right|=30$

(ii) $a=1$, 즉 $k=-2$일 때, $S=\left|\dfrac{1}{2}\times 14\times(-3)\right|=21$

(iii) $a=2$, 즉 $k=-4$일 때, $S=\left|\dfrac{1}{2}\times 12\times(-2)\right|=12$

(iv) $a=3$, 즉 $k=-8$일 때, $S=\left|\dfrac{1}{2}\times 8\times(-1)\right|=4$

(v) $a=4$, 즉 $k=-16$일 때, $S=\left|\dfrac{1}{2}\times 0\times(0)\right|$ (모순)

(vi) $a=5$, 즉 $k=-32$일 때, $S=\left|\dfrac{1}{2}\times(-16)\times 1\right|=8$

(vii) $a=6$, 즉 $k=-64$일 때, $S=\left|\dfrac{1}{2}\times(-48)\times(-2)\right|=48$

$\vdots$　　　　　　　　$\vdots$

따라서 삼각형 AOB의 넓이는 $k=-8$일 때 최솟값 4가 된다.

62 정답 ②

$|x^2-x-1|=2^k$에서 $y=|x^2-x-1|$와

$y=2^k$ (점선:상수함수)의 그래프는 다음 그림과 같다.

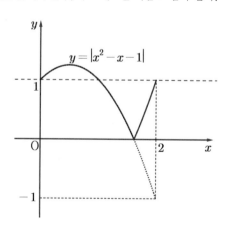

따라서 $y=2^k$이 $y=1$일 때

$y=|x^2-x-1|$와 $y=1$은 세 점에서 만나고 그 때가 방정식

$\log_2|x^2-x-1|=k$가 가장 많은 실근을 갖는다.

$2^k=1$이므로 $k=0$

63 정답 ④

다음 그림과 같이 곡선 $y=2^{x+2}-4$와 원 C의 둘레 및 y축으로 둘러싸인 도형의 넓이를 R_n이라 하면 $y=2^{x+2}-4$와 $y=\log_2(x+4)-2$는 역함수 관계이므로 $R_n = T_n$이다.

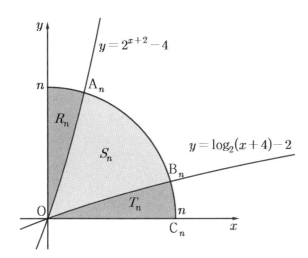

$P_n = S_n + 2T_n = S_n + T_n + R_n$으로 반지름의 길이가 n인 사분원의 넓이와 같다.

따라서

$$\sum_{n=1}^{10} \frac{n^2}{4}\pi = \frac{\pi}{4}\sum_{n=1}^{10} n^2$$
$$= \frac{\pi}{4} \times \frac{10\times 11 \times 21}{6}$$
$$= \frac{385}{4}\pi$$

64 정답 27

$\log_{\sqrt[3]{3}} x = k$ (k는 자연수)라 하면

$\log_{\sqrt[3]{3}} x = 3\log_3 x = k$, 즉 $x = 3^{\frac{k}{3}}$

(1) 자연수 x가 $x = 3^{\frac{k}{3}}$ ($k=3, 6, 9, \cdots$)일 때,

$f(x) = k$이므로

$f(3) = 3$, $f(9) = 6$, $f(27) = 9$, $\cdots$

(2) 자연수 x가 $x \neq 3^{\frac{k}{3}}$ ($k=3, 6, 9, \cdots$)일 때,

$f(x) = 3^x$이므로

$f(2) = 3^2 = 9$, $f(4) = 3^4$, $f(5) = 3^5$, $f(7) = 3^7$, $\cdots$

(1), (2)에서 $f(2) = f(27) = 9$이므로

집합 A의 임의의 두 원소 x_1, x_2에 대하여 $x_1 \neq x_2$이면 $f(x_1) \neq f(x_2)$라는 조건을 만족시키지 않는다.

따라서

$b-a$의 값이 최대가 되기 위해서는 b의 값을 가장 큰 값인 30으로 고정하고 조건을 만족시키는 a의 값을 가장 작은값으로 설정해야 한다.

$b=30$일 때, a의 최솟값은 3이다.

따라서 $b-a$의 최댓값은 $30-3=27$이다.

65 정답 ③

$y=0$일 때, $k^x = 2k$에서 $x = \log_k 2k$이므로 $y = k^x - 2k$이 x축과 만나는 점은 $A(\log_k 2k, 0)$이다.

$x=0$일 때, $y = 1-2k$이므로 $y = k^x - 2k$이 y축과 만나는 점은 $B(0, 1-2k)$이다.

$\angle AOB = \frac{\pi}{2}$이므로 삼각형 OAB는 직각삼각형이다.

직각삼각형의 외접원의 중심은 빗변의 중점이므로 외접원의 중심은 $C\left(\dfrac{\log_k 2k}{2}, \dfrac{1-2k}{2}\right)$이다.

즉, $C\left(\log_k \sqrt{2} + \dfrac{1}{2}, -k + \dfrac{1}{2}\right)$

한편, 함수 $f(x)$의 그래프를 x축의 방향으로 $\dfrac{1}{2}$만큼 평행이동한 그래프는 $y = f\left(x - \dfrac{1}{2}\right)$

$-k + \dfrac{1}{2} = f\left(\log_k \sqrt{2}\right)$

$-k + \dfrac{1}{2} = k^{\log_k \sqrt{2}} - 2k$

$-k + \dfrac{1}{2} = \sqrt{2} - 2k$

$k = \sqrt{2} - \dfrac{1}{2}$

66 정답 ①

[그림 : 이호진T]

직선 $y=k$가 두 곡선 $y=2^x+a$, $y=\log_2(x-1)+1$와 만나는 점 A, B의 좌표는

$k = 2^x + a$, $k-a = 2^x$, $x = \log_2(k-a)$

$A(\log_2(k-a), k)$

$k = \log_2(x-1)+1$, $k-1 = \log_2(x-1)$, $x-1 = 2^{k-1}$,

$x = 2^{k-1}+1$

$B(2^{k-1}+1, k)$

$\overline{AB} = 8$이므로

$2^{k-1}+1 - \log_2(k-a) = 8$ $\cdots$ ㉠

기울기가 -3인 직선이 두 곡선 $y=2^x+a$, $y=\log_2(x-1)+1$와 만나는 점이 각각 A, C이고

$\overline{AC} = \sqrt{10}$이므로 점 C는 점 A를 x축의 방향으로 1만큼, y축의 방향으로 -3만큼 평행이동한 점이다. 따라서 점 C의 좌표는 $C(\log_2(k-a)+1, k-3)$

그런데 점 C는 $y=\log_2(x-1)+1$와 $y=k-3$의 교점이므로 점 C의 x좌표는 $\log_2(x-1)+1 = k-3$에서

$x = 2^{k-4}+1$이다.

즉, $2^{k-4}+1=\log_2(k-a)+1$

$2^{k-4}-\log_2(k-a)=0$ ⋯ⓛ

㉠, ⓛ에서 ㉠-ⓛ을 하면

$2^{k-1}-2^{k-4}=7$

$\dfrac{2^k}{2}-\dfrac{2^k}{16}=8$

$\dfrac{7}{16}2^k=8$

$2^k=16$에서 $k=4$이다.

ⓛ에 $k=4$을 대입하면 $1-\log_2(4-a)=0$에서 $a=2$이다.

따라서 점 $C(2,1)$

그러므로 $y=2^x+2$에서 $D(0,3)$이다.

$\therefore\ \overline{CD}=\sqrt{2^2+(-2)^2}=2\sqrt2$

67 정답 18

$27^a=25^b \rightarrow 3^{3a}=5^{2b} \rightarrow 5^b=3^{\frac{3}{2}a}$이고

$\log_{15}3^a+\log_{15}5^b=15 \rightarrow 3^a\times5^b=15^{15}$이다.

따라서 $3^a\times3^{\frac{3}{2}a}=15^{15}$

$3^{\frac{5}{2}a}=15^{15}$

$\left(3^{\frac{5}{2}a}\right)^{\frac{6}{5}}=(15^{15})^{\frac{6}{5}}\rightarrow3^{3a}=15^{18}$ ⋯㉠

따라서 $5^{2b}=15^{18}$ ⋯ⓛ

㉠, ⓛ에서

$3a=\log_315^{18},\ 2b=\log_515^{18}$이다.

$\dfrac{6ab}{3a+2b}=\dfrac{1}{\dfrac{1}{2b}+\dfrac{1}{3a}}$이고

$\dfrac{1}{3a}=\log_{15^{18}}3,\ \dfrac{1}{2b}=\log_{15^{18}}5$

$\dfrac{1}{3a}+\dfrac{1}{2b}=\log_{15^{18}}15$

$\dfrac{1}{3a}+\dfrac{1}{2b}=\dfrac{1}{18}$이다.

따라서 $\dfrac{6ab}{3a+2b}=18$

68 정답 ③

등식의 양변에 $(2-1)$을 곱하면

$(2-1)(2+1)(2^2+1)(2^4+1)(2^8+1)\cdots\left(2^{2^{2022}}+1\right)$

$=(2-1)(2^a-1)$

$2^{2^{2023}}-1=2^a-1,\ a=2^{2023}$

$\therefore\ \log_22^{2023}=2023$

69 정답 2

$(5+2\sqrt6)^x+(5-2\sqrt6)^x\le10$에서

$(5+2\sqrt6)^x=t$라 두면 $t>0$이고

$(5-2\sqrt6)^x=\dfrac{1}{t}$

따라서 $t+\dfrac{1}{t}\le10 \rightarrow t^2-10t+1\le0$

$\rightarrow 5-2\sqrt6\le t\le5+2\sqrt6$

⇨ $(5+2\sqrt6)^{-1}\le(5+2\sqrt6)^x\le(5+2\sqrt6)^1$이므로

$-1\le x\le1$

따라서 $\alpha=-1,\beta=1$

$\therefore\ \beta-\alpha=1-(-1)=2$

70 정답 ④

주어진 부등식의 양변에 16×2^p을 곱하면

$(2^x-16)(2^x-2^p)\le0$

$(2^x-2^4)(2^x-2^p)\le0$

p가 음의 정수이므로 $2^p\le2^x\le2^4$

$\therefore\ p\le x\le4$

만족시키는 정수 x의 개수가 10이므로

$4-p+1=10$에서 $p=-5$이다.

71 정답 ⑤

[그림 : 이정배T]

$y=\log_a(\sqrt3x+1)-1$의 그래는 a의 값에 관계없이 $B(0,-1)$을 지난다.

삼각형 APB 는 빗변의 길이가 2인 직각삼각형이고

$\overline{BP}=\sqrt3$이므로 $\angle ABP=\dfrac{\pi}{6}$이다.

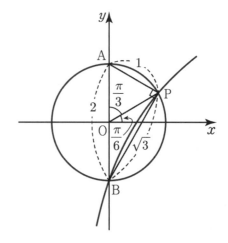

원점을 O 라 하면 $\angle AOP=\dfrac{\pi}{3}$이고, 점 P 의 좌표는

$\left(\cos\dfrac{\pi}{6},\sin\dfrac{\pi}{6}\right)=\left(\dfrac{\sqrt3}{2},\dfrac{1}{2}\right)$이다.

점 P 는 함수 $y=\log_a(\sqrt3x+1)-1$의 그래프 위의 점이므로

$\log_a\!\left(\dfrac{5}{2}\right)-1=\dfrac{1}{2}$이다.

$\log_a \dfrac{5}{2}=\dfrac{3}{2}$에서 $a^{\frac{3}{2}}=\dfrac{5}{2}$

따라서 양변 제곱하면 $a^3=\dfrac{25}{4}$이다.

72 정답 ②

$t=\log_b\!\left(\dfrac{v(t)-c}{a}\right)\rightarrow b^t=\dfrac{v(t)-c}{a}\rightarrow v(t)=a\times b^t+c$에서 곡선 $v(t)$의 점근선은 $y=c$이다.

따라서 $c=T$

또한 $v(0)=0$이므로

$v(0)=a+c=0$에서 $a=-c$이다.

$\therefore\ a=-T$

$v(t)=-T\times b^t+T$

$v(10)=\dfrac{2}{3}T$이므로

$-T\cdot b^{10}+T=\dfrac{2}{3}T$

$b^{10}=\dfrac{1}{3}$

$\therefore\ b=3^{-\frac{1}{10}}$

$\therefore\ v(t)=-T\times 3^{-\frac{t}{10}}+T$

따라서, $v(t)=\dfrac{80}{81}T$인 t를 구하면

$-T\times 3^{-\frac{t}{10}}+T=\dfrac{80}{81}T$

$3^{-\frac{t}{10}}=\dfrac{1}{81}$

$-\dfrac{t}{10}=-4$

$\therefore\ t=40$

73 정답 ①

$\overline{AP}+\overline{BQ}=\overline{CR}$ 이므로

$\log_p a+\log_p 2=\log_p b\quad\therefore\ b=2a$

$a+\dfrac{4}{b}=a+\dfrac{2}{a}\geq 2\sqrt{2}$

따라서 $a+\dfrac{4}{b}$의 최솟값은 $2\sqrt{2}$ 이다.

$[a=\sqrt{2}\,,\ b=2\sqrt{2}\ \text{일 때}]$

74 정답 ④

x_1,x_2,x_3는 이 순서대로 공차가 1인 등차수열이므로 $x_2=t$라 두면

$x_1=t-1,\ x_3=t+1$이다.

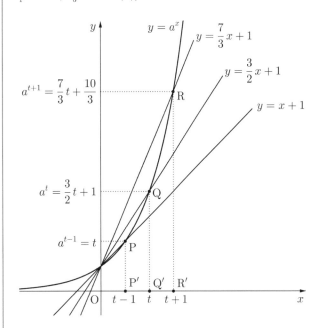

세 점 P, Q, R을 지수함수 $y=a^x\,(a>1)$위의 점이라 생각하면 y좌표가 각각

$a^{t-1},\ a^t,\ a^{t+1}$이고 이 수열은 등비수열 이므로

세 점 P, Q, R을 세 직선 위의 점으로 볼 때 각각

$t,\ \dfrac{3}{2}t+1,\ \dfrac{7}{3}t+\dfrac{10}{3}$이고 이 세 수는 등비수열을 이룬다.

따라서

$\left(\dfrac{3}{2}t+1\right)^2=t\left(\dfrac{7}{3}t+\dfrac{10}{3}\right)$

$\rightarrow \dfrac{9}{4}t^2+3t+1=\dfrac{7}{3}t^2+\dfrac{10}{3}t$

$\rightarrow \dfrac{1}{12}t^2+\dfrac{1}{3}t-1=0\rightarrow$

$t^2+4t-12=0\rightarrow(t+6)(t-2)=0$

$t>0$이므로 $\therefore\ t=2$

따라서 $x_1+x_2+x_3=3t=6$

75 정답 ③

x_1,x_2,x_3는 이 순서대로 공비가 3인 등비수열이므로 $x_2=t$라 두면 $x_1=\dfrac{t}{3}$, $x_3=3t$이다.

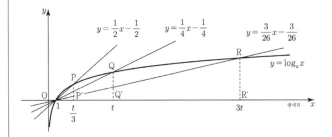

세 점 P, Q, R을 지수함수 $y=\log_a x\,(a>1)$위의 점이라 생각하면 y좌표가 각각

$\log_a\left(\dfrac{t}{3}\right)$, $\log_a t$, $\log_a 3t$이고 이 수열은 등차수열(∵ 등차중항 성질) 이므로

세 점 P, Q, R을 세 직선 위의 점으로 볼 때 각각 $\dfrac{1}{6}t-\dfrac{1}{2}$,

$\dfrac{1}{4}t-\dfrac{1}{4}$, $\dfrac{9}{26}t-\dfrac{3}{26}$

이고 이 세 수는 등차수열을 이룬다. 따라서

$2\left(\dfrac{1}{4}t-\dfrac{1}{4}\right)=\left(\dfrac{1}{6}t-\dfrac{1}{2}\right)+\left(\dfrac{9}{26}t-\dfrac{3}{26}\right)$

$\rightarrow \dfrac{1}{2}t-\dfrac{1}{2}=\dfrac{13t+27t}{78}-\dfrac{13+3}{26}$

$\rightarrow \dfrac{1}{2}t-\dfrac{1}{2}=\dfrac{40}{78}t-\dfrac{16}{26}$

$\rightarrow \dfrac{39-40}{78}t=\dfrac{-16+13}{26}$

$\rightarrow -\dfrac{1}{78}t=-\dfrac{3}{26}$

$\therefore t=9$

따라서 $x_1+x_2+x_3=\dfrac{13}{3}t=39$

76 정답 8

A$(0,\ a)$, B$(\log_2 a,\ a)$, C$(2\log_2 a,\ a)$

두 점 B, D의 x좌표가 같으므로 D의 y좌표를 알아보면

$y=2^{\frac{\log_2 a}{2}}=2^{\log_2\sqrt{a}}=\sqrt{a}^{\log_2 2}=\sqrt{a}$이므로

$2\log_2 x=\log_2 a$, $\log_2 x^2=\log_2 a$

$\therefore$ D$(\log_2 a,\ \sqrt{a})$

또한 두 점 C, E의 x좌표가 같으므로

E$(2\log_2 a,\ 0)$

두 직선 AE, DE의 기울기가 같으므로

$\dfrac{-a}{2\log_2 a}=\dfrac{-\sqrt{a}}{\log_2 a}$

$2\sqrt{a}=a$

$\therefore a=4$

따라서 삼각형 OAE의 넓이는

$\dfrac{1}{2}\times 2\log_2 a\times a=\dfrac{1}{2}\times 4\times 4=8$

77 정답 116

[출제자 : 서태욱T]

점 A를 직선 $y=x$에 대칭하면 곡선 $y=4^x+k$ 위의 점이 되므로

점 A를 $y=x$에 대칭이동한 점은

곡선 $y=4^x+k$와 곡선 $y=3\times 2^{x+3}$의 교점이다.

즉 방정식 $4^x+k=3\times 2^{x+3}$의 실근이 점 A의 y좌표이다.

$2^{2x}-3\times 2^{x+3}+k=0$의 두 자연수인 근을 각각 α, β $(\alpha<\beta)$라 하자.

$2^x=t\ (t>0)$라 하면 이차방정식 $t^2-24t+k=0$의 두 근은 2^α, 2^β이다.

이차방정식의 근과 계수와의 관계에 의하여

$$2^\alpha+2^\beta=24,\ 2^\alpha\times 2^\beta=k$$

$\alpha<\beta$이고 α, β는 자연수이므로 $\alpha=3$, $\beta=4$이다.

따라서 $a=3\times 4=12$,

$k=2^\alpha\times 2^\beta=2^3\times 2^4=2^7=128$이므로

$k-a=128-12=116$이다.

78 정답 7

점 $(2n-1,\ -\log_2 2n)$과 점 $(2n,\ 0)$을 연결한 선분을 대각선으로 갖고 가로는 x축과 평행한 직사각형은 가로의 길이가 1이고 세로의 길이가 $\log_2 2n$이므로 넓이는 $\log_2 2n$이다.

점 $(2n+1,\ -\log_2(2n+2))$와 점 $(2n,\ 0)$을 연결한 선분을 대각선으로 갖고 가로는 x축과 평행한 직사각형은 가로의 길이가 1이고 세로의 길이가 $\log_2(2n+2)$이므로 넓이는 $\log_2(2n+2)$이다.

따라서 두 직사각형의 넓이의 차 a_n은

$a_n=\log_2(2n+2)-\log_2 2n=\log_2\left(\dfrac{n+1}{n}\right)$

$\displaystyle\sum_{n=1}^{127}a_n=\sum_{n=1}^{127}\log_2\left(\dfrac{n+1}{n}\right)=\log_2 128=7$

79 정답 ②

[그림 : 이현일T]

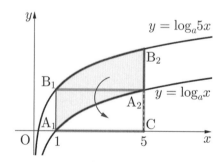

B_1의 x좌표가 1이므로

$\therefore$ $B_1\left(1,\ \log_a 5\right)$

따라서 A_2의 y좌표가 $\log_a 5$이므로

$\log_a 5=\log_a x$에서 $x=5$

$\therefore$ $A_2\left(5,\ \log_a 5\right)$

한편, $y=\log_a 5x=\log_a x+\log_a 5$

이므로 $y=\log_a 5x$은 $y=\log_a x$을 y축으로 $\log_a 5$만큼 평행 이동한 그래프이다.

따라서 다음 그림과 같이 두 선분 $\overline{A_1 B_1}$, $\overline{A_2 B_2}$ 및 두 곡선

$y = \log_a x$, $y = \log_a 5x$으로 둘러싸인 부분의 넓이는 가로의 길이 $4(5-1)$, 세로의 길이 $\log_a 5$인 직사각형 $A_1 B_1 A_2 C$ 넓이와 같다.

$\therefore 4 \times \log_a 5 = 8$

$\therefore \log_a 5 = 2$

따라서 $a = \sqrt{5}$

80 정답 9

점 $P(a, b)$가 $y = -2^{x-k} + 4$위에 있으므로

$-2^{a-k} + 4 = b$

$2^{a-k} = 4 - b \cdots \bigcirc$

점 $Q(b, a)$가 $y = \log_4(2-x) - k$위에 있으므로

$a = \log_4(2-b) - k$

$4^{a+k} = 2 - b \cdots \bigcirc$

$\bigcirc$의 양변을 제곱하면

$4^{a-k} = b^2 - 8b + 16 \cdots \bigcirc$

$\bigcirc \div \bigcirc$을 하면

$4^{-2k} = \dfrac{b^2 - 8b + 16}{2 - b}$

$b^2 - 8b + 16 = -4^{-2k}b + 2 \times 4^{-2k}$

$b^2 - (8 - 4^{-2k})b + 16 - 2 \times 4^{-2k} = 0 \cdots \bigcirc$

점 P가 오직 하나 존재하므로 b의 값도 오직 하나 존재한다.

따라서

$D = (8 - 4^{-2k})^2 - 4 \times (16 - 2 \times 4^{-2k})$

$\quad = 64 - 16 \times 4^{-2k} + 4^{-4k} - 64 + 8 \times 4^{-2k}$

$\quad = 4^{-4k} - 8 \times 4^{-2k}$

$\quad = 4^{-2k}(4^{-2k} - 8)$

$D = 0$에서 $4^{-2k} = 8$

$2^{-4k} = 2^3$

$k = -\dfrac{3}{4}$

$\bigcirc$에 대입하면

$b^2 = 0$에서 $b = 0$

$k = -\dfrac{3}{4}$, $b = 0$을 $\bigcirc$에 대입하면 $2^{a + \frac{3}{4}} = 4$

$\therefore a = \dfrac{5}{4}$

따라서 $P\left(\dfrac{5}{4}, 0\right)$, $Q\left(0, \dfrac{5}{4}\right)$

$\overline{PQ} = \dfrac{5}{4}\sqrt{2}$

$p = 4$, $q = 5$이므로 $p + q = 9$이다.

81 정답 ①

[출제자 : 김진성T]

두 직선의 y절편의 교점 $P(0, \beta)$라 하면

$\dfrac{\log_2 a - \beta}{a} = \dfrac{\log_2 b - \beta}{b} \cdots \bigcirc$

와 $\dfrac{\log_8 a - \beta}{a} = \dfrac{\log_8 b - \beta}{b} \cdots$ 식 (2) 를 변변 나누면

$\dfrac{\log_2 a - \beta}{\log_8 a - \beta} = \dfrac{\log_2 b - \beta}{\log_8 b - \beta}$이고

$(\log_2 a - \beta) \times (\log_8 b - \beta) = (\log_2 b - \beta) \times (\log_8 a - \beta)$ 정리하면

$\beta \times (\log_2 a - \log_2 b) = 0$

$\beta \neq 0$이면 $a = b$가 돼서 모순

따라서 $\beta = 0$이고 $\bigcirc$에 대입하여

$a^b = b^a$ 을 얻는다. 또 $f(1) = (a^b)^2 + 3(b^a) = 40$을 이용해서

$a^b = b^a = 5$가 되고 $f(2) = (a^b)^4 + 3(b^a)^2 = 700$

유형 1 부채꼴의 호의 길이와 넓이

82 정답 ⑤

[그림 : 이호진T]

$\angle ACB = \dfrac{\pi}{2}$ 이므로 직각삼각형 ABC에서 $\angle ABC = \dfrac{\pi}{3}$,

$\overline{AB} = 2$ 이므로 $\overline{AC} = \sqrt{3}$ 이다.

$\overline{OB} = \overline{OC} = 1$, $\angle OBC = \angle OCD = \dfrac{\pi}{3}$ 이므로 삼각형 OBC는

정삼각형이다.

점 E가 $\angle OBC$의 이등분선 위의 점이므로 $\overline{OE} = 1$,

$\angle OED = \dfrac{\pi}{2}$ 이고 $\angle OBD = \angle ODB = \dfrac{\pi}{6}$ 이므로

$\angle BOD = \dfrac{2}{3}\pi$ 이다.

따라서 $\angle DOC = \dfrac{\pi}{3}$ 이다.

두 선분 DE, CE와 호 CD로 둘러싸인 부분의 넓이를 S라 하면

$S = ($부채꼴 COD의 넓이$) - ($삼각형 ODE의 넓이$)$

$\quad = \dfrac{1}{2} \times 1 \times 1 \times \dfrac{\pi}{3} - \dfrac{1}{2} \times \dfrac{1}{2} \times 1 \times \sin\dfrac{\pi}{3}$

$\quad = \dfrac{\pi}{6} - \dfrac{\sqrt{3}}{8}$

83 정답 ④

삼각형 ABC의 외접원의 반지름의 길이를 R이라 하면
사인법칙에서

$\dfrac{\overline{AC}}{\sin(\angle ABC)} = \dfrac{\sqrt{2}}{\dfrac{\pi}{4}} = 2R$

$\therefore R = \dfrac{2\sqrt{2}}{\pi}$

따라서 외접원의 둘레의 길이는

$2 \times \pi \times \dfrac{2\sqrt{2}}{\pi} = 4\sqrt{2}$

84 정답 ③

[그림 : 이정배T]

$\angle AOB = \theta$라 하면

$S = \dfrac{1}{2} \times a^2 \times \theta$

$T = \dfrac{1}{2} \times 13^2 \times \theta - \dfrac{1}{2} \times b^2 \times \theta$

$S = T$이므로

$a^2 = 13^2 - b^2$

a, b가 자연수이고 $a < b$이므로

$a = 5$, $b = 12$이다.

한편,

호 AB의 길이는 13θ

호 EF의 길이는 12θ

호 CD의 길이는 5θ

$13\theta + 12\theta + 5\theta = 20$

$30\theta = 20$

따라서 $\theta = \dfrac{2}{3}$

그러므로 두 선분 CE, DF와 두 호 CD, EF로 둘러싸인
부분의 넓이는

$\dfrac{1}{2} \times 12^2 \times \dfrac{2}{3} - \dfrac{1}{2} \times 5^2 \times \dfrac{2}{3}$

$= 48 - \dfrac{25}{3}$

$= \dfrac{144 - 25}{3} = \dfrac{119}{3}$

85 정답 ③

직선 $y = \dfrac{\sqrt{3}}{3}x$은 원점을 지나고 기울기가 $\tan\dfrac{\pi}{6}$ 인

직선이므로 x축의 양의 방향과 이루는 각의 크기는 $\dfrac{\pi}{6}$ 이다.

$4\theta = 2n\pi + \dfrac{\pi}{6} + \left(\dfrac{\pi}{6} - \theta\right)$ (n은 정수)

따라서 $5\theta = 2n\pi + \dfrac{\pi}{3}$ 이고

$\theta = \dfrac{2}{5}n\pi + \dfrac{\pi}{15} = \dfrac{6n+1}{15}\pi$

$0 < \theta < 2\pi$이므로

$0 < \dfrac{6n+1}{15}\pi < 2\pi$

$0 < (6n+1)\pi < 30\pi$

$-\pi < 6n\pi < 29\pi$

$-\dfrac{1}{6} < n < \dfrac{29}{6}$ 이고 n은 정수이므로

$n = 0,\ 1,\ 2,\ 3,\ 4$

따라서

$\theta = \dfrac{1}{15}\pi,\ \dfrac{7}{15}\pi,\ \dfrac{13}{15}\pi,\ \dfrac{19}{15}\pi,\ \dfrac{5}{3}\pi$ 이고

모든 θ값 중 가장 큰 값은 $\dfrac{5}{3}\pi$이다.

86 정답 ④

(가)에서 θ는 제3사분면각이다.

$2k\pi + \pi < \theta < 2k\pi + \dfrac{3}{2}\pi$ (k는 정수)이다.

(나)에서 $5\theta - \theta = 2n\pi + \pi$ (n은 0이상 정수)

$4\theta = 2n\pi + \pi$

$\theta = \dfrac{1}{2}n\pi + \dfrac{\pi}{4}$

$n = 0$일 때, $\theta = \dfrac{\pi}{4}$ (제1사분면의 각)

$n = 1$일 때, $\theta = \dfrac{3}{4}\pi$ (제2사분면의 각)

$n = 2$일 때, $\theta = \dfrac{5}{4}\pi$ (제3사분면의 각)

$n = 3$일 때, $\theta = \dfrac{7}{4}\pi$ (제4사분면의 각)

따라서 $\alpha = \dfrac{5}{4}\pi$

$\tan\dfrac{5}{4}\pi = 1$이다.

유형 2 삼각함수의 정의와 삼각함수 사이의 관계

87 정답 ③

그림과 같이 원 C의 중심 C에서 x축에 내린 수선의 발을 H라 하면 $\angle TOH = \dfrac{\pi}{3}$이므로

$\angle TOC = \angle COH = \dfrac{\pi}{6}$, $\angle DOT = \dfrac{\pi}{12}$이고

$\angle DOC = \dfrac{\pi}{12} + \dfrac{\pi}{6} = \dfrac{\pi}{4}$이다.

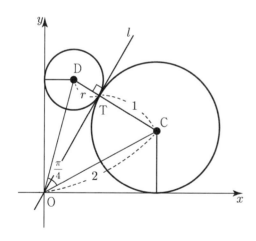

직각삼각형 COH에서 $\angle COH = \dfrac{\pi}{6}$, $\overline{CH} = 1$이므로

$\overline{OC} = 2$이다.

따라서 $\overline{OH} = \overline{OT} = \sqrt{3}$

직각삼각형 ODT에서 $\overline{OD}^2 = r^2 + 3 \cdots \bigcirc$

삼각형 COD에서 $\overline{CD} = 1 + r$, $\overline{OC} = 2$,

$\angle OCD = \dfrac{\pi}{3}$, $\angle COD = \dfrac{\pi}{4}$이므로 사인법칙을 적용하면

$\dfrac{\overline{OD}}{\sin\dfrac{\pi}{3}} = \dfrac{r+1}{\sin\dfrac{\pi}{4}}$

따라서 $\overline{OD} = (r+1)\sqrt{\dfrac{3}{2}} \cdots \bigcirc$

$\bigcirc$, $\bigcirc$에서

$\dfrac{3}{2}(r+1)^2 = r^2 + 3$

$3r^2 + 6r + 3 = 2r^2 + 6$

$r^2 + 6r - 3 = 0$

$r = -3 \pm 2\sqrt{3}$

$r > 0$이므로 $r = -3 + 2\sqrt{3}$

88 정답 3

$\cos A = \dfrac{\sqrt{3}}{2}$이므로 $\angle BAC = \dfrac{\pi}{6}$

다음 그림과 같이 삼각형 OBC는 정삼각형이다.

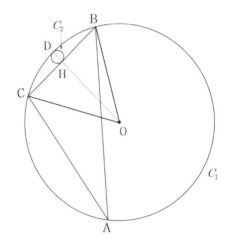

원 C_2와 선분 BC의 접점을 H라 하고 직선 OH가 원 C_1과 만나는 점을 D라 하자. $\overline{DH} = 2R_2$이고

$\overline{OD} = \overline{OB} = \overline{OC} = \overline{BC} = R_1$

그러므로 $\overline{BH} = \dfrac{1}{2}R_1$, $\overline{OH} = \dfrac{\sqrt{3}}{2}R_1$

$\overline{OD} = R_1 = \dfrac{\sqrt{3}}{2}R_1 + 2R_2$

$\left(1 - \dfrac{\sqrt{3}}{2}\right)R_1 = 2R_2$

$\dfrac{R_2}{R_1} = \dfrac{1}{2} - \dfrac{\sqrt{3}}{4} = \dfrac{2 - \sqrt{3}}{4}$

$a = 2$, $b = -1$

$a - b = 2 - (-1) = 3$이다.

89 정답 ①

$$\sqrt{\frac{1}{2}-\sin x\cos x}+\sqrt{\frac{1}{2}+\sin x\cos x}$$

$$=\frac{\sqrt{1-2\sin x\cos x}+\sqrt{1+2\sin x\cos x}}{\sqrt{2}}$$

$$=\frac{\sqrt{\cos^2x+\sin^2x-2\sin x\cos x}+\sqrt{\cos^2x+\sin^2x+2\sin x\cos x}}{\sqrt{2}}$$

$$=\frac{\sqrt{(\cos x+\sin x)^2}+\sqrt{(\cos x-\sin x)^2}}{\sqrt{2}}$$

$$=\frac{\cos x+\sin x+\cos x-\sin x}{\sqrt{2}}$$

$(\because\ 0<\sin x\le\cos x)$

$$=\sqrt{2}\cos x$$

$$\therefore\ \cos x=\frac{1}{\sqrt{2}}$$

$$\therefore\ \alpha=\frac{\pi}{4}$$

따라서

$$\sin 2\alpha=\sin\frac{\pi}{2}=1$$

90 정답 3

$$\cos^2\frac{\pi}{14}+\cos^2\frac{\pi}{7}+\cos^2\frac{5}{28}\pi$$
$$+\cos^2\frac{9}{28}\pi+\cos^2\frac{5}{14}\pi+\cos^2\frac{3}{7}\pi$$
$$=\cos^2\frac{2}{28}\pi+\cos^2\frac{4}{28}\pi+\cos^2\frac{5}{28}\pi$$
$$+\cos^2\frac{9}{28}\pi+\cos^2\frac{10}{28}\pi+\cos^2\frac{12}{28}\pi$$

$$\cos^2\frac{2}{28}\pi+\cos^2\frac{12}{28}\pi$$
$$=\cos^2\frac{2}{28}\pi+\cos^2\left(\frac{14}{28}\pi-\frac{2}{28}\pi\right)$$
$$=\cos^2\frac{2}{28}\pi+\sin^2\frac{2}{28}\pi=1$$

같은 방법으로
$$\cos^2\frac{4}{28}\pi+\cos^2\frac{10}{28}\pi=1$$
$$\cos^2\frac{5}{28}\pi+\cos^2\frac{9}{28}\pi=1$$

따라서 $1+1+1=3$

91 정답 ①

[출제자 : 최성훈T]

$0\le\theta\le\pi$이고 $x=\cos\theta$, $y=\sin\theta$ 이므로
$x^2+y^2=1$ (제 1, 2사분면 부분)
$\sin\theta+2\cos\theta=2k\ \Rightarrow\ y+2x=2k$로 바꾸어 생각할 수 있다.

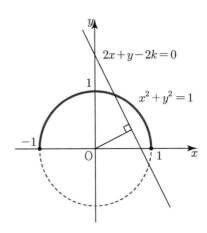

$$\begin{cases}x^2+y^2=1 & (y\ge 0)\\2x+y-2k=0\end{cases}$$

이 교점이 생기도록 하는 k의 최댓값을 구하자.
그림과 같이 원과 직선이 제1사분면에서 접하도록 할 때, k가 최댓값을 가진다.

따라서 $\dfrac{|-2k|}{\sqrt{1^2+2^2}}=1$에서 k의 최댓값은 $\dfrac{\sqrt{5}}{2}$이다.

> **유형 3** 삼각함수의 그래프

92 정답 ③

[그림 : 강민구T]

곡선 $y=\sin 2x+1$은 주기가 π이고 $(0,1)$, $\left(\dfrac{\pi}{2},1\right)$을 지난다.

곡선 $y=-a\cos x+1$은 주기가 2π이고 $\left(\dfrac{\pi}{2},1\right)$, $\left(\dfrac{3\pi}{2},1\right)$을 지난다.

곡선 $y=-\sin 2x+1$은 주기가 π이고 $\left(\dfrac{3\pi}{2},1\right)$, $(2\pi,1)$을 지난다.

$a>1$이므로 구간 $\left[\dfrac{\pi}{2},\dfrac{3\pi}{2}\right]$에서 최댓값이 $a+1>2$이므로 함수 $f(x)$의 그래프 개형은 그림과 같다.

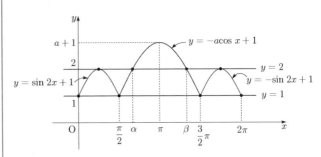

따라서 x에 대한 방정식 $f(x)=f(t)$의 서로 다른 실근의 개수가 4이 될 때는 곡선 $y=f(x)$와 직선 $y=1$이 만날 때와 곡선 $y=f(x)$와 직선 $y=2$가 만날 때이다.

$y=-a\cos x+1\left(\dfrac{\pi}{2}\leq x\leq\dfrac{3\pi}{2}\right)$와 직선 $y=2$이 만나는

점의 x좌표를 α, β라 하면 $x=\alpha$와 $x=\beta$는 $x=\pi$에

대칭이므로 $\alpha+\beta=2\pi$이다.

따라서 방정식 $f(x)=2$의 실근의 합은 $\dfrac{\pi}{4}+\alpha+\beta+\dfrac{7\pi}{4}=4\pi$

방정식 $f(x)=1$의 실근의 합은 $0+\dfrac{\pi}{2}+\dfrac{3\pi}{2}+2\pi=4\pi$

따라서

x에 대한 방정식 $f(x)=f(t)$의 서로 다른 실근의 개수가 4이

되도록 하는 모든 t의 값의 합은 $4\pi+4\pi=8\pi$이다.

93 정답 ③

[그림 : 강민구T]

$5\pi+2x_1=4x_2+2x_3$에서 양변을 2로 나누면

$x_1=2x_2+x_3-\dfrac{5}{2}\pi$이고

$x_2+x_3=2\pi$이므로 $x_1=x_2+2\pi-\dfrac{5}{2}\pi$에서

$x_2=\dfrac{\pi}{2}+x_1$이다.

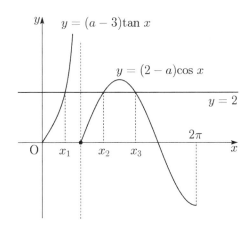

$(2-a)\cos x_2=2$에서 $(2-a)\cos\left(\dfrac{\pi}{2}+x_1\right)=2$

$(a-2)\sin x_1=2$이다.

$\therefore\ \sin x_1=\dfrac{2}{a-2}$ ...... ㉠

$(a-3)\tan x_1=2$에서 $\dfrac{(a-3)\sin x_1}{\cos x_1}=(a-2)\sin x_1$

$\therefore\ \cos x_1=\dfrac{a-3}{a-2}$ ...... ㉡

㉠, ㉡에서

$\sin^2 x_1+\cos^2 x_1=\left(\dfrac{2}{a-2}\right)^2+\left(\dfrac{a-3}{a-2}\right)^2=1$

$4+a^2-6a+9=a^2-4a+4$

$2a=9$

$\therefore\ a=\dfrac{9}{2}$

94 정답 ④

[그림 : 최성훈T]

$f(x)=\tan(ax)$의 주기가 $\dfrac{\pi}{a}$이므로 $\overline{AB}=\dfrac{\pi}{a}$이다.

점 A에서 x축에 내린 수선의 발을 H라 하면 직선 OA의

기울기가 $\sqrt{15}$이므로 $\overline{OH}=k$라 하면 $\overline{AH}=\sqrt{15}\,k$이다.

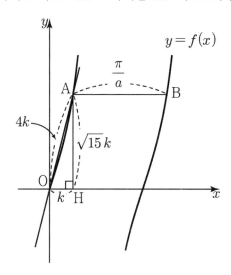

직각삼각형 OAH에서 피타고라스 정리를 적용하면

$\overline{OA}=4k$이다.

$\overline{OA}=\overline{AB}$에서 $4k=\dfrac{\pi}{a}$

$\therefore\ k=\dfrac{\pi}{4a}$

점 $A\left(k,\ \sqrt{15}\,k\right)\to A\left(\dfrac{\pi}{4a},\ \dfrac{\sqrt{15}\,\pi}{4a}\right)$가 곡선 $y=f(x)$ 위에

있다.

따라서 $\tan\left(a\times\dfrac{\pi}{4a}\right)=\dfrac{\sqrt{15}\,\pi}{4a}\ \to\ 1=\dfrac{\sqrt{15}\,\pi}{4a}$

$\therefore\ a=\dfrac{\sqrt{15}\,\pi}{4}$

95 정답 ③

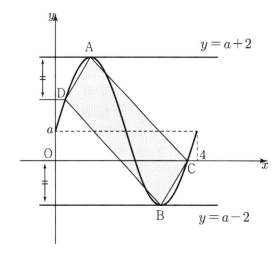

함수 $f(x)$의 주기가 $2\pi \times \dfrac{2}{\pi}=4$이고 최댓값이 $2+a$, 최솟값이
$-2+a$이므로 점 $\mathrm{A}(1,\,a+2)$, 점 $\mathrm{B}(3,\,-2+a)$이다. 사각형
ADBC가 평행사변형이고 점 B에서 x축까지의 거리가
$2-a$이므로 점 A에서 점 D를 지나고 x축에 평행한 직선까지의
거리도 $2-a$이다.
따라서 점 D의 y좌표는 $(a+2)-(2-a)=2a$이다. $\cdots\cdots$[참고]
선분 BD를 $1:4$로 내분하는 점은 x축 위에 있으므로 두 점
B, D의 y좌표의 $1:4$로 내분하는 점의 y좌표가 0이다.

$$\dfrac{4\times(-2+a)+2a}{5}=0$$

$6a=8$에서 $a=\dfrac{4}{3}$이다.

[참고]-정찬도T
평행사변형의 성질(두 대각선의중점이 일치)을 이용하면, 대각선
AB와 대각선 CD의 중점이 일치하므로 AB의 중점의
y좌표가 a이고, 점 C는 x축 위의 점이므로 점 D의 y좌표는
$2a$이다.

96 정답 ②

[출제자 : 최성훈T]

$f(x)=\tan(2\pi x-\pi)+1=\tan 2\pi\left(x-\dfrac{1}{2}\right)+1$ 의 주기는

$\dfrac{1}{2}$이다.

$y=\tan 2\pi x$의 주기는 $\dfrac{1}{2}$이므로 k가 정수일 때, 점 $\left(\dfrac{k}{2},\,0\right)$에

대하여 대칭이다.

따라서 $f(x)$는 $\left(\dfrac{k}{2}+\dfrac{1}{2},\,1\right)$에 대하여 점대칭이므로

$a=\dfrac{k+1}{2}$이다.

양수 a의 값을 작은 수부터 나열하면 $\dfrac{1}{2}$, 1, $\dfrac{3}{2}$, 2, $\cdots$

따라서 $a_n=\dfrac{n}{2}$이다.

$\therefore \displaystyle\sum_{n=1}^{8} a_n=\dfrac{1}{2}\times\dfrac{8\times 9}{2}=18$

유형 4 삼각함수의 최댓값과 최솟값

97 정답 ①

[그림 : 최성훈T]

$\sin\dfrac{\pi}{2}=1 \rightarrow \dfrac{\pi x}{7}=\dfrac{\pi}{2} \rightarrow x=\dfrac{7}{2}$이므로 $x\geq 4$인 모든 자연수

n에 대하여 함수 $f(x)$의 최댓값은 1이다. $\cdots\cdots$ ㉠

$\sin\dfrac{3\pi}{2}=-1 \rightarrow \dfrac{10\pi x}{21}=\dfrac{3}{2}\pi \rightarrow x=\dfrac{63}{20}$이므로 $x\geq 4$인

모든 자연수 n에 대하여 함수 $g(x)$의 최솟값은 -1이다. $\cdots\cdots$
㉡

㉠, ㉡에서 $n\geq 4$인 모든 자연수 n에 대하여 함수 $f(x)$의
최댓값과 함수 $g(x)$의 최솟값의 합은 0으로 조건을 만족시킨다.
$n=1$, $n=2$, $n=3$일 때 조건을 만족시키는지 확인하기 위해
그래프를 이용하자.

함수 $f(x)$의 주기는 $2\pi \times \dfrac{7}{\pi}=14$이고 함수 $g(x)$의 주기는

$2\pi \times \dfrac{21}{10\pi}=\dfrac{21}{5}$이다.

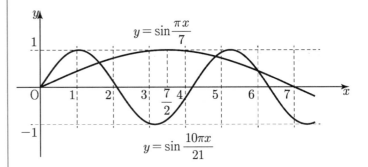

$f(3)=\sin\dfrac{3\pi}{7}$

$g(3)=\sin\dfrac{10\pi}{7}=\sin\left(\pi+\dfrac{3\pi}{7}\right)=-\sin\dfrac{3\pi}{7}$

$0\leq x\leq 3$에서 함수 $f(x)$의 최댓값은 $f(3)$이고 함수 $g(x)$의
최솟값은 $g(3)$으로 합이 0이다. 조건을 만족시킨다.
$n=1$, $n=2$일 때는 조건을 만족시키지 않는다.
따라서 10이하의 모든 자연수 n의 합은

$3+4+\cdots+10=\displaystyle\sum_{k=1}^{10} k-(1+2)=55-3=52$

98 정답 5

$f(x)=x^3-x^2+2x+k$에서 $f'(x)=3x^2-2x+2$
$f'(x)=0$의 $D=1-6=-5<0$이므로 함수 $f(x)$는 극값을
갖지 않으므로 역함수를 갖는다.

$\sqrt{3}\,g(x)-\tan(\pi x)=0 \rightarrow g(x)=\dfrac{\tan(\pi x)}{\sqrt{3}}$에서

방정식 $g(x)=\dfrac{\tan(\pi x)}{\sqrt{3}}$의 실근이 닫힌구간 $\left[2,\dfrac{7}{3}\right]$에

존재하므로

두 함수 $y=g(x)$, $y=\dfrac{\tan(\pi x)}{\sqrt{3}}$의 그래프가

$2\leq x\leq\dfrac{7}{3}$에서 만난다.

곡선 $y=\dfrac{\tan(\pi x)}{\sqrt{3}}$는 주기가 1이고 점근선의 방정식이 $x=\dfrac{3}{2}$,

$x=\dfrac{5}{2}$이다.

$(2, 0)$, $\left(\dfrac{7}{3}, 1\right)$을 지나고 $2 \leq x < \dfrac{5}{2}$에서 증가하므로

$g(2) \geq 0$, $g\left(\dfrac{7}{3}\right) \leq 1$이어야 한다.

함수 $g(x)$의 직선 $y = x$에 대칭인 함수가 $f(x)$이므로

$g(2) \geq 0 \rightarrow f(0) \leq 2$

$\therefore \ k \leq 2$

$g\left(\dfrac{7}{3}\right) \leq 1 \rightarrow f(1) \geq \dfrac{7}{3}$

$\therefore \ k \geq \dfrac{1}{3}$

이다.

따라서 $\dfrac{1}{3} \leq k \leq 2$

$M = 2$, $m = \dfrac{1}{3}$이므로 $3(M-m) = 3\left(2 - \dfrac{1}{3}\right) = 5$

99 정답 ③

$\sqrt{1 - \cos^2 x} = |\sin x|$이다.

따라서 $f(x) = \left(3^{\sin x}\right)^2 - 3^{|\sin x|} + 1$

$0 \leq x \leq \pi$이므로 $0 \leq \sin x \leq 1$이다.

따라서 $|\sin x| = \sin x$

$f(x) = \left(3^{\sin x}\right)^2 - 3^{\sin x} + 1$에서

$3^{\sin x} = t$라 두면 $1 \leq t \leq 3$이고

$f(x) = t^2 - t + 1 = \left(t - \dfrac{1}{2}\right)^2 + \dfrac{3}{4}$

$t = 1$일 때 최솟값 1

$t = 3$일 때 최댓값 7

100 정답 ⑤

$g(x) = -\sin^2 x - \sin x + \dfrac{1}{2}$에서

$\sin x = t$로 놓으면 $-1 \leq t \leq 1$

$y = -t^2 - t + \dfrac{1}{2} = -\left(t + \dfrac{1}{2}\right)^2 + \dfrac{3}{4}$

$-1 \leq t \leq 1$에서 $-\dfrac{3}{2} \leq y \leq \dfrac{3}{4}$

$g(x) = k$라 하면

$y = (f \circ g)(x) = \cos k \ \left(-\dfrac{3}{2} \leq k \leq \dfrac{3}{4}\right)$

$\left|-\dfrac{3}{2}\right| > 1$이므로 $y = \cos k$의 그래프의 최솟값은

$\cos\left(-\dfrac{3}{2}\right)$이다.

$\cos(-\theta) = \cos\theta$이므로 최솟값은 $\cos\dfrac{3}{2}$

101 정답 4

$x + \dfrac{\pi}{3} = \theta$라 두면 $x = \theta - \dfrac{\pi}{3}$이므로

$f\left(\theta - \dfrac{\pi}{3}\right) = \cos^2\theta + 2\cos\left(\theta - \dfrac{3\pi}{2}\right) + k - 2$

$\quad = \cos^2\theta - 2\sin\theta + k - 2$

$\quad = 1 - \sin^2\theta - 2\sin\theta + k - 2$

$\quad = -\sin^2\theta - 2\sin\theta - 1 + k$

$\quad = -(\sin\theta + 1)^2 + k$

$\sin\theta = 1$일 때, 최솟값이 $k - 4$이므로 모든 실수 x에 대하여 함수 $f(x)$가 $f(x) \geq 0$가 성립하기 위해서는 $k - 4 \geq 0$이다.

따라서 $k \geq 4$

102 정답 ③

[그림 : 배용제T]

$\cos^2\theta = 1 - \sin^2\theta$에서

$f(\theta) = x\sin\theta + \cos^2\theta - 2$

$\quad = -\sin^2\theta + x\sin\theta - 1$

$\sin\theta = t$라 두면 $-\dfrac{\pi}{2} \leq \theta \leq \dfrac{\pi}{2}$에서 $-1 \leq t \leq 1$

따라서

$f(t) = -t^2 + xt - 1 \ (-1 \leq t \leq 1)$

$\quad = -\left(t - \dfrac{x}{2}\right)^2 - 1 + \dfrac{x^2}{4} \ (-1 \leq t \leq 1)$

(i) $\dfrac{x}{2} < -1$ 즉 $x < -2$일 때, $g(x) = f(-1) = -x - 2$

(ii) $-1 \leq \dfrac{x}{2} \leq 1$ 즉 $-2 \leq x \leq 2$일 때,

$g(x) = f\left(\dfrac{x}{2}\right) = -1 + \dfrac{x^2}{4}$

(iii) $\dfrac{x}{2} > 1$ 즉 $x > 2$일 때, $g(x) = f(1) = x - 2$

(i), (ii), (iii)에서

$g(x) = \begin{cases} -x - 2 & (x < -2) \\ \dfrac{1}{4}x^2 - 1 & (-2 \leq x \leq 2) \\ x - 2 & (x > 2) \end{cases}$

그러므로 $y = |g(x)|$의 그래프는 다음 그림과 같다.

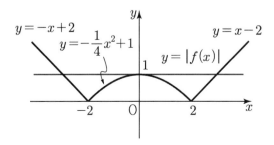

따라서 $k=1$일 때, 방정식 $|g(x)|=k$의 실근의 개수는 3이다.

103 정답 ②

[그림 : 최성훈T]

원점을 지나고 기울기가 $\sqrt{3}$ 인 직선을 m이라 하자.

직선 $m : y=\sqrt{3}x$는 직선 직선 l과 수직이다. 두 직선의

교점을 B라 하면 직선 OB는 x축의 양의 방향과 이루는 각의

크기가 $\dfrac{\pi}{3}$이다. 직선 OA가 x축의 양의 방향과 이루는 각의

크기가 θ이므로 $\angle BOA=\dfrac{\pi}{3}-\theta$

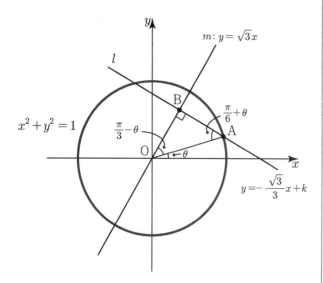

직각삼각형 OBA에서 $\overline{OA}=1$,

$\cos(\angle BOA)=\cos\left(\dfrac{\pi}{3}-\theta\right)=\dfrac{\sqrt{3}}{3}$ 이므로 $\overline{OB}=\dfrac{\sqrt{3}}{3}$이다.

원점 O에서 직선 l까지의 거리가 $\overline{OB}$이다.

따라서 직선 l의 방정식은 $\sqrt{3}x+3y-3k=0$에서

$\dfrac{|-3k|}{2\sqrt{3}}=\dfrac{\sqrt{3}}{3} \rightarrow 3k=2$

$\therefore k=\dfrac{2}{3}$

한편, 피타고라스 정리로

$\overline{AB}^2=\overline{OA}^2-\overline{OB}^2=1-\dfrac{1}{3}=\dfrac{2}{3}$

따라서 $\overline{AB}=\dfrac{\sqrt{6}}{3}$

직각삼각형 OAB에서 $\angle OAB=\dfrac{\pi}{6}+\theta$이므로

$\cos(\angle OAB)=\cos\left(\dfrac{\pi}{6}+\theta\right)=\dfrac{\sqrt{6}}{3}$

따라서 $k\cos\left(\dfrac{\pi}{6}+\theta\right)=\dfrac{2}{3}\times\dfrac{\sqrt{6}}{3}=\dfrac{2\sqrt{6}}{9}$

104 정답 6

$g\left(\dfrac{\pi}{2}-x\right)=\cos\left(\dfrac{\pi}{2}-x\right)=\sin x$

$f(\pi-x)=\sin(\pi-x)=\sin x$

따라서

$h(x)=\dfrac{f\left(\dfrac{\pi}{3}g\left(\dfrac{\pi}{2}-x\right)\right)}{g\left(\dfrac{\pi}{3}f(\pi-x)\right)}=\dfrac{\sin\left(\dfrac{\pi}{3}\sin x\right)}{\cos\left(\dfrac{\pi}{3}\sin x\right)}$

$=\tan\left(\dfrac{\pi}{3}\sin x\right)$

$\sin x=t$라 두면 $-1\le t\le 1$이므로

$-\dfrac{\pi}{3}\le\dfrac{\pi}{3}t\le\dfrac{\pi}{3}$이다.

따라서

$\tan\left(-\dfrac{\pi}{3}\right)\le\tan\dfrac{\pi}{3}t\le\tan\dfrac{\pi}{3}$이다.

따라서 $M=\tan\dfrac{\pi}{3}=\sqrt{3}$, $m=\tan\left(-\dfrac{\pi}{3}\right)=-\sqrt{3}$

$M^2+m^2=3+3=6$

유형 6 삼각함수의 활용

105 정답 25

[출제자 : 황보성호T]

[그림 : 강민구T]

[검토 : 서영만T]

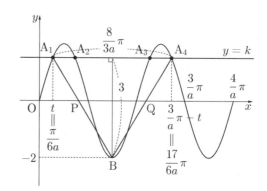

함수 $y=2\sin(ax)$의 주기는 $\dfrac{2\pi}{a}$이므로

점 A_1의 x좌표를 t라 하면 점 A_4의 x좌표는 $\dfrac{3\pi}{a}-t$이다.

그리고 삼각형 BPQ가 이등변삼각형이면 삼각형 A_1A_4B도

이등변삼각형이므로

점 B의 좌표는 $\left(\dfrac{3\pi}{2a}, -2\right)$이다.

삼각형 A_1A_4B는 삼각형 BPQ와 닮음이고, 넓이가 $\dfrac{9}{4}$배이므로

닮음비는 $2 : 3$이다.

즉, (점 A_1과 x축 사이의 거리) $= \dfrac{1}{2} \times$ (점 B와 x축 사이의

거리)이므로 $k = \dfrac{1}{2} \times 2 = 1$

$\therefore \ k = 1$

$2\sin(at) = 1$에서 $at = \dfrac{\pi}{6}$이므로 $t = \dfrac{\pi}{6a}$이다.

$\overline{A_1 A_4} = \dfrac{8\pi}{3a}$이고, 삼각형 $A_1 A_4 B$의 넓이는 1이므로

$\dfrac{1}{2} \times \dfrac{8\pi}{3a} \times 3 = \dfrac{4\pi}{a} = 1$ $\therefore \ a = 4\pi$

따라서 $t = \dfrac{\pi}{6 \times 4\pi} = \dfrac{1}{24}$

$\therefore \ p = 24, \ q = 1$

$\therefore \ p + q = 25$

106 정답 4

[출제자 : 정일권T]

[그림 : 서태욱T]

[검토자 : 최수영T]

함수 $f(x) = \begin{cases} 3\sin x - 1 & (0 \le x < \pi) \\ -\sqrt{3}\,\sin x - 1 & (\pi \le x \le 2\pi) \end{cases}$ 의 그래프를

그리면 다음 그림과 같다. (점선)

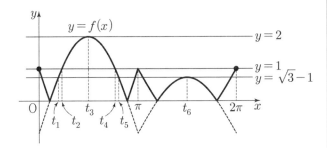

방정식 $|f(x)| = f(t)$의 서로 다른 근이 홀수개가 되려면

$y = |f(x)|$와 $y = 2$(교점이 1개), $y = 1$(교점이 5개),

$y = \sqrt{3} - 1$(교점이 7개)일 때 이고,

만족하는 t의 값 6개를 $t_1, t_2, \cdots, t_6$라 하면

$t_1 + t_5 = t_2 + t_4 = \pi$, $t_3 = \dfrac{\pi}{2}$, $t_6 = \dfrac{3\pi}{2}$

$\therefore \ t_1 + t_2 + \cdots + t_6 = 4\pi$, $p = 4$

107 정답 148

함수 $f(x) = \cos(k\pi x)$의 주기는 $\dfrac{2\pi}{k\pi} = \dfrac{2}{k}$이고 함수

$g(x) = \sin(\pi x)$의 주기는 $\dfrac{2\pi}{\pi} = 2$이다.

따라서 $0 < x < 2$에서 방정식 $f(x) = 1$의 실근의 개수는

$k - 1$이고 방정식 $f(x) = -1$의 실근의 개수는 k이다.

방정식 $f(x) = 1$의 실근을 작은 것부터 차례로 $\alpha_1, \alpha_2, \alpha_3,$

···라 하고 방정식 $f(x) = -1$의 실근을 작은 것부터 차례대로

$\beta_1, \ \beta_2, \ \beta_3, \ $···라 하면

$\beta_1 < \alpha_1$이므로

$0 < x \le \beta_1, \ \beta_1 \le x \le \alpha_1, \ \alpha_1 \le x \le \beta_2, \ \beta_2 \le x \le \alpha_2,$

···

에서 두 곡선 $y = f(x)$와 $y = g(x)$는 한 점에서만 만난다.

그러므로

$k = 1$일 때, $0 < x \le \beta_1, \ \beta_1 \le x < 2$로 $a_1 = 2$

$k = 2$일 때, $0 < x \le \beta_1, \ \beta_1 \le x \le \alpha_1, \ \alpha_1 \le x \le \beta_2,$

$\beta_2 \le x < 2$로 $a_2 = 4$

    ⋮

$a_k = 2k$로 생각할 수 있다.

그런데 $0 < x < 2$에서 곡선 $y = \sin(\pi x)$는 두 점 $\left(\dfrac{1}{2}, 1 \right)$,

$\left(\dfrac{3}{2}, -1 \right)$을 지난다.

따라서 $0 < x < 2$에서 곡선 $y = \cos(k\pi x)$가 k가 짝수일 때,

즉,

$k = 2$일 때, $y = \cos(2\pi x)$은 $\left(\dfrac{3}{2}, -1 \right)$

$k = 4$일 때, $y = \cos(4\pi x)$은 $\left(\dfrac{1}{2}, 1 \right)$

$k = 6$을 때, $y = \cos(6\pi x)$은 $\left(\dfrac{3}{2}, -1 \right)$

$k = 8$일 때, $y = \cos(8\pi x)$은 $\left(\dfrac{1}{2}, 1 \right)$

을 지나므로 k가 짝수일 때는 곡선 $y = \sin(\pi x)$와 곡선

$y = \cos(k\pi x)$은 두 점 $\left(\dfrac{1}{2}, 1 \right)$, $\left(\dfrac{3}{2}, -1 \right)$중 하나와 겹치게

된다.

따라서

k가 홀수 일 때는 $a_k = 2k$

k가 짝수 일 때는 $a_k = 2k - 1$

이다.

따라서

$a_{24} + a_{25} + a_{26} = 47 + 50 + 51 = 148$

이다.

108 정답 ②

[그림 : 도정영T]

$\alpha_1 > \beta_1$이므로 $\dfrac{\sqrt{2}}{2} < k < 1$이다.

따라서 두 곡선 $y = \sin x$, $y = \cos x$와 $y = k$의 관계는 그림과

같다.

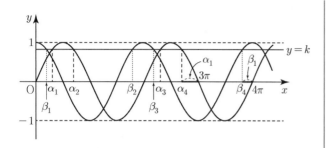

$$\cos\beta_1 = \sin\left(\frac{\pi}{2} - \beta_1\right) = k = \sin\alpha_1 \text{에서 } \alpha_1 = \frac{\pi}{2} - \beta_1$$

즉, $\alpha_1 + \beta_1 = \frac{\pi}{2}$ 이다.

$\alpha_1 - \beta_1 = \frac{\pi}{12}$ 와 연립방정식을 풀면

$$\alpha_1 = \frac{7}{24}\pi, \ \beta_1 = \frac{5}{24}\pi \ \cdots\cdots \ \bigcirc$$

한편, 위 그림에서

$$\alpha_4 = 3\pi - \alpha_1 = \frac{65}{24}\pi, \ \beta_4 = 4\pi - \beta_1 = \frac{91}{24}\pi \text{이므로}$$

$$\frac{\beta_4}{\alpha_4} = \frac{91}{65} \text{이다.}$$

109 정답 ④

[출제자 : 김수 오라클수학교습소]

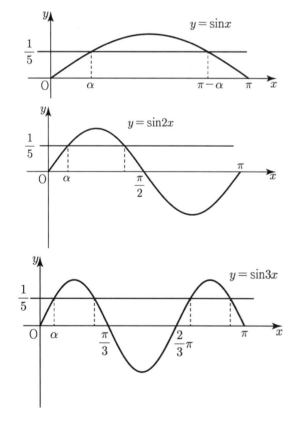

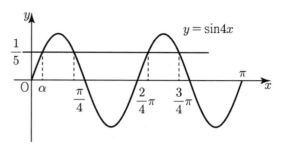

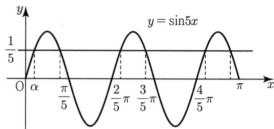

$$a_1 = \alpha + \pi - \alpha = \pi$$

$$a_2 = \alpha + \frac{\pi}{2} - \alpha = \frac{1}{2}\pi$$

$$a_3 = \alpha + \frac{\pi}{3} - \alpha + \frac{2}{3}\pi + \alpha + \pi - \alpha = \frac{1+2+3}{3}\pi = 2\pi$$

$$a_4 = \alpha + \frac{\pi}{4} - \alpha + \frac{2}{4}\pi + \alpha + \frac{3}{4}\pi - \alpha = \frac{1+2+3}{4}\pi = \frac{3}{2}\pi$$

$$\therefore \sum_{n=1}^{10} a_n = \pi + \frac{1}{2}\pi + 2\pi + \frac{3}{2}\pi + \cdots$$

$$= (1+2+3+4+5)\pi + \frac{1+3+5+7+9}{2}\pi$$

$$= 15\pi + \frac{25}{2}\pi = \frac{55}{2}\pi$$

110 정답 ⑤

[출제자 : 정일권T]

(가)에서 $g(a\pi) = -1$ 또는 $g(a\pi) = 1$이다.

$\cos(a\pi) = 1$에서 $a=2$, $\cos(a\pi) = -1$에서 $a=1$

(나)에서 방정식 $f(g(x)) = 0$에서 $g(x) = t$라 하면

$-1 \le t \le 1$이고 $f(t) = 0$인 실수 t가 존재한다.

$0 \le x \le 2\pi$에서 방정식 $g(x) = t$의 모든 해의 합은 $t = -1$일

때 π, $-1 < t \le 1$일 때 2π이다.

$0 \le x \le 2\pi$일 때, 방정식 $f(g(x)) = 0$의 모든 해의 합이

3π이므로 방정식 $f(x) = 0$은 두 실근 -1, α를 가지고

$-1 < \alpha \le 1$이다.

(i) $a=1$인 경우

$f(x) = x^2 + b$에서 $f(-1) = 0$이므로

$f(-1) = 1 + b = 0$ 즉, $b = -1$

$f(x) = x^2 - 1 = (x-1)(x+1)$에서

방정식 $f(x) = 0$의 두 근은 $x = -1$ 또는 $x = 1$

이므로 조건을 만족시킨다.

따라서, $f(2) = 3$

(ii) $a=2$인 경우

$f(x) = 2x^2 + b$에서 $f(-1) = 0$이므로

$f(-1)=2+b=0$ 즉, $b=-2$

$f(x)=2x^2-2=2(x+1)(x-1)$에서

방정식 $f(x)=0$의 두 근은 $x=-1$또는 $x=1$

이므로 조건을 만족시킨다.

따라서, $f(2)=6$

(i), (ii)에서 $f(2)$의 최댓값은 6이다.

[다른 풀이]-이소영T

(가)에서 $g(a\pi)=-1$ 또는 $g(a\pi)=1$이다.

$\cos(a\pi)=-1$에서 $a=1$, $\cos(a\pi)=1$에서 $a=2$이다.

(나)에서 $0\leq x\leq 2\pi$일 때, $f(g(x))=0$의 모든 해의 합이

3π이므로

$f(\cos x)=0$

$a\cos^2 x+b=0$의 해의 합을 구해야 한다.

만약 $b>0$라면 $\cos^2 x=-\dfrac{b}{a}(a>0)$이므로 해가 존재하지

않으므로 (나)조건을 만족시킬 수 없다. 따라서 $b\leq 0$이다.

(i) $a=1$일 경우

$\cos^2 x=-b$

$\cos x=\pm\sqrt{-b}$

만약 $0<\sqrt{-b}<1$이라면 $\cos x=\sqrt{-b}$에서 근 α,

$2\pi-\alpha$을 갖고, $\cos x=-\sqrt{-b}$에서 근 $\pi-\alpha$, $\pi+\alpha$를

갖는다.

모든 해의 합이 4π이므로 성립하지 않는다.

$\sqrt{-b}=1$이 되어야 $\cos x=1$에서 근 $0,2\pi$를 갖고,

$\cos x=-1$에서 근 π를 가져서 조건을 만족한다. 따라서

$b=-1$이다.

$f(x)=x^2-1$이므로 $f(2)=3$이다.

(ii) $a=2$일 경우

$2\cos^2 x=-b$

$\cos^2 x=-\dfrac{b}{2}$

$\cos x=\pm\sqrt{-\dfrac{b}{2}}$

(i)에서와 같이 $\sqrt{-\dfrac{b}{2}}=1$이 되어야 (나)조건을 만족할 수

있다. 따라서 $b=-2$이다.

$f(x)=2x^2-2$이므로 $f(2)=6$이다.

$f(2)$의 최댓값은 6이다.

111 정답 ④

[그림 : 배용제T]

(가)에서 $0\leq x<\pi$일 때, 함수 $f(x)$의 그래프는 그림과 같다.

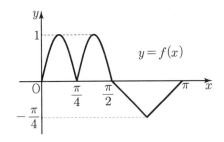

(나)에서 $f(-x)=-f(x)$으로 함수 $f(x)$는 원점대칭이므로

$-\pi\leq x<\pi$에서 함수 $f(x)$의 그래프는 그림과 같다.

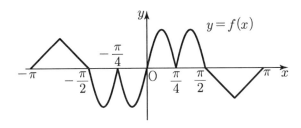

(나)에서 함수 $f(x)$의 주기가 2π이므로 $0\leq x<3\pi$에서 함수

$f(x)$의 그래프에서 $y=f(x)$와 $y=\dfrac{1}{4}$의 교점의 개수는

8이므로 $0\leq x<3\pi$에서 방정식 $f(x)=\dfrac{1}{4}$의 해의 개수는

10이다.

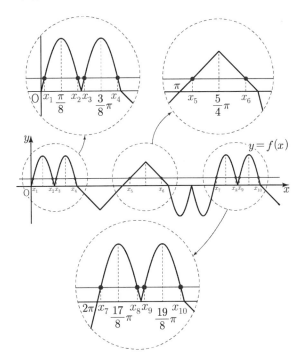

크기순으로 x_1, x_2, x_3, $\cdots$, x_{10}이라 할 때,

$x_1+x_2=2\times\dfrac{\pi}{8}=\dfrac{\pi}{4}$

$x_3+x_4=2\times\dfrac{3\pi}{8}=\dfrac{3\pi}{4}$

$x_5+x_6=2\times\dfrac{5\pi}{4}=\dfrac{10\pi}{4}$

$x_7+x_8=2\times\dfrac{17\pi}{8}=\dfrac{17\pi}{4}$

$$x_9 + x_{10} = 2 \times \frac{19\pi}{8} = \frac{19\pi}{4}$$

이므로

$0 \leq x < 3\pi$일 때, 방정식 $f(x) = \frac{1}{4}$의 모든 해의 합은

$\frac{50\pi}{4} = \frac{25\pi}{2}$이다.

112 정답 12

[출제자 : 오세준T]

함수 $y = \sqrt{3}\tan\left(\frac{\pi}{6}x - \frac{\pi}{2}\right) = \sqrt{3}\tan\left\{\frac{\pi}{6}(x-3)\right\}$의 주기는

$\frac{\pi}{\frac{\pi}{6}} = 6$이다.

$x = 1$이면 $y = \sqrt{3}\tan\left(-\frac{\pi}{3}\right) = -3$

$y = 3$이면 $3 = \sqrt{3}\tan\left(\frac{\pi}{6}x - \frac{\pi}{2}\right)$, $\frac{\pi}{6}x - \frac{\pi}{2} = \frac{\pi}{3}$,

$x = 5$이다.

그래프를 그려보면

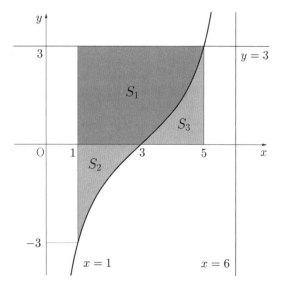

따라서 구하는 넓이는

$S_1 + S_2 = S_1 + S_3 = 3 \times 4 = 12$

113 정답 ⑤

[출제자 : 최성훈T]

$3k^2 - (3\cos x + \sin x)k + \sin x\cos x = 0$를 인수분해 하여
정리하면

$(\sin x - 3k)(\cos x - k) = 0$이다.

즉, $0 \leq x \leq 2\pi$에서 $\sin x = 3k$ 또는 $\cos x = k$인 서로 다른
실근의 개수가 3개다.

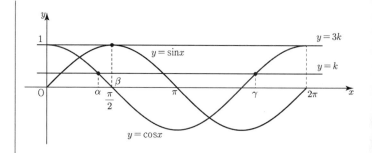

$k > 0$이므로 조건을 만족하는 경우는 $k = \frac{1}{3}$일 때이다.

$y = \sin x$와 $y = 1$의 교점이 1개, $y = \cos x$아 $y = \frac{1}{3}$의

교점이 2개이므로 주어진 방정식의 실근이 3개임을 알 수 있다.

세 근 α, β, γ $(\alpha < \beta < \gamma)$라 할 때, $\cos x = \frac{1}{3}$의 두 근의

합은 대칭성을 이용하여 구하면 $\alpha + \gamma = 2\pi$이고, $\sin x = 1$의 한

근 $\beta = \frac{\pi}{2}$이므로

$\therefore k \times (\alpha + \beta + \gamma) = \frac{1}{3} \times \left(2\pi + \frac{\pi}{2}\right) = \frac{5}{6}\pi$

114 정답 ③

$f^{-1}\left(\frac{1}{3}\right) = \alpha\left(0 \leq \alpha \leq \frac{\pi}{2}\right)$로 놓으면

$f(\alpha) = \frac{1}{3}$ $\therefore \sin\alpha = \frac{1}{3} \cdots \bigcirc$

$g^{-1}\left(\frac{1}{3}\right) = \beta\left(0 \leq \beta \leq \frac{\pi}{2}\right)$로 놓으면

$g(\beta) = \frac{1}{3}$ $\therefore \cos\beta = \frac{1}{3} \cdots \bigcirc$

$\bigcirc\bigcirc$에서 $\sin\alpha = \cos\beta$

이 때 $\sin\left(\frac{\pi}{2} - \beta\right) = \cos\beta$이므로

$\frac{\pi}{2} - \beta = \alpha$ $\qquad \therefore \alpha + \beta = \frac{\pi}{2}$

$\therefore g\left(f^{-1}\left(\frac{1}{3}\right) + g^{-1}\left(\frac{1}{3}\right)\right) = g(\alpha + \beta) = g\left(\frac{\pi}{2}\right) = \cos\frac{\pi}{2} = 0$

115 정답 ③

[그림 : 이정배T]

$\sin x = -\frac{2\sqrt{6}}{5}$에서 $\sin^2 x + \cos^2 x = 1$이므로

$\cos^2 x = \frac{1}{25}$이다.

즉, $\cos x = -\frac{1}{5}$ 또는 $\cos x = \frac{1}{5}$

$\sin x = -\frac{2\sqrt{6}}{5}$을 만족하는 해를 $x = \alpha$, $x = \beta$ $(\alpha < \beta)$라 할

때,

$A = \{\alpha, \beta\}$이다.

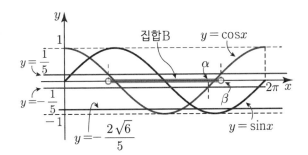

$\cos\alpha = -\dfrac{1}{5}$, $\cos\beta = \dfrac{1}{5}$ 이므로

$A \subset B$을 만족하기 위해서는 $\dfrac{1}{5} < \dfrac{1}{k}$ 이어야 한다.

따라서 $k < 5$이다.

그러므로 자연수 k의 최댓값은 4이다.

116 정답 ②

$f(n)$의 값은 $\tan(2nx) = \dfrac{1}{n}$ $\left(0 \leq x < \dfrac{\pi}{2}\right)$의 모든 실근의

합이다.

우선 $0 \leq 2nx < n\pi$이고 $\tan\alpha_n = \dfrac{1}{n}$ $\left(0 < \alpha_n < \dfrac{\pi}{2}\right)$이라

놓으면

$2nx = \alpha_n, \pi + \alpha_n, 2\pi + \alpha_n, \cdots, (n-1)\pi + \alpha_n$

따라서 모든 실근은

$x = \dfrac{\alpha_n}{2n} + \dfrac{k\pi}{2n}$ $(k = 0, 1, 2, \cdots, n-1)$이다.

그러므로

$f(n) = \displaystyle\sum_{k=0}^{n-1} \left(\dfrac{\alpha_n}{2n} + \dfrac{k\pi}{2n} \right)$

$= \dfrac{\alpha_n}{2n} \times n + \dfrac{\pi}{2n} \times \dfrac{n(n-1)}{2}$

$= \dfrac{\alpha_n}{2} + \dfrac{(n-1)\pi}{4}$

$\tan\{2f(n)\}$

$= \tan\left\{ \alpha_n + \dfrac{(n-1)\pi}{2} \right\}$

$= \begin{cases} -\dfrac{1}{\tan\alpha_n} & (n : \text{짝수}) \\ \tan\alpha_n & (n : \text{홀수}) \end{cases}$

$= \begin{cases} -n & (n : \text{짝수}) \\ \dfrac{1}{n} & (n : \text{홀수}) \end{cases}$

$\therefore \displaystyle\sum_{n=1}^{10} n\tan\{2f(n)\}$

$= -\displaystyle\sum_{k=1}^{5} (2k)^2 + \displaystyle\sum_{n=1}^{5} 1$

$= -4 \times \dfrac{5 \times 6 \times 11}{6} + 5$

$= -220 + 5$

$= -215$

117 정답 ②

[그림 : 서태욱T]

삼각형 ABC에서 코사인법칙을 적용하면

$\overline{\mathrm{AB}}^2 = 9 + 16 - 2 \times 3 \times 4 \times \dfrac{7}{8} = 4$

따라서 $\overline{\mathrm{AB}} = 2$

삼각형 PAB에서 사인법칙을 적용하면

$\dfrac{\overline{\mathrm{AP}}}{\sin(\angle \mathrm{PBA})} = \dfrac{\overline{\mathrm{AB}}}{\sin(\angle \mathrm{BPA})}$

삼각형 PCB에서 사인법칙을 적용하면

$\dfrac{\overline{\mathrm{CP}}}{\sin(\angle \mathrm{PBC})} = \dfrac{\overline{\mathrm{BC}}}{\sin(\angle \mathrm{BPC})}$

이다.

따라서

$\dfrac{\overline{\mathrm{AP}} \times \overline{\mathrm{CP}}}{\sin(\angle \mathrm{PBA}) \times \sin(\angle \mathrm{PBC})}$

$= \dfrac{2 \times 3}{\sin(\angle \mathrm{BPA}) \times \sin(\angle \mathrm{BPC})}$

$\angle \mathrm{BPA} = \theta$라 하면 $\angle \mathrm{BPC} = \pi - \theta$이므로

$= \dfrac{6}{\sin\theta \times \sin(\pi - \theta)}$

$= \dfrac{6}{\sin^2\theta}$

$0 < \sin^2\theta \leq 1$이므로

$\sin^2\theta = 1$일 때 $\dfrac{\overline{\mathrm{AP}} \times \overline{\mathrm{CP}}}{\sin(\angle \mathrm{PBA}) \times \sin(\angle \mathrm{PBC})}$의 최솟값은

6이다.

118 정답 ⑤

$\overline{\mathrm{AD}} = mk$, $\overline{\mathrm{CD}} = nk$라 하자.

삼각형 ABD에서 사인법칙을 적용하면

$\dfrac{mk}{\sin(\angle \mathrm{ABD})} = \dfrac{\overline{\mathrm{BD}}}{\sin A}$

$\therefore \sin(\angle \mathrm{ABD}) = \dfrac{mk\sin A}{\overline{\mathrm{BD}}}$

삼각형 CBD에서 사인법칙을 적용하면

$\dfrac{nk}{\sin(\angle \mathrm{CBD})} = \dfrac{\overline{\mathrm{BD}}}{\sin C}$

$\therefore \sin(\angle \mathrm{CBD}) = \dfrac{nk\sin C}{\overline{\mathrm{BD}}}$

$2\sin(\angle \mathrm{ABD}) = 3\sin(\angle \mathrm{DBC})$이므로

$\dfrac{2mk\sin A}{\overline{\mathrm{BD}}} = \dfrac{3nk\sin C}{\overline{\mathrm{BD}}}$

$\dfrac{\sin C}{\sin A} = \dfrac{2m}{3n} = \dfrac{4}{3}$

$$\therefore \ \frac{m}{n}=2$$

119 정답 ③

원주각의 성질에 의하여 $\angle \mathrm{BDA}=\angle \mathrm{BCA}$ 이므로
$\cos(\angle \mathrm{BCA})=\dfrac{3}{5}$ 이다.

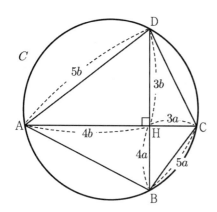

사각형 ABCD 는 두 대각선이 수직으로 만나므로
$$\left(\overline{\mathrm{AB}}\right)^2+\left(\overline{\mathrm{CD}}\right)^2=\left(\overline{\mathrm{AD}}\right)^2+\left(\overline{\mathrm{BC}}\right)^2=25$$
이므로 $(5a)^2+(5b)^2=25$, 따라서 $a^2+b^2=1$
두 대각선의 교점을 H 라 할 때, 삼각형 ABH 는
직각삼각형이므로
$$\left(\overline{\mathrm{AB}}\right)^2=(4a)^2+(4b)^2=16\left(a^2+b^2\right)=16, \ \text{즉} \ \overline{\mathrm{AB}}=4$$
원 C 의 외접원의 반지름을 R 이라 할 때, 삼각형 ABD 에서
사인법칙을 적용하면
$$\frac{4}{\sin(\angle \mathrm{ADB})}=2R, \ \sin(\angle \mathrm{ADB})=\frac{4}{5} \ \text{이므로 따라서}$$
$2R=4 \div \dfrac{4}{5}=5, \ R=\dfrac{5}{2}$

원 C 의 넓이는 $\dfrac{25}{4}\pi$ 이므로 $p=25, \ q=4$
$$\therefore \ p+q=29$$

120 정답 ④

$$A+B+C=\pi \ \textbf{이므로} \ B+C=\pi-A$$
$$\therefore \ \sin\frac{B+C}{2}=\sin\frac{\pi-A}{2}=\sin\left(\frac{\pi}{2}-\frac{A}{2}\right)=\cos\frac{A}{2}$$
주어진 방정식에서
$$2\cos^2\frac{A}{2}+\cos^2\frac{A}{2}-1=0$$
$$\left(2\cos\frac{A}{2}-1\right)\left(\cos\frac{A}{2}+1\right)=0$$
$$\therefore \ \cos\frac{A}{2}=\frac{1}{2}\left(\because 0<\frac{A}{2}<\frac{\pi}{2}\right)$$
따라서 $\dfrac{A}{2}=\dfrac{\pi}{3}$ 이므로 $A=\dfrac{2}{3}\pi$

그러므로 $\sin A=\dfrac{\sqrt{3}}{2}$ 이다.

$\overline{\mathrm{BC}}=\sqrt{3}$ 이므로 삼각형 ABC 의 외접원의 반지름의 길이를
R 이라 하고 삼각형 ABC 에 사인법칙을 적용하면
$$\frac{\overline{\mathrm{BC}}}{\sin A}=\frac{\sqrt{3}}{\frac{\sqrt{3}}{2}}=2R \text{에서} \ R=1$$
따라서 외접원의 넓이는 π 이다.

121 정답 ①

[그림 : 이정배T]

원의 반지름의 길이가 $\dfrac{3}{2}$ 이므로 삼각형 ABC 에서 사인법칙을
적용하면
$$\frac{\overline{\mathrm{AB}}}{\sin(\angle \mathrm{ACB})}=2R \ \rightarrow \ \frac{2}{\sin(\angle \mathrm{ACB})}=3$$
따라서 $\sin(\angle \mathrm{ACB})=\dfrac{2}{3}$
삼각형 CPQ 에서 사인법칙을 적용하면
$\angle \mathrm{ACB}=\angle \mathrm{PCQ}$ 이므로
$$\frac{\overline{\mathrm{PC}}}{\sin(\angle \mathrm{PQC})}=\frac{\overline{\mathrm{PQ}}}{\sin(\angle \mathrm{PCQ})}$$
$$\rightarrow \ \frac{\overline{\mathrm{PC}}}{\sin(\angle \mathrm{PQC})}=\frac{1}{\frac{2}{3}}$$
따라서 $\overline{\mathrm{PC}}=\dfrac{3}{2}\times \sin(\angle \mathrm{PQC})$

$\overline{\mathrm{PC}}$ 가 최대이기 위해서는 $\angle \mathrm{PQC}=\dfrac{\pi}{2}$ 일 때다.

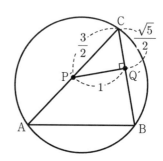

$\overline{\mathrm{PQ}}=1$ 이면서 $\overline{\mathrm{PC}}$ 가 최대가 되도록 하는 두 점 P, Q 를 각각
P', Q' 이라 하자.
따라서 구하려는 삼각형 CPQ 의 넓이는 직각삼각형 $\mathrm{CP'Q'}$ 의
넓이이다.
$\overline{\mathrm{CP}'}=\dfrac{3}{2}$, $\overline{\mathrm{P'Q}'}=1$ 이므로
$$\overline{\mathrm{CQ}'}=\sqrt{\frac{9}{4}-1}=\frac{\sqrt{5}}{2}$$
따라서 삼각형 $\mathrm{CP'Q}'$ 의 넓이는
$$\frac{1}{2}\times 1 \times \frac{\sqrt{5}}{2}=\frac{\sqrt{5}}{4}$$

유형 8 코사인법칙

122 정답 ④

[그림 : 최성훈T]

선분 BC가 원 C_2의 지름이므로 $\overline{BC}=4$, $\angle BO_1C=\dfrac{\pi}{2}$,

$\overline{O_1B}=\sqrt{2}$ 이다.

$\angle BCO_1=\theta$라 하면 $\overline{O_1A}=\overline{O_1B}$이므로 $\angle ACO_1=\theta$이다.

직각삼각형 BO_1C에서 $\angle O_1BC=\dfrac{\pi}{2}-\theta$이므로

$\angle O_1AC=\dfrac{\pi}{2}+\theta$이다.

따라서 $\angle AO_1D=\dfrac{\pi}{2}+2\theta$이다.

한편 삼각형 O_2O_1B에서 $\angle O_1O_2B=2\theta$이므로 코사인법칙을
적용하면

$$\cos 2\theta=\frac{2^2+2^2-\left(\sqrt{2}\right)^2}{2\times 2\times 2}=\frac{3}{4} \ \cdots\cdots \ \bigcirc$$

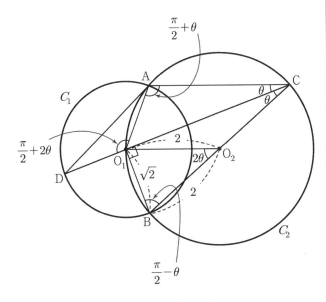

삼각형 AO_1D에서 코사인법칙을 적용하면

$$\overline{AD}^2=\left(\sqrt{2}\right)^2+\left(\sqrt{2}\right)^2-2\times\sqrt{2}\times\sqrt{2}\times\cos\left(\frac{\pi}{2}+2\theta\right)$$

$$=2+2+4\sin 2\theta$$

$\bigcirc$에서 $\sin 2\theta=\dfrac{\sqrt{7}}{4}$이다.

따라서 $l^2=4+\sqrt{7}$

123 정답 ⑤

$\sin(\angle ACB)=\dfrac{\sqrt{15}}{8}$ 에서

$\cos(\angle ACB)=\sqrt{1-\sin(\angle ACB)^2}=\dfrac{7}{8}$

삼각형 ACD에서 코사인법칙에 의해

$$\overline{AD}^2=\overline{AC}^2+\overline{CD}^2-2\times\overline{AC}\times\overline{CD}\times\cos(\angle ACB)$$

$$40=\overline{AC}^2+64-2\times\overline{AC}\times 8\times\cos(\angle ACB)$$

$$\Rightarrow \overline{AC}^2-14\overline{AC}+24=0 \ (\because \overline{AD}=2\sqrt{10}, \overline{CD}=8)$$

$$\Rightarrow (\overline{AC}-2)(\overline{AC}-12)=0$$

$$\Rightarrow \overline{AC}=12 \ \left(\because \angle ADC>\frac{\pi}{2}\right)$$

이다.

따라서 각의 이등분선의 성질에 의해

$$\overline{AB}:\overline{BD}=\overline{AC}:\overline{CD}=12:8 \Rightarrow \overline{AB}=3x, \overline{BD}=2x$$

로 놓으면 삼각형 ABC에서 코사인법칙에 의해

$$\overline{AB}^2=\overline{AC}^2+\overline{BC}^2-2\times\overline{AC}\times\overline{BC}\times\cos(\angle ACB)$$

$$\Rightarrow (3x)^2=12^2+(2x+8)^2-2\times 12\times(2x+8)\times\frac{7}{8}$$

$$\Rightarrow 5x^2+10x-40=0$$

$$\Rightarrow x^2+2x-8=(x-2)(x+4)=0$$

$$\Rightarrow x=2 \ (\because x>0)$$

을 얻는다.

$\therefore \overline{AB}=3x=6$

124 정답 ③

원의 중심을 O라 하고 선분 DE와 선분 AB가 만나는 점을 F라
하자. $\overline{AO}=3$, $\overline{AC}=1$이므로 $\overline{OC}=2$

$\overline{DF}:\overline{EF}=3:2$이므로 $\overline{CD}:\overline{BE}=3:2$이다.

따라서 $\overline{CD}=3k$, $\overline{BE}=2k$라 하자.

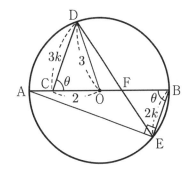

두 직선 CD와 BE가 평행하므로 $\angle DCO=\angle FBC=\theta$라
하자.

직각삼각형 ABE에서 $\cos\theta=\dfrac{2k}{6}=\dfrac{k}{3}$

삼각형 OCD에서 코사인법칙을 적용하면

$$\frac{k}{3}=\frac{9k^2+4-9}{2\times 3k\times 2}$$

$$4k^2=9k^2-5$$

$$k^2=1$$

$$\therefore k=1$$

$\overline{BC}=5$이고 $\overline{CF}:\overline{BF}=3:2$이므로 $\overline{CF}=3$이다.

삼각형 CDF에서 코사인법칙을 적용하면

$$\overline{DF}^2 = 3^2 + 3^2 - 2 \times 3 \times 3 \times \frac{1}{3}$$
$$= 9 + 9 - 6 = 12$$
$$\therefore \ \overline{DF} = 2\sqrt{3}$$

$\overline{DF} : \overline{EF} = 3 : 2$이므로 $\overline{EF} = \frac{4}{3}\sqrt{3}$

따라서 $\overline{DE} = \overline{DF} + \overline{EF} = 2\sqrt{3} + \frac{4}{3}\sqrt{3} = \frac{10}{3}\sqrt{3}$

125 정답 ②

각의 이등분선의 성질로
$\overline{DB} : \overline{DC} = 3 : 2$이므로 $\overline{AB} : \overline{AC} = 3 : 2$이다.
$\overline{AB} = 3k$, $\overline{AC} = 2k$라 하면
$\triangle ABC = \triangle ABD + \triangle ACD$이므로

$$\frac{1}{2} \times 3k \times 2k = \frac{1}{2} \times 3k \times 2\sqrt{2} \times \frac{\sqrt{2}}{2} + \frac{1}{2} \times 2k \times 2\sqrt{2} \times \frac{\sqrt{2}}{2}$$

$$3k = 3 + 2$$

$$\therefore \ k = \frac{5}{3}$$

따라서 $\overline{AB} = 5$, $\overline{AC} = \frac{10}{3}$

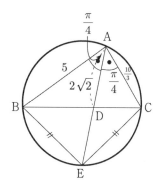

원주각 성질에 의해
$\overline{BE} = \overline{CE}$이므로 삼각형 ABE와 삼각형 ACE에서 $\overline{AE} = x$라
하고 코사인법칙을 적용하면

$$5^2 + x^2 - 2 \times 5 \times x \times \frac{\sqrt{2}}{2} = \left(\frac{10}{3}\right)^2 + x^2 - 2 \times \frac{10}{3} \times x \times \frac{\sqrt{2}}{2}$$

$$25 - 5\sqrt{2}\,x = \frac{100}{9} - \frac{10\sqrt{2}}{3}x$$

$$\frac{5\sqrt{2}}{3}x = \frac{125}{9}$$

$$x = \frac{125}{9} \times \frac{3}{5\sqrt{2}} = \frac{25}{6}\sqrt{2}$$

$$\therefore \ \overline{AE} = \frac{25}{6}\sqrt{2}$$

[랑데뷰팁]-우산공식에서
$$\overline{AE} \times \overline{AD} = \overline{AB} \times \overline{AC}$$
$$\overline{AE} \times 2\sqrt{2} = 5 \times \frac{10}{3}$$
$$\overline{AE} = \frac{25}{6}\sqrt{2}$$

126 정답 ③

삼각형 ABC에서 코사인법칙을 적용하면
$$\cos B = \frac{4^2 + 3^2 - (\sqrt{13})^2}{2 \times 4 \times 3} = \frac{1}{2}$$
$$\therefore \ \angle B = \frac{\pi}{3}$$

선분 BC를 $5 : 2$로 외분하는 점이 D이므로 $\overline{BD} = 5$이다.
$\overline{BE} = 2$이므로 삼각형 BDE에서 코사인법칙을 적용하면
$$\overline{DE}^2 = 2^2 + 5^2 - 2 \times 2 \times 5 \times \frac{1}{2} = 29 - 10 = 19$$
$$\overline{DE} = \sqrt{19}$$

다음 그림과 같이 지렛대 원리[세미나(234)~지렛대(236)참고]
에 의해 $\overline{DF} = \frac{4}{7}\overline{DE} = \frac{4}{7}\sqrt{19}$이다.

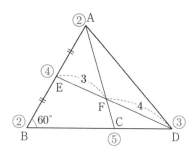

127 정답 ④

[그림 : 최성훈T]
삼각형 ACD에서 $\angle ACD = \alpha$, $\angle ADC = \beta$라 하면
두 원 C와 C'에서 원주각과 중심각의 관계에서 $\angle AOB = 2\alpha$,
$\angle AO'B = 2\beta$이다.
(가)에서 $5 \times 2\alpha = 2 \times 2\beta$
$$\therefore \ 5\alpha = 2\beta$$

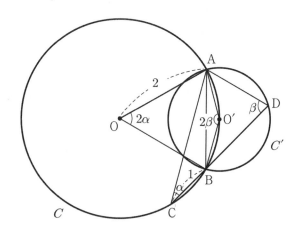

점 O'가 원 C위의 점이므로 사각형 $ACBO'$가 원 C에
내접하는 사각형이다.
따라서 $\alpha + 2\beta = \pi$
그러므로 $\alpha + 5\alpha = \pi$
$$\therefore \ \alpha = \frac{\pi}{6}$$

따라서 $\angle AOB = \dfrac{\pi}{3}$ 이므로 삼각형 OAB는 한 변의 길이가 2인 정삼각형이다.

$\therefore \overline{AB} = 2$

한편, $\beta = \dfrac{5}{12}\pi$ 이므로

$\angle CAD = \pi - \left(\dfrac{\pi}{6} + \dfrac{5}{12}\pi \right) = \dfrac{5}{12}\pi$

즉, $\overline{CA} = \overline{CD}$

삼각형 ACB에서 $\overline{AC} = x$ 라 두고 코사인법칙을 적용하면

$2^2 = x^2 + 1^2 - 2x \times \cos\dfrac{\pi}{6}$

$x^2 - \sqrt{3}\,x - 3 = 0$

$x = \dfrac{\sqrt{3} + \sqrt{15}}{2}$

$\overline{CD} = \dfrac{\sqrt{3} + \sqrt{15}}{2}$ 이므로

$\overline{BD} = \dfrac{\sqrt{3} + \sqrt{15} - 2}{2}$

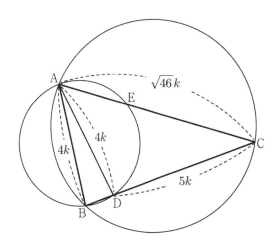

삼각형 ACD에서 코사인법칙을 적용하면

$\cos(\angle ADC) = \dfrac{(4k)^2 + (5k)^2 - \left(\sqrt{46}\,k \right)^2}{2 \times 4k \times 5k}$

$\qquad\qquad = -\dfrac{1}{8}$

따라서 $\sin(\angle ADC) = \dfrac{3\sqrt{7}}{8}$ 이다.

이등변삼각형 ABD에서 $\overline{AB} = \overline{AD} = 4k$ 이므로 $\overline{BD} = k$

원과 비례 $\overline{BC} \times \overline{CD} = \overline{AC} \times \overline{CE}$ 에서 $\overline{AE} = 8$ 이므로

$6k \times 5k = \sqrt{46}\,k \times \left(\sqrt{46}\,k - 8 \right)$

$30k = 46k - 8\sqrt{46}$

$16k = 8\sqrt{46}$

$\therefore k = \dfrac{\sqrt{46}}{2}$ 이다.

삼각형 ABD의 넓이는

$\dfrac{1}{2} \times 4k \times k \times \sin(\angle ADB)$

$= \dfrac{1}{2} \times 2\sqrt{46} \times \dfrac{\sqrt{46}}{2} \times \dfrac{3\sqrt{7}}{8}$

$= \dfrac{69\sqrt{7}}{8}$

유형 9 사인법칙과 코사인법칙

128 정답 ⑤

[그림 : 최성훈T]

삼각형 ABC의 외접원의 반지름의 길이를 R_1, 삼각형 ABD의 외접원의 반지름의 길이를 R_2라 할 때, $S_1 : S_2 = 23 : 8$에서 $R_1 : R_2 = \sqrt{23} : 2\sqrt{2} = \sqrt{46} : 4$이다.

삼각형 ABC에서 사인법칙을 적용하면

$\dfrac{\overline{AC}}{\sin(\angle ABC)} = 2R_1 \cdots\cdots \ \text{㉠}$

삼각형 ABD에서 사인법칙을 적용하면

$\dfrac{\overline{AD}}{\sin(\angle ABD)} = 2R_2 \cdots\cdots \ \text{㉡}$

$R_1 : R_2 = \sqrt{46} : 4$에서 $\dfrac{R_1}{R_2} = \dfrac{\sqrt{46}}{4}$에서 $\dfrac{\text{㉠}}{\text{㉡}}$을 하면

$\dfrac{\overline{AC}}{\overline{AD}} = \dfrac{\sqrt{46}}{4}$이다.

따라서 $\overline{AB} : \overline{AC} = 4 : \sqrt{46}$와 $\dfrac{\overline{AC}}{\overline{AD}} = \dfrac{\sqrt{46}}{4}$에서

$\overline{AB} = \overline{AD}$이다.

$\overline{AD} : \overline{CD} = 4 : 5$이므로 그림과 같다.

129 정답 ③

$\cos(\alpha + \beta) = \dfrac{1}{3}$ 이므로

$\sin(\alpha + \beta) = \sqrt{1 - \left(\dfrac{1}{3} \right)^2} = \dfrac{2\sqrt{2}}{3}$ 이고

$\triangle ABD$에서 사인법칙을 적용하여 $\overline{BD}$를 구하면

$\overline{BD} = 6 \times \sin(\alpha + \beta) = 4\sqrt{2}$ 이다.

$\dfrac{\cos\beta}{\cos\alpha} = \dfrac{2}{3}$ 이므로 $\cos\alpha : \cos\beta = 3 : 2$

$\overline{AC}$가 지름이므로 $\angle ADC = \angle ABC = 90°$

$\overline{AB} = 6\cos\alpha$, $\overline{AD} = 6\cos\beta$

따라서 $\overline{AB} : \overline{AD} = 3 : 2$이다.

$\overline{AB} = 3k$, $\overline{AD} = 2k$라 두자.

$\triangle ABD$에서 코사인법칙을 적용하면

$$(4\sqrt{2})^2 = (3k)^2 + (2k)^2 - 2 \times 3k \times 2k \times \frac{1}{3}$$

$$32 = 9k^2$$

$$k = \frac{4\sqrt{2}}{3}$$

따라서 $\overline{AB} = 4\sqrt{2}$, $\overline{AD} = \frac{8\sqrt{2}}{3}$

$$\therefore \square ABCD = \triangle ABC + \triangle ACD$$

$$= \frac{1}{2} \times 6 \times 4\sqrt{2} \times \sin\alpha + \frac{1}{2} \times 6 \times \frac{8\sqrt{2}}{3} \times \sin\beta$$

$$= 4\sqrt{2} + \frac{56}{9}\sqrt{2} \quad \left(\because \sin\alpha = \frac{1}{3}, \ \sin\beta = \frac{7}{9} \right)$$

$$= \frac{92\sqrt{2}}{9}$$

130 정답 ①

주어진 사각형은 원에 내접하는 사각형임을 알 수 있다.

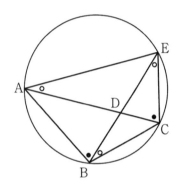

따라서 $\angle CAE = \angle CBE = \angle CEB$ 이므로,
아래 그림과 같이 두 삼각형 $\triangle AEC$와 $\triangle EDC$가 닮음이므로
$\overline{EC} = \overline{ED}$ 이다.
따라서 삼각형 ECD는 이등변삼각형이다.

이때, 각 $\angle EAC$를 θ라 하면 $\cos\theta = \frac{4k^2 + 4k^2 - k^2}{2 \times 2k \times 2k} = \frac{7}{8}$

이므로

$\sin\theta = \frac{\sqrt{15}}{8}$ 이고, 사인법칙에 의하여

$\dfrac{\overline{DE}}{\frac{\sqrt{15}}{8}} = 2 \times \dfrac{4}{\sqrt{15}}$ 이므로 $\overline{DE} = \overline{CE} = 1$이다.

131 정답 ②

[그림 : 이정배T]

삼각형 CED와 삼각형 CBA에서 $\angle C$가 공통,
$\angle CED = \angle CBA$
이므로 두 삼각형은 닮음이다.
$\overline{DE} : \overline{CE} = 1 : 2$이므로 $\overline{AB} : \overline{CB} = 1 : 2$이다.
따라서 $\overline{CB} = 16$

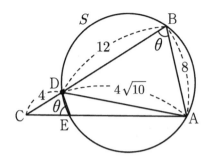

선분 BC를 $3:1$로 내분하는 점이 D이므로
$\overline{CD} = 4$, $\overline{BD} = 12$이다.
$\angle CED = \theta$라 두면 $\angle ABC = \theta$이다.
따라서 $\cos\theta = \frac{1}{4}$이므로 삼각형 ABD에서 코사인법칙을

적용하면

$$\overline{AD}^2 = 12^2 + 8^2 - 2 \times 12 \times 8 \times \cos\theta$$
$$= 144 + 64 - 48$$
$$= 160$$

$$\overline{AD} = 4\sqrt{10}$$

$\sin\theta = \frac{\sqrt{15}}{4}$ 이므로

$\dfrac{\overline{AD}}{\sin\theta} = 2R$에서

$$2R = \frac{4\sqrt{10}}{\frac{\sqrt{15}}{4}} = \frac{16\sqrt{10}}{\sqrt{15}}$$

$$R = \frac{8\sqrt{2}}{\sqrt{3}}$$

따라서 원 S의 넓이는 $\pi R^2 = \frac{128}{3}\pi$이다.

132 정답 ②

원 C의 반지름의 길이를 r이라 하고 중심 O에서 선분 AC에
내린 수선의 발을 H라 하면

$\overline{AO} = r$, $\overline{OH} = \frac{1}{2}r$, $\angle AHO = \frac{\pi}{2}$이므로

$\angle AOH = \frac{\pi}{3}$이다. ($\because \overline{AO} : \overline{OH} = 2 : 1$)

따라서 호 AC (점선)의 중심각의 크기는 $\frac{2}{3}\pi$이다.

즉, $\angle AOC = \frac{2}{3}\pi$이므로 $\angle ABC = \frac{\pi}{3}$이다.

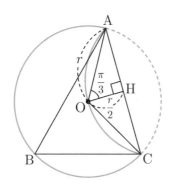

삼각형 ACB에서 코사인법칙을 적용하면

$$\overline{AC}^2 = 4^2 + 3^2 - 2 \times 4 \times 3 \times \cos\frac{\pi}{3}$$

$$\overline{AC}^2 = 13$$

$$\therefore \overline{AC} = \sqrt{13}$$

삼각형 ACB에서 사인법칙을 적용하면

$$\frac{\overline{AC}}{\sin\frac{\pi}{3}} = 2r$$

$$\frac{2\sqrt{13}}{\sqrt{3}} = 2r$$

$$r = \frac{\sqrt{13}}{\sqrt{3}}$$

$$\therefore \text{원의 넓이는 } \pi r^2 = \frac{13}{3}\pi$$

133 정답 ⑤

[그림 : 서태욱T]

삼각형 ABC에서 코사인법칙을 적용하면

$$\cos(\angle ABC) = \frac{2^2 + 3^2 - (\sqrt{7})^2}{2 \times 2 \times 3} = \frac{1}{2}$$

$$\therefore \angle ABC = \frac{\pi}{3}, \ \angle AED = \frac{2\pi}{3}$$

삼각형 ABC에서 $\angle ACB = \alpha$라 하고 사인법칙을 적용하면

$$\frac{2}{\sin\alpha} = \frac{\sqrt{7}}{\sin\frac{\pi}{3}}$$

$$\therefore \sin\alpha = \frac{\sqrt{3}}{\sqrt{7}}$$

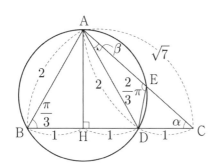

이등변삼각형 ABD의 꼭짓점 A에서 선분 BD에 내린 수선의

발을 H라 할 때, $\overline{BH} = \overline{DH} = 1$이므로 $\overline{CD} = 1$이다.

삼각형 ACD에서 $\angle CAD = \beta$라 하고 사인법칙을 적용하면

$$\frac{2}{\sin\alpha} = \frac{1}{\sin\beta}$$

$$\therefore \sin\beta = \frac{\sqrt{3}}{2\sqrt{7}}$$

삼각형 AED에서 사인법칙을 적용하면

$$\frac{\overline{DE}}{\sin\beta} = \frac{2}{\sin\frac{2}{3}\pi}$$

$$\overline{DE} = \frac{4}{\sqrt{3}} \times \frac{\sqrt{3}}{2\sqrt{7}} = \frac{2}{\sqrt{7}} = \frac{2\sqrt{7}}{7}$$

[다른 풀이]-서영만T

$\angle ACB = \theta$라 하고 삼각형 ABC에서 코사인법칙을 적용하면

$$\cos\theta = \frac{9 + 7 - 4}{2 \times 3 \times \sqrt{7}} = \frac{2}{\sqrt{7}}$$

삼각형 CED와 삼각형 CBA는 닮음 관계이므로

$\overline{DE} = x$라 하면 $2 : x = \sqrt{7} : \overline{CD}$

$$\therefore \overline{CD} = \frac{\sqrt{7}}{2}x$$

삼각형 ACD에서

$$4 = 7 + \frac{7}{4}x^2 - 2 \times \sqrt{7} \times \frac{\sqrt{7}}{2}x \times \frac{2}{\sqrt{7}}$$

$$4 = 7 + \frac{7}{4}x^2 - 2\sqrt{7}x$$

$$16 = 28 + 7x^2 - 8\sqrt{7}x$$

$$7x^2 - 8\sqrt{7}x + 12 = 0$$

$$x = \frac{4\sqrt{7} - \sqrt{112 - 84}}{7} = \frac{2\sqrt{7}}{7}$$

유형 10 삼각형의 넓이

134 정답 ③

[그림 : 최성훈T]

$\overline{DE} = a$라 하면 $\overline{AD} : \overline{DE} : \overline{CE} = 2 : 1 : 3$에서 $\overline{AD} = 2a$, $\overline{CE} = 3a$이다.

두 삼각형 ADE와 CDE에서

$$\angle BAD = \angle ECD, \ \angle ABD = \angle CED \ \cdots\cdots \ \bigcirc$$

이므로 △ADB ∽ △CDE이다.

따라서

$\overline{CE} : \overline{DE} = 3a : a = 3 : 1$이므로 $\overline{AB} : \overline{BD} = 3 : 1$

$\overline{BD} = b$라 하면 $\overline{AB} = \overline{CD} = 3b$이다.

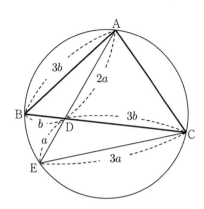

삼각형 ABD에서 코사인법칙을 적용하면

$$\cos(\angle \mathrm{ABD}) = \frac{9b^2 + b^2 - 4a^2}{2 \times b \times 3b} = \frac{10b^2 - 4a^2}{6b^2} = \frac{5}{3} - \frac{2a^2}{3b^2}$$

삼각형 CED에서 코사인법칙을 적용하면

$$\cos(\angle \mathrm{CED}) = \frac{a^2 + 9a^2 - 9b^2}{2 \times a \times 3a} = \frac{10a^2 - 9b^2}{6a^2} = \frac{5}{3} - \frac{3b^2}{2a^2} \quad \cdots\cdots$$
ⓒ

㉠에서

$$\frac{5}{3} - \frac{2a^2}{3b^2} = \frac{5}{3} - \frac{3b^2}{2a^2}$$

$$b^4 = \frac{4}{9}a^4$$

$$b^2 = \frac{2}{3}a^2$$

$$\therefore b = \frac{\sqrt{6}}{3}a$$

ⓒ에서 $\cos(\angle \mathrm{CED}) = \frac{2}{3}$ 이므로 $\sin(\angle \mathrm{CED}) = \frac{\sqrt{5}}{3}$ 이다.

삼각형 CDE의 넓이는

$$\frac{1}{2} \times 3a \times a \times \sin(\angle \mathrm{CED}) = \frac{\sqrt{5}}{2}a^2 = 2\sqrt{5}$$

$$a^2 = 4$$

$$\therefore a = 2$$

$$\therefore b = \frac{2\sqrt{6}}{3}$$

삼각형 CDE의 외접원의 반지름의 길이를 R라 하면

$$\sin(\angle \mathrm{CED}) = \frac{\sqrt{5}}{3}, \quad \overline{\mathrm{CD}} = 2\sqrt{6}$$

이므로 사인법칙에서

$$R = \sqrt{6} \times \frac{3}{\sqrt{5}} = \frac{3\sqrt{30}}{5}$$ 이다.

따라서 삼각형 CDE의 외접원의 넓이는 $\frac{54}{5}\pi$이다.

135 정답 ③

[그림 : 이호진T]

(가)에서

$$\frac{\overline{\mathrm{AC}}^2 + \overline{\mathrm{CD}}^2}{(\overline{\mathrm{AB}} + \overline{\mathrm{BD}})(\overline{\mathrm{AB}} - \overline{\mathrm{BD}})} = \frac{\overline{\mathrm{AC}}^2 + \overline{\mathrm{CD}}^2}{\overline{\mathrm{AD}}^2}$$ 이므로

$$\frac{\overline{\mathrm{AC}}^2 + \overline{\mathrm{CD}}^2}{\overline{\mathrm{AD}}^2} = 1 + \frac{8\sqrt{3}}{\overline{\mathrm{AD}}^2}$$ 에서

$$\overline{\mathrm{AC}}^2 + \overline{\mathrm{CD}}^2 = \overline{\mathrm{AD}}^2 + 8\sqrt{3}$$ 이다. $\cdots\cdots$ ㉠

$\angle \mathrm{ACD} = \theta$라 할 때, (나)에서 삼각형 ACD의 넓이가 2이므로

$$\frac{1}{2} \times \overline{\mathrm{AC}} \times \overline{\mathrm{CD}} \times \sin\theta = 2 \quad \cdots\cdots ㉡$$

삼각형 ACD에서 코사인법칙을 적용하면 ㉠, ㉡에서

$$\cos\theta = \frac{\overline{\mathrm{AC}}^2 + \overline{\mathrm{CD}}^2 - \overline{\mathrm{AD}}^2}{2 \times \overline{\mathrm{AC}} \times \overline{\mathrm{CD}}}$$

$$= \frac{8\sqrt{3}}{\frac{8}{\sin\theta}} = \sqrt{3}\sin\theta$$

$$\tan\theta = \frac{\sqrt{3}}{3}$$ 에서 $\theta = \frac{\pi}{6}$ 이다.

$$\therefore \angle \mathrm{BCD} = \frac{\pi}{2} - \theta = \frac{\pi}{3}$$

$$\therefore \cos(\angle \mathrm{BCD}) = \frac{1}{2}$$

136 정답 ②

[그림 : 이정배T]

$\overline{\mathrm{AC}} = \overline{\mathrm{BD}} = a$이고 $\overline{\mathrm{BC}} = b$, $\angle \mathrm{CBD} = \theta$라 하자.

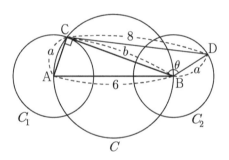

삼각형 BCD의 넓이가 6이므로

$$\frac{1}{2}ab\sin\theta = 6$$ 에서 $\sin\theta = \frac{12}{ab} \quad \cdots\cdots ㉠$

삼각형 BCD에서 코사인법칙을 적용하면

$$\cos\theta = \frac{a^2 + b^2 - 64}{2ab} = \frac{36 - 64}{2ab} = \frac{-14}{ab} \quad \cdots\cdots ㉡$$

$$\left(\because \angle \mathrm{ACB} = \frac{\pi}{2}, \ a^2 + b^2 = 36 \right)$$

㉠, ㉡에서

$$\sin^2\theta + \cos^2\theta = \frac{144}{a^2b^2} + \frac{196}{a^2b^2} = \frac{340}{a^2b^2} = 1$$

$$\therefore ab = 2\sqrt{85}$$

따라서 삼각형 ABC의 넓이는 $\frac{1}{2} \times ab = \sqrt{85}$ 이다.

---

137 정답 ①

원의 반지름의 길이를 R라 하면

$R^2 = \dfrac{27}{8}$ 에서 $R = \dfrac{3\sqrt{3}}{2\sqrt{2}} = \dfrac{3\sqrt{6}}{4}$ 이다.

$\angle \mathrm{BDC} = \theta \left(\theta > \dfrac{\pi}{2} \right)$ 라 하고 사인법칙을 적용하면

$\dfrac{\overline{\mathrm{BC}}}{\sin \theta} = 2R$에서

$\sin \theta = 2\sqrt{3} \times \dfrac{2}{3\sqrt{6}} = \dfrac{4}{3\sqrt{2}} = \dfrac{2\sqrt{2}}{3}$

따라서 $\cos \theta = -\dfrac{1}{3}$ 이다.

$\overline{\mathrm{CD}} = a$라 하면 $\overline{\mathrm{BD}} = 3a$이다.

삼각형 BCD에서 코사인법칙을 적용하면

$\left(2\sqrt{3} \right)^2 = 9a^2 + a^2 - 2 \times 3a \times a \times \left(-\dfrac{1}{3} \right)$

$12 = 12a^2$

$\therefore \ a = 1$

따라서 $\overline{\mathrm{CD}} = 1$, $\overline{\mathrm{BD}} = 3$이다.

그러므로

삼각형 BCD의 넓이는 $\dfrac{1}{2} \times 3 \times 1 \times \dfrac{2\sqrt{2}}{3} = \sqrt{2}$ 이다.

138 정답 ③

$\overline{\mathrm{BC}} = x$라 하고 삼각형 ABC에서 코사인법칙을 적용하면

$\left(\sqrt{6} \right)^2 = \left(2\sqrt{3} \right)^2 + x^2 - 2 \times 2\sqrt{3} \times x \times \cos \dfrac{\pi}{6}$

$6 = 12 + x^2 - 6x$

$x^2 - 6x + 6 = 0$

$x = 3 \pm \sqrt{3}$

$\therefore \ \overline{\mathrm{BC}} = 3 + \sqrt{3}$

점 A에서 선분 BC에 내린 수선의 발을 H라 하면
삼각형 ABH는 세 내각이 $30°$, $60°$, $90°$인
직각삼각형이므로 $\overline{\mathrm{BH}} = 3$이다.

따라서 $\overline{\mathrm{CH}} = \sqrt{3}$ 이다.

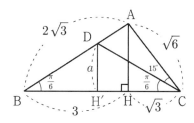

직각삼각형 ACH에서 $\overline{\mathrm{AC}} : \overline{\mathrm{CH}} = \sqrt{6} : \sqrt{3} = \sqrt{2} : 1$이므로

$\angle \mathrm{ACH} = \dfrac{\pi}{4}$ 이다. 따라서 $\angle \mathrm{BCD} = \dfrac{2}{3} \angle \mathrm{ACB} = \dfrac{\pi}{6}$

삼각형 DBC는 $\overline{\mathrm{DB}} = \overline{\mathrm{DC}}$ 인 이등변삼각형이다.

D에서 $\overline{\mathrm{AB}}$에 내린 수선의 발을 H'라 하고 $\overline{\mathrm{DH}'} = a$라 하자.

$\overline{\mathrm{BH}'} = \overline{\mathrm{CH}'} = \sqrt{3} a$

따라서 $2\sqrt{3} a = 3 + \sqrt{3}$

$\therefore \ a = \dfrac{3 + \sqrt{3}}{2\sqrt{3}} = \dfrac{\sqrt{3} + 1}{2}$

따라서 삼각형 DBC의 넓이는

$\dfrac{1}{2} \times (3 + \sqrt{3}) \times \dfrac{\sqrt{3} + 1}{2}$

$= \dfrac{(3 + \sqrt{3})(\sqrt{3} + 1)}{4}$

$= \dfrac{6 + 4\sqrt{3}}{4} = \dfrac{3 + 2\sqrt{3}}{2}$

139 정답 ③

[그림 : 최성훈T]

주어진 조건을 만족시키는 세 점 P, Q, R 를 좌표평면에
나타내면 $\overline{\mathrm{OQ}} = \overline{\mathrm{OR}}$ 이고

$\angle \mathrm{OQR} = \angle \mathrm{ORQ} = \dfrac{3}{8}\pi$이므로 $\angle \mathrm{QOR} = \dfrac{\pi}{4}$

$\overline{\mathrm{OP}} = d$라 하면 $\overline{\mathrm{OQ}} : \overline{\mathrm{PQ}} = 4 : 3$이므로 $\overline{\mathrm{PQ}} = 3d$

이때 $\overline{\mathrm{OR}} = \overline{\mathrm{OQ}} = \overline{\mathrm{OP}} + \overline{\mathrm{PQ}} = d + 3d = 4d$ 이다.

$\therefore \ \triangle \mathrm{PQR} = \triangle \mathrm{OQR} - \triangle \mathrm{OPR}$

$= \dfrac{1}{2} \times \overline{\mathrm{OQ}} \times \overline{\mathrm{OR}} \times \sin \dfrac{\pi}{4} - \dfrac{1}{2} \times \overline{\mathrm{OP}} \times \overline{\mathrm{OR}} \times \sin \dfrac{\pi}{4}$

$= \dfrac{1}{2} \times 4d \times 4d \times \dfrac{\sqrt{2}}{2} - \dfrac{1}{2} \times d \times 4d \times \dfrac{\sqrt{2}}{2}$

$= 4\sqrt{2}\, d^2 - \sqrt{2}\, d^2 = \boxed{3\sqrt{2}}\ d^2$

따라서 d가 최대일 때 삼각형 PQR 의 넓이가 최대이다.

점 P 가 움직이는 원의 중심을 C(4, 3) 라 하면

$\overline{\mathrm{OC}} - k \le \overline{\mathrm{OP}} \le \overline{\mathrm{OC}} + k$이므로

$\sqrt{4^2 + 3^2} - k \le d \le \sqrt{4^2 + 3^2} + k$

$\therefore \ \boxed{5 - k} \le d \le 5 + k$

따라서 삼각형 PQR 의 넓이의 최댓값은 $d = 5 + k$일 때

$3\sqrt{2}\ \boxed{(5 + k)^2}$

그러므로

$p = 3\sqrt{2}$, $f(k) = 5 - k$, $g(k) = (5 + k)^2$이다.

$p^2 = 18$이므로

$f(p^2) = 5 - 18 = -13$, $\sqrt{g(p^2)} = 5 + 18 = 23$

$f(p^2) + \sqrt{g(p^2)} = 10$

140 정답 ①

[그림 : 최성훈T]

삼각형 ACD에서 코사인법칙을 적용하면

$\overline{\mathrm{AC}} = \sqrt{2^2 + \left(\sqrt{5} \right)^2 - 2 \times 2 \times \sqrt{5} \times \dfrac{\sqrt{5}}{4}}$

$= \sqrt{4 + 5 - 5} = 2$

삼각형 $\angle CAD = \theta$라 하면

$$\cos\theta = \frac{2^2 + 2^2 - (\sqrt{5})^2}{2 \times 2 \times 2} = \frac{3}{8}$$

따라서 $\sin\theta = \frac{\sqrt{55}}{8}$

한편, 삼각형 DBC에서 $\cos(\angle BDC) = -\frac{\sqrt{5}}{4}$이므로

$\overline{BD} = x$라 두고 코사인법칙을 적용하면

$$(\sqrt{14})^2 = x^2 + (\sqrt{5})^2 - 2 \times x \times \sqrt{5} \times \left(-\frac{\sqrt{5}}{4}\right)$$

$$14 = x^2 + 5 + \frac{5}{2}x$$

$$2x^2 + 5x - 18 = 0$$

$$(x-2)(2x+9) = 0$$

$$\therefore \ x = 2$$

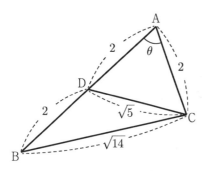

따라서 삼각형 ABC의 넓이는

$$\frac{1}{2} \times \overline{AB} \times \overline{AC} \times \sin\theta$$

$$= \frac{1}{2} \times 4 \times 2 \times \frac{\sqrt{55}}{8} = \frac{\sqrt{55}}{2}$$

141 정답 ⑤

$A + B + C = \pi$이므로 $A + C = \pi - B$

$$\therefore \sin\left(\frac{C-B+A}{2}\right) = \sin\frac{\pi - 2B}{2} = \sin\left(\frac{\pi}{2} - B\right) = \cos B$$

이것을 (가)에 대입하면

$\sin C = 2\cos B \sin A \cdots \bigcirc$

이때 $\triangle ABC$의 외접원의 반지름의 길이를 R라고 하면

$$\sin A = \frac{a}{2R}, \ \sin C = \frac{c}{2R}, \ \cos B = \frac{c^2 + a^2 - b^2}{2ca}$$

이므로 이것을 $\bigcirc$에 대입하면

$$\frac{c}{2R} = 2 \cdot \frac{c^2 + a^2 - b^2}{2ca} \cdot \frac{a}{2R}$$

$$c^2 = c^2 + a^2 - b^2$$

$$a^2 = b^2$$

$$\therefore a = b \ (\because a > 0, b > 0)$$

따라서 $\triangle ABC$는 $a = b$인 이등변삼각형이다.

(나)에서 $\cos A = \frac{b^2 + c^2 - a^2}{2bc} = \frac{c}{2b} = \frac{1}{4}$

$b = 2c$

따라서 삼각형 ABC의 세 변의 길이는 각각 $2c$, $2c$, c이므로

$5c = 10$에서

$c = 2$이다.

세 변의 길이가 4, 4, 2

(나)에서 $\sin A = \frac{\sqrt{15}}{4}$이므로

삼각형 ABC의 넓이 S는

$$S = \frac{1}{2} \times b \times c \times \sin A$$

$$= \frac{1}{2} \times 4 \times 2 \times \frac{\sqrt{15}}{4} = \sqrt{15}$$

삼각함수 단원 평가

142 정답 45

호 AB의 길이 $r \times \frac{2}{3}\pi = 4\pi$에서 $r = 6$

$\angle AOP = \frac{2}{3}\pi \times \frac{1}{4} = \frac{\pi}{6}$

$$\therefore \triangle OAP = \frac{1}{2} \times 6^2 \times \sin\left(\frac{\pi}{6}\right) = 9$$

도형 OAPQRB의 넓이는 $\triangle OAP \times 4 = 36$

또한 $\triangle OAB = \frac{1}{2} \times 6^2 \times \sin\left(\frac{2}{3}\pi\right) = 9\sqrt{3}$

따라서, 오각형 QPABR의 넓이는 도형 OAPQRB의 넓이에서 $\triangle OAB$의 넓이를 빼면 되므로

$S = 36 - 9\sqrt{3}$

$\therefore a = 36, b = -9$

따라서 $a - b = 45$

143 정답 ①

(가)에서 OA와 OP가 이루는 각의 크기중 작은 것을 α라 하면 원의 반지름의 길이가 2이므로

$$\frac{1}{2} \times 4 \times \alpha = \frac{5}{3}\pi$$이다.

따라서 $\overline{OA}(x$축$)$와 $\overline{OP}$가 이루는 각의 크기는 $\alpha = \frac{5}{6}\pi$이다.

그럼 동경 OP는 제1사분면 또는 제4사분면에 위치하게 된다.

(i) 동경의 위치가 제1사분면일 때

$\theta = 2n\pi + \frac{\pi}{6}$ (단, n은 정수)이므로

$$\sin\theta = \sin\frac{\pi}{6} = \frac{1}{2}$$

$$\tan\theta = \tan\frac{\pi}{6} = \frac{\sqrt{3}}{3}$$

$\frac{1}{2} < \frac{\sqrt{3}}{3}$이므로 (나)조건에 모순이다.

(ii) 동경의 위치가 제4사분면일 때

$\theta = 2n\pi - \dfrac{\pi}{6}$ (단, n은 정수) 이므로

$\sin\theta = \sin\left(2n\pi - \dfrac{\pi}{6}\right) = -\dfrac{1}{2}$

$\tan\theta = \tan\left(2n\pi - \dfrac{\pi}{6}\right) = -\dfrac{\sqrt{3}}{3}$

$-\dfrac{1}{2} > -\dfrac{\sqrt{3}}{3}$ 이므로 (나)조건을 만족한다.

(i), (ii)에서 $\theta = 2n\pi - \dfrac{\pi}{6}$

그러므로 $\cos\theta + \tan\theta = \dfrac{\sqrt{3}}{2} - \dfrac{\sqrt{3}}{3} = \dfrac{\sqrt{3}}{6}$

144 정답 ②

[그림 : 최성훈T]

함수 $f(x)$의 최댓값이 3이고 최솟값이 -1이므로
$a = 2$, $d = 1$이다.

따라서 $f(x) = 2\sin(bx+c) + 1$

$2\sin(bx+c) + 1 = 0 \Rightarrow \sin(bx+c) = -\dfrac{1}{2} \cdots \bigcirc$

한편, $f(x) = a\sin(bx+c) + d$는 $y = a\sin bx + d$를 x축으로

$-\dfrac{c}{b} < 0$만큼 평행 이동한 그래프이다.

$\sin\theta = -\dfrac{1}{2}$ 인 θ는 $\cdots, \dfrac{7}{6}\pi, \dfrac{11}{6}\pi, \dfrac{19}{6}\pi, \cdots$

따라서 문제 그림에서

(i) 원점 오른쪽 첫 번째가 $\dfrac{7}{6}\pi$, 두 번째가 $\dfrac{11}{6}\pi$일 때,

$f\left(\dfrac{\pi}{4}\right) = f\left(\dfrac{11}{12}\pi\right) = 0$에서

$\bigcirc$에서 $\dfrac{1}{4}\pi b + c = \dfrac{7}{6}\pi$, $\dfrac{11}{12}\pi b + c = \dfrac{11}{6}\pi$이다.

연립방정식을 풀면

$\dfrac{2}{3}\pi b = \dfrac{2}{3}\pi$

따라서 $b = 1$이다.

$1 < b < 3$이므로 모순이다.

(ii) $y = f(x)$와 x축이 만나는 점의 원점 바로 왼쪽의 교점이

$\dfrac{7}{6}\pi$에 대응하는 점이고 오른쪽 첫 번째가 $\dfrac{11}{6}\pi$, 두 번째가

$\dfrac{19}{6}\pi$일 때,

$f\left(\dfrac{\pi}{4}\right) = f\left(\dfrac{11}{12}\pi\right) = 0$이므로

$\bigcirc$에서 $\dfrac{1}{4}\pi b + c = \dfrac{11}{6}\pi$, $\dfrac{11}{12}\pi b + c = \dfrac{19}{6}\pi$이다.

연립방정식을 풀면

$\dfrac{2}{3}\pi b = \dfrac{4}{3}\pi$

따라서 $b = 2$이다. $1 < b < 3$을 만족한다.

$\dfrac{\pi}{2} + c = \dfrac{11}{6}\pi$에서 $c = \dfrac{4}{3}\pi$

$f(x) = 2\sin\left(2x + \dfrac{4}{3}\pi\right) + 1$

따라서 $a = 2$, $b = 2$, $c = \dfrac{4}{3}\pi$, $d = 1$이다.

$a \times b \times c \times d = \dfrac{16}{3}\pi$

145 정답 82

$y = \sin 2x$ 는 주기가 π이고 $x = \dfrac{\pi}{4}$, $x = \dfrac{3}{4}\pi$, $x = \dfrac{5}{4}\pi$,

$x = \dfrac{7}{4}\pi$에서 극값을 갖고 극점은 각각 $\left(\dfrac{\pi}{4}, 1\right)$, $\left(\dfrac{3}{4}\pi, -1\right)$,

$\left(\dfrac{5}{4}\pi, 1\right)$, $\left(\dfrac{7}{4}\pi, -1\right)$와 같다.

$y = \sin(nx)$ 가 $y = \sin 2x$ 와 접하기 위해서는 4개의 극점을
지날 때이다.

그 중 $\left(\dfrac{\pi}{4}, 1\right)$을 $y = \sin(nx)$ 이 지나면 주기성에 의해 나머지

극점 $\left(\dfrac{3}{4}\pi, -1\right)$, $\left(\dfrac{5}{4}\pi, 1\right)$, $\left(\dfrac{7}{4}\pi, -1\right)$을 모두 지나므로

$1 = \sin\dfrac{n}{4}\pi$을 만족하는 3이상의 자연수를 구하면 된다.

$\sin\dfrac{5}{2}\pi = 1$, $\sin\dfrac{9}{2}\pi = 1$, $\sin\dfrac{13}{2}\pi = 1$, $\cdots$이므로

$\dfrac{n}{4} = \dfrac{5}{2}$에서 $n = 10$

$\dfrac{n}{4} = \dfrac{9}{2}$에서 $n = 18$

그러므로

$a_1 = 10$, $a_2 = 18$, $a_3 = 26$, $\cdots$

$10, 18, 26, \cdots$이다.

따라서 $a_k = 8k + 2$이다.

그러므로 $a_{10} = 82$

146 정답 ④

$f(2-x) + f(2+x) = 4$일 때, $y = f(x)$는 점 $(2, 2)$의 점대칭
함수이다.

$y = \sin x$의 대칭점은 $\cdots$, $(-\pi, 0)$, $(0, 0)$, $(\pi, 0)$, $\cdots$
이므로

$a = 2$ 또는 $a = n\pi + 2$ (n은 정수)이고 $b = 2$이다.

따라서 $a_1 = 2$, $a_2 = \pi + 2$, $a_3 = 2\pi + 2$, $a_4 = 3\pi + 2$, $\cdots$이다.

$b + \sum\limits_{k=1}^{10} a_k = 2 + \left\{2 + \sum\limits_{k=1}^{9}(k\pi + 2)\right\} = 2 + (2 + 45\pi + 18)$

$= 45\pi + 22$

[랑데뷰팁]
$f(a-x)+f(a+x)=2b \Rightarrow$ 함수 $f(x)$는 (a, b)에 대칭이다.

147 정답 ①

[그림 : 최성훈T]

$0 \leq x \leq \pi$에서 $0 \leq \sin x \leq 1$이므로 $\sin x = t$라 두면

$g(t) = \dfrac{4}{3}\pi \left| t - \dfrac{1}{2} \right| + a$

$g(x)$의 그래프는 그림과 같다.

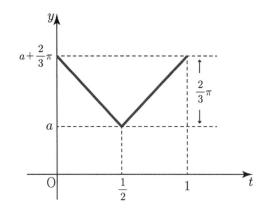

$0 \leq x \leq \pi$에서 함수 $g(x)$는 $a \leq g(x) \leq a + \dfrac{2}{3}\pi$이고 함수

$f(x)$도 마찬가지로 $a \leq f(x) \leq a + \dfrac{2}{3}\pi$이다.

방정식 $\sin f(x) = \dfrac{1}{2}$를 만족하는

$f(x) = \dfrac{\pi}{6}, \dfrac{5}{6}\pi, \dfrac{13}{6}\pi, \dfrac{17}{6}\pi, \cdots$이다.

$f(x)$의 범위 $a \leq f(x) \leq a + \dfrac{2}{3}\pi$에서 구간의 길이는 $\dfrac{2}{3}\pi$이고

k의 값이 $0 \leq a \leq 3\pi$에서

$y = f(x)$는 $y = a$와 1개의 교점을 $y = a + \dfrac{2}{3}\pi$와 2개의 교점을

가진다.

(방정식 $\sin f(x) = \dfrac{1}{2}$의 해의 개수가 많기 위해서는 $y = f(x)$와

$y = \dfrac{\pi}{6}$, $y = \dfrac{5}{6}\pi$, $y = \dfrac{13}{6}\pi$, $y = \dfrac{17}{6}\pi$가 많은 점에서 만나야

한다.)

따라서 가능한 a의 값은 $\dfrac{\pi}{6}$와 $\dfrac{13}{6}\pi$이다.

그러므로 가능한 a의 값의 합

$S = \dfrac{\pi}{6} + \dfrac{13}{6}\pi = \dfrac{7}{3}\pi \cdots$ ㉠

한편,

$a = \dfrac{\pi}{6}$일 때, $f(x) = \dfrac{4}{3}\pi \left| \sin x - \dfrac{1}{2} \right| + \dfrac{\pi}{6}$이고

$\sin f(x) = \dfrac{1}{2}$을 만족하는 $f(x) = \dfrac{\pi}{6}$ 또는 $f(x) = \dfrac{5}{6}\pi$이다.

$f(x) = \dfrac{\pi}{6}$일 때, $\sin x = \dfrac{1}{2}$이므로 $x = \dfrac{\pi}{6}$, $x = \dfrac{5}{6}\pi$로 2개다.

$f(x) = \dfrac{5}{6}\pi$일 때, $\sin x = 0$ 또는 $\sin x = 1$이므로 $x = 0$, $x = \pi$

또는 $x = \dfrac{\pi}{2}$로 3개다.

$a = \dfrac{13}{6}\pi$일 때도 마찬가지이다.

따라서 $\sin f(x) = \dfrac{1}{2}$의 모든 해의 최대 개수 $M = 2 + 3 = 5 \cdots$

㉡

㉠, ㉡에서

$M \times S = \dfrac{35}{3}\pi$

148 정답 25

(가)에서 $\angle AOC = \dfrac{\pi}{2}$이다.

두 함수 $y = \dfrac{1}{a}\sin(a\pi x)$와 $y = b\left(x - \dfrac{1}{a} \right)$는 $\left(\dfrac{1}{a}, 0 \right)$에 점

대칭인 그래프이므로 점 B의 좌표가 $\left(\dfrac{1}{a}, 0 \right)$이고 두 점 A, C는

$\left(\dfrac{1}{a}, 0 \right)$에 서로 대칭이므로 점 B는 선분 AC의 중점이다.

점 B가 $\overline{AC}$의 중점으로 직각삼각형 AOC의 외접원의

중심이다.

따라서 $\overline{OB} = \overline{AB} = \overline{AC} = 4$이다.

$\dfrac{1}{a} = 4$에서 $a = \dfrac{1}{4}$이다.

그러므로 $100a = 100 \times \dfrac{1}{4} = 25$

149 정답 ②

$f^{-1}\left(\dfrac{1}{4} \right) = \alpha \left(0 \leq \alpha \leq \dfrac{\pi}{2} \right)$로 놓으면

$f(\alpha) = \dfrac{1}{4} \therefore \sin \alpha = \dfrac{1}{4} \cdots$ ㉠

$g^{-1}\left(\dfrac{1}{4} \right) = \beta \left(0 \leq \beta \leq \dfrac{\pi}{2} \right)$로 놓으면

$g(\beta) = \dfrac{1}{4} \therefore \cos \beta = \dfrac{1}{4} \cdots$ ㉡

㉠㉡에서 $\sin \alpha = \cos \beta$

이때 $\sin \left(\dfrac{\pi}{2} - \beta \right) = \cos \beta$이므로

$\dfrac{\pi}{2} - \beta = \alpha \qquad\qquad \therefore \alpha + \beta = \dfrac{\pi}{2}$

같은 방법으로 $f^{-1}\left(\dfrac{1}{6} \right) = \gamma \left(0 \leq \alpha \leq \dfrac{\pi}{2} \right)$,

$g^{-1}\left(\dfrac{1}{6}\right)=\delta\left(0\leq\beta\leq\dfrac{\pi}{2}\right)$

라 두면 $\gamma+\delta=\dfrac{\pi}{2}$ 이다.

그러므로

$f^{-1}\left(\dfrac{1}{4}\right)+f^{-1}\left(\dfrac{1}{6}\right)+g^{-1}\left(\dfrac{1}{4}\right)+g^{-1}\left(\dfrac{1}{6}\right)$

$=\alpha+\gamma+\beta+\delta=\pi$

$k=\pi$ 이므로 $f\left(\dfrac{k}{2}\right)+g\left(\dfrac{k}{3}\right)=\sin\dfrac{\pi}{2}+\cos\dfrac{\pi}{3}=1+\dfrac{1}{2}=\dfrac{3}{2}$

150 정답 ④

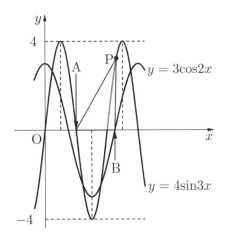

$A\left(\dfrac{\pi}{3},0\right)$, $B\left(\dfrac{3\pi}{4},0\right)$ 이므로 $\overline{AB}=\dfrac{5\pi}{12}$ 이다.

점 P의 y좌표의 최댓값은 4 이므로 $\triangle ABP$ 의 넓이

의 최댓값은 $\dfrac{5\pi}{6}$ 이다.

151 정답 ⑤

$(\sin x+\cos x)^2=\sqrt{3}\sin x+1$ 에서

$1+2\sin x\cos x=\sqrt{3}\sin x+1$

$\sin x(2\cos x-\sqrt{3})=0$

$0\leq x\leq\pi$ 이므로

$\sin x=0$ 일 때 $x=0$, $x=\pi$

$\cos x=\dfrac{\sqrt{3}}{2}$ 일 때, $x=\dfrac{\pi}{6}$

따라서 모든 실근의 합은 $0+\dfrac{\pi}{6}+\pi=\dfrac{7}{6}\pi$

152 정답 ⑤

$|\cos x|=t$ 라 두면 $0\leq t\leq1$ 이고

$\cos(|\cos x|)=\cos t=\dfrac{\sqrt{2}}{2}$

만족하는 $t=\dfrac{\pi}{4}$

따라서 $|\cos x|=\dfrac{\pi}{4}$

그러므로 $\cos x=\pm\dfrac{\pi}{4}$

$\cos x=\dfrac{\pi}{4}$ 의 두 근을 α, β라 두면 두 근은 $x=\pi$에 대칭이므로

$\alpha+\beta=2\pi$

$\cos x=-\dfrac{\pi}{4}$ 의 두 근을 γ, δ라 두면 두 근은 $x=\pi$에

대칭이므로 $\gamma+\delta=2\pi$

따라서 모든 근의 합은 4π이다.

153 정답 ②

[그림 : 최성훈T]

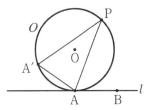

$\sin(\angle PAB)=\theta$라 하면 $\angle OAB=\dfrac{\pi}{2}$이므로

$$\angle OAP=\dfrac{\pi}{2}-\theta$$ 이다.

$\overline{OA}=\overline{OP}$이므로 $\angle OPA=\dfrac{\pi}{2}-\theta$이다.

따라서 $\angle AOP=\pi-2\times\left(\dfrac{\pi}{2}-\theta\right)=2\theta$이다.

따라서 호 AP에 대한 중심각의 크기가 θ이므로 호 AP의

원주각 $\angle PA'A=\theta$이다.

그러므로 $\angle PAA'=\theta$ $(\because \overline{AP}=\overline{A'P})$ 이다.

$\triangle APA'$에서 사인법칙에 의해

$\dfrac{\overline{AP}}{\sin\theta}=2$

$\sin\theta=\dfrac{4}{5}$이므로

$\overline{AP}=\dfrac{8}{5}\Rightarrow$ (가)

점 P에서 선분 AA'에 내린 수선의 발을 H라 하면

$\overline{AH}=\overline{AP}\times\cos\theta=\dfrac{8}{5}\times\dfrac{3}{5}=\dfrac{24}{25}\Rightarrow$ (나)

따라서 $\overline{AA'}=2\overline{AH}=\dfrac{48}{25}$

또한 $\overline{PH}=\overline{AP}\times\sin\theta=\dfrac{8}{5}\times\dfrac{4}{5}=\dfrac{32}{25}\Rightarrow$ (다)

그러므로 삼각형 APA'의 넓이는

$\dfrac{1}{2}\times\overline{AA'}\times\overline{PH}=\dfrac{1}{2}\times\dfrac{48}{25}\times\dfrac{32}{25}=\dfrac{768}{625}$

$p=\dfrac{8}{5}$, $q=\dfrac{48}{25}$, $r=\dfrac{32}{25}$

$$\frac{q+r}{p}=\left(\frac{24}{25}+\frac{32}{25}\right)\times\frac{5}{8}=\frac{56}{25}\times\frac{5}{8}=\frac{7}{5}$$

154 정답 110

(나)에서 $f\left(x+\frac{3}{2}\right)=f\left(x-\frac{3}{2}\right)$의 x에 $x=t+\frac{3}{2}$을 대입하면

$f(t+3)=f(t)$이므로 함수 $f(t)$는 주기가 3인 함수이다.

따라서 $f(x)$의 그래프는 다음 그림과 같다.

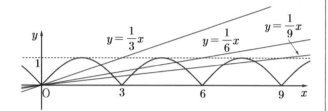

즉, $f(x)=\left|\sin\left(\frac{\pi}{3}x\right)\right|$이다.

$nf(x)=\frac{x}{3}\rightarrow f(x)=\frac{x}{3n}\rightarrow\left|\sin\left(\frac{\pi}{3}x\right)\right|=\frac{x}{3n}$

$n=1$일 때, $0\leq x\leq 3$에서

$y=\left|\sin\frac{\pi}{3}x\right|$와 $y=\frac{x}{3}$의 교점의 개수는 2

따라서 $a_1=2$

$n=2$일 때, $0\leq x\leq 6$에서

$y=\left|\sin\frac{\pi}{3}x\right|$와 $y=\frac{x}{6}$의 교점의 개수는 4

따라서 $a_2=4$

$n=3$일 때, $0\leq x\leq 9$에서

$y=\left|\sin\frac{\pi}{3}x\right|$와 $y=\frac{x}{9}$의 교점의 개수는 6

따라서 $a_2=6$

$a_n=2n$

$$\sum_{n=1}^{10}a_n=2\sum_{n=1}^{10}n=10\times11=110$$

155 정답 ③

$f(x)=2\sin(ax)+b$가 $A(\pi,\ k)$, $B(3\pi,\ k)$을 지나므로

$\sin(\pi a)=\sin(3\pi a)$이 성립한다.

$0<a<1$에서 $-\frac{2}{9}\pi<-\frac{\pi}{4}a<0$, $0<\frac{9}{4}\pi a<2\pi$이다.

따라서

$3\pi a=(2n-1)\pi-\pi a$ 또는 $3\pi a=2n\pi+\pi a$

(i) $3\pi a=(2n-1)\pi-\pi a\rightarrow 4\pi a=(2n-1)\pi\rightarrow a=\frac{2n-1}{4}$

(ii) $3\pi a=2n\pi+\pi a\rightarrow 2\pi a=2n\pi\rightarrow a=n$

$\frac{1}{2}<a<1$을 만족하는 a는 $n=2$일 때, $a=\frac{3}{4}$이다.

따라서

$f(x)=2\sin\frac{3}{4}x+b$

$f\left(\frac{10}{9}\pi\right)=-1$이므로 $2\sin\frac{5}{6}\pi+b=1+b=-1$에서 $b=-2$

$f(x)=2\sin\frac{3}{4}x-2$

따라서

$k=f(\pi)=2\sin\frac{3}{4}\pi-2=\sqrt{2}-2$이다.

156 정답 ①

[그림 : 배용제T]

$\left[\{f(x)\}^2-3c^2\right]\{f(x)+2c\}=0$

$\{f(x)-\sqrt{3}c\}\{f(x)+\sqrt{3}c\}\{f(x)+2c\}=0$

$f(x)=\sqrt{3}c$, $f(x)=-\sqrt{3}c$, $f(x)=-2c$에서 서로 다른 실근의

개수가 5이기 위해서는 $-2c=-a$이어야 한다.

따라서 $c=\frac{a}{2}$

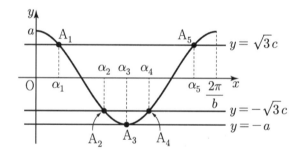

(i) $f(x)=\sqrt{3}c$에서

$a\cos bx=\frac{\sqrt{3}}{2}a$

$\cos bx=\frac{\sqrt{3}}{2}$

$bx=\frac{\pi}{6}$, $bx=\frac{11\pi}{6}$

따라서 $x=\frac{\pi}{6b}$, $x=\frac{11\pi}{6b}$

(ii) $f(x)=-\sqrt{3}c$에서

$a\cos bx=-\frac{\sqrt{3}}{2}a$

$\cos bx=-\frac{\sqrt{3}}{2}$

$bx=\frac{5\pi}{6}$, $bx=\frac{7\pi}{6}$

따라서 $x = \dfrac{5\pi}{6b}$, $x = \dfrac{7\pi}{6b}$

(iii) $f(x) = -2c$에서

$a\cos bx = -a$

$\cos bx = -1$

$bx = \pi$

따라서 $x = \dfrac{\pi}{b}$

(i), (ii), (iii)에서

$\alpha_1 = \dfrac{\pi}{6b}$, $\alpha_2 = \dfrac{5\pi}{6b}$, $\alpha_3 = \dfrac{\pi}{b}$, $\alpha_4 = \dfrac{7\pi}{6b}$, $\alpha_5 = \dfrac{11\pi}{6b}$

따라서

$A_1\left(\dfrac{\pi}{6b}, \dfrac{\sqrt{3}}{2}a\right)$, $A_2\left(\dfrac{5\pi}{6b}, -\dfrac{\sqrt{3}}{2}a\right)$, $A_3\left(\dfrac{\pi}{b}, -a\right)$,

$A_4\left(\dfrac{7\pi}{6b}, -\dfrac{\sqrt{3}}{2}a\right)$, $A_5\left(\dfrac{11\pi}{6b}, \dfrac{\sqrt{3}}{2}a\right)$

이다.

$\overline{A_1A_4} = \sqrt{\left(\dfrac{\pi}{b}\right)^2 + \left(\sqrt{3}\,a\right)^2} = \sqrt{\dfrac{\pi^2}{b^2} + 3a^2}$, $\overline{A_2A_4} = \dfrac{\pi}{3b}$ 이고

(가) $\overline{A_1A_4} = 6\overline{A_2A_4}$에서 $\dfrac{\pi^2}{b^2} + 3a^2 = \dfrac{4\pi^2}{b^2}$

$3a^2 = \dfrac{3\pi^2}{b^2}$

$\therefore a = \dfrac{\pi}{b}$

(나)에서 사각형 $A_1A_2A_4A_5$는 사다리꼴이므로 넓이는

$\dfrac{1}{2} \times \left(\overline{A_1A_5} + \overline{A_2A_4}\right) \times h$에서 $h = \sqrt{3}a$이므로

$\dfrac{\sqrt{3}}{2}a\left(\dfrac{10\pi}{6b} + \dfrac{2\pi}{6b}\right) = \sqrt{3}$

$a \times \dfrac{\pi}{b} = 1$

$a^2 = 1$

$a = 1$, $b = \pi$, $c = \dfrac{1}{2}$

그러므로 $a \times b \times c = \dfrac{\pi}{2}$이다.

157 정답 3

선분 AP의 길이를 a, 선분 BP의 길이를 x라 두자.

삼각형 ABP에서 코사인 법칙을 적용하면

$9 = a^2 + x^2 - 2ax\cos 60°$

$9 = a^2 + x^2 - ax \cdots \bigcirc$

삼각형 ACP에서 코사인 법칙을 적용하면

$13 = a^2 + (4-x)^2 - 2a(4-x)\cos 120°$

$13 = a^2 + x^2 - 8x + 16 + 4a - ax \cdots \bigcirc$

$\bigcirc - \bigcirc$

$4 = -8x + 16 + 4a$

$4a = 8x - 12$

$a = 2x - 3$을 $\bigcirc$에 대입하면

$9 = (2x-3)^2 + x^2 - (2x-3)x$

$9 = 4x^2 - 12x + 9 + x^2 - 2x^2 + 3x$

$3x^2 - 9x = 0$

$3x(x-3) = 0$

$\therefore x = 3$

따라서 $\overline{BP} = 3$, $\overline{CP} = 1$이므로

$\overline{BP} \times \overline{CP} = 3 \times 1 = 3$

[랑데뷰팁]

$\cos B = \dfrac{3^2 + 4^2 - \left(\sqrt{13}\right)^2}{2 \times 3 \times 4} = \dfrac{12}{24} = \dfrac{1}{2}$

$\therefore \angle B = \dfrac{\pi}{3}$

158 정답 ③

[그림 : 이호진T]

$\overline{AD} = x$라 하면 $\overline{CD} = x + \sqrt{5}$이고 $\angle ABC = \theta$라 하면

$\angle ADC = \pi - \theta$이다.

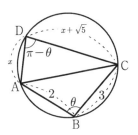

(나)에서 삼각형 ABC의 넓이와 삼각형 ACD의 넓이가

같으므로

$\dfrac{1}{2} \times 2 \times 3 \times \sin\theta = \dfrac{1}{2} \times x \times (x + \sqrt{5}) \times \sin(\pi - \theta)$

$\therefore x(x + \sqrt{5}) = 6 \cdots\cdots \bigcirc$

삼각형 ABC에서 코사인법칙을 적용하면

$\overline{AC}^2 = 2^2 + 3^2 - 2 \times 2 \times 3 \times \cos\theta$

$= 13 - 12\cos\theta$

삼각형 ACD에서 코사인법칙을 적용하면

$\overline{AC}^2 = x^2 + (x + \sqrt{5})^2 - 2 \times x \times (x + \sqrt{5}) \times \cos(\pi - \theta)$

$= 2x(x + \sqrt{5}) + 5 + 2x(x + \sqrt{5})\cos\theta$

$= 12 + 5 + 12\cos\theta \ (\because \bigcirc)$

따라서

$13 - 12\cos\theta = 17 + 12\cos\theta$

$\therefore \cos\theta = -\dfrac{1}{6}$

따라서 $\overline{AC} = \sqrt{15}$이다.

159 정답 ④

[그림 : 강민구T]

곡선 $y = a\cos\left(\dfrac{\pi x}{2}\right)$는 주기가 4이다.

곡선 $y = 2a\sin\left(\dfrac{2\pi x}{3}\right)$은 주기가 3이다.

따라서 함수 $f(x)$의 그래프는 그림과 같다.

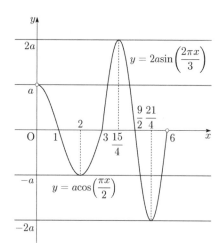

$k = a$일 때, $y = f(x)$와 $y = a$는 두 점에서 만나고 두 점의

x좌표는 $x = \dfrac{15}{4}$의 대칭이므로 $2 \times \dfrac{15}{4} = \dfrac{15}{2}$이다.

따라서 $a \le k < 2a$인 k에 대하여 방정식 $f(x) = k$의 서로 다른

실근의 합은 $\dfrac{15}{2}$이다.

k의 최솟값이 2이므로 $a = 2$이다.

$$f(x) = \begin{cases} 2\cos\left(\dfrac{\pi x}{2}\right) & (0 < x \le 3) \\[2mm] 4\sin\left(\dfrac{2\pi x}{3}\right) & (3 < x < 6) \end{cases}$$

따라서 함수 $y = f(x)$의 그래프는 다음과 같다.

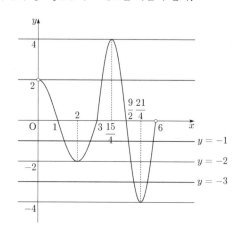

$g(-1) = 2 \times 2 + 2 \times \dfrac{21}{4} = 4 + \dfrac{21}{2} = \dfrac{29}{2}$

$g(-2) = 2 + 2 \times \dfrac{21}{4} = \dfrac{25}{2}$

$g(-3) = 2 \times \dfrac{21}{4} = \dfrac{21}{2}$

따라서

$g(-1) + g(-2) + g(-3) = \dfrac{75}{2}$이다.

160 정답 ④

[그림 : 이정배T]

[검토 : 안형진T]

원주각 성질에 의해

$\angle CBD = \angle CAD = \alpha$, $\angle ABD = \angle ACD = \beta$라 하자.

(가) 조건에 의해 $\angle ABC = \angle ACB = \alpha + \beta$이고 원에

내접하는 사각형의 성질에 의해

$\angle ADC = \pi - (\alpha + \beta)$이다.

원의 반지름의 길이가 $\dfrac{5}{2}$이므로

삼각형 ACD에서 사인법칙을 적용하면

$\dfrac{1}{\sin\alpha} = \dfrac{\overline{AC}}{\sin\{\pi - (\alpha + \beta)\}} = 5$

$\therefore \sin\alpha = \dfrac{1}{5}$, $\overline{AC} = 5\sin(\alpha + \beta)$ …… ㉠

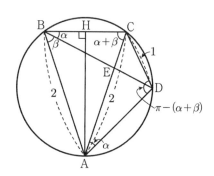

조건 (나)에서 $\overline{CE} = k$라 하면 $\overline{BE} = 2k$이므로 사인법칙을

적용하면

$\dfrac{2k}{\sin(\alpha + \beta)} = \dfrac{k}{\sin\alpha}$

$\sin(\alpha + \beta) = 2\sin\alpha = \dfrac{2}{5}$

㉠에서 $\overline{AC} = 2$이다.

따라서 $\overline{AB} = 2$, $\cos(\alpha + \beta) = \dfrac{\sqrt{21}}{5}$이다.

이등변삼각형 ABC에서 꼭짓점 A에서 변 BC에 내린 수선의

발을 H라 하면

$\cos(\alpha + \beta) = \dfrac{\overline{BH}}{2} = \dfrac{\sqrt{21}}{5}$

$\overline{BH} = \dfrac{2\sqrt{21}}{5}$

$\therefore \overline{BC} = 2\overline{BH} = \dfrac{4\sqrt{21}}{5}$

161 정답 106

[그림 : 배용제T]

구간 $[0, 2\pi)$에서 곡선 $y = a\sin(nx) + b$의 최댓값을 M, 최솟값을 m이라 하면

(i) $m < n < M$일 때, a_n의 개수는 다음과 같다.

$a_1 = 2$, $a_2 = 4$, $a_3 = 6$, $a_4 = 8$, $a_5 = 10$이다.

(ii) $m = n$일 때, a_n의 개수는 다음과 같다.

$a_1 = 1$, $a_2 = 2$, $a_3 = 3$, $a_4 = 4$, $a_5 = 5$이다.

(i), (ii)에서

$\displaystyle\sum_{n=1}^{5} a_n = 14$을 만족시키기 위해서는

$a_1 = 0$, $a_2 = 0$, $a_3 = 0$, $a_4 = 4$, $a_5 = 10$이어야 한다.

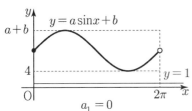

$a_1 = 0$

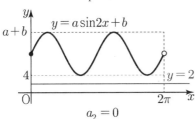

$a_2 = 0$

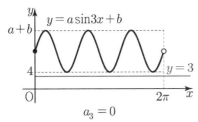

$a_3 = 0$

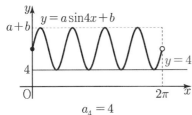

$a_4 = 4$

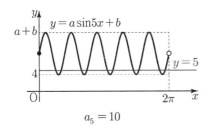

$a_5 = 10$

즉, $m = 4$이어야 한다.

$m = -a + b$이므로 $-a + b = 4$이다. …… ㉠

한편, a_n의 최댓값은 a_{13}이므로 $13 < M \le 14$이어야 한다.

$M = a + b$이므로 $13 < a + b \le 14$ …… ㉡

㉠, ㉡에서 $b = a + 4$이므로

$13 < 2a + 4 \le 14$

$9 < 2a \le 10$

$\dfrac{9}{2} < a \le 5$

a가 자연수이므로 $a = 5$이고 $b = 9$이다.

따라서 $a^2 + b^2 = 25 + 81 = 106$이다.

162 정답 ②

[그림 : 이정배T]

$\overline{BC} = x$라 하면 $\overline{AB} = 4x$이다.

삼각형 ABC에서 코사인법칙을 적용하면

$(\sqrt{3})^2 = (4x)^2 + x^2 - 2 \times 4x \times x \times \cos\dfrac{2}{3}\pi$

$3 = 16x^2 + x^2 + 4x^2$

$x^2 = \dfrac{1}{7}$

$\therefore x = \dfrac{\sqrt{7}}{7}$

따라서 $\overline{BC} = \dfrac{\sqrt{7}}{7}$, $\overline{AB} = \dfrac{4\sqrt{7}}{7}$

$\angle ACB = \theta$라 하고 코사인법칙을 적용하면

$\cos\theta = \dfrac{(\sqrt{3})^2 + \left(\dfrac{\sqrt{7}}{7}\right)^2 - \left(\dfrac{4\sqrt{7}}{7}\right)^2}{2 \times \sqrt{3} \times \dfrac{\sqrt{7}}{7}}$

$= \dfrac{3 + \dfrac{1}{7} - \dfrac{16}{7}}{\dfrac{2\sqrt{21}}{7}} = \dfrac{3}{\sqrt{21}}$

$\therefore \tan\theta = \dfrac{2\sqrt{3}}{3}$

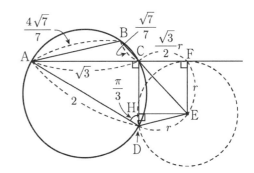

$\angle ECF = \theta$이고 점 E에서 직선 AC에 내린 수선의 발을 F라 하자.

$\overline{DE} = \overline{EF} = r$라 하면 직각삼각형 CEF에서

$\tan\theta = \dfrac{2\sqrt{3}}{3} = \dfrac{\overline{EF}}{\overline{CF}} = \dfrac{r}{\overline{CF}}$

$\therefore \overline{CF} = \dfrac{\sqrt{3}}{2}r$

사각형 ABCD는 원에 내접하므로 $\angle ADC = \dfrac{\pi}{3}$ 이다.

선분 AD가 원의 지름이므로 $\angle ACD = \dfrac{\pi}{2}$ 이다.

따라서 직각삼각형 ACD에서 $\overline{CD}=1$ 이다.

점 E에서 선분 CD에 내린 수선의 발을 H라 하면

$\overline{EH}=\overline{CF}=\dfrac{\sqrt{3}}{2}r$, $\overline{DH}=1-r$, $\overline{DE}=r$

피타고라스 정리를 적용하면

$\left(\dfrac{\sqrt{3}}{2}r\right)^2+(1-r)^2=r^2$

$\dfrac{3}{4}r^2+1-2r+r^2=r^2$

$3r^2-8r+4=0$, $(3r-2)(r-2)=0$

$\therefore r=\dfrac{2}{3}$ ($\because \overline{AD}>\overline{DE}$)

163 정답 ④

[출제자 : 황보성호T]
[그림 : 이정배T]

조건 (가)에 의하여 $\overline{AB}=2k$, $\overline{BD}=3k$ $(k>0)$ 라 하자.
$\angle ADP=\theta$ 라 하자.
삼각형 ABD에서 코사인법칙에 의하여

$\cos\theta=\dfrac{4k^2+9k^2-4k^2}{2\cdot 2k\cdot 3k}=\dfrac{3}{4}$

$\sin^2\theta+\cos^2\theta=1$ 이므로 $\sin\theta=\dfrac{\sqrt{7}}{4}$

$\overline{AD}\,/\!/\,\overline{BC}$ 이므로 $\angle ADB=\angle DBC=\theta$
삼각형 BCD에서 코사인법칙에 의하여

$\cos\theta=\dfrac{100+9k^2-4k^2}{2\cdot 10\cdot 3k}=\dfrac{20+k^2}{12k}$

즉, $\dfrac{20+k^2}{12k}=\dfrac{3}{4}$ 에서 $k^2-9k+20=0$, $(k-4)(k-5)=0$

$\therefore k=4$ 또는 $k=5$

여기서 $\overline{AD}<\overline{BC}$ 이므로 $k=4$

두 삼각형 PAD, PBC는 서로 닮음이므로 대응하는 변의
길이의 비는 일정하다.

즉, $\overline{AD}:\overline{BC}=\overline{PD}:\overline{PB}$ 에서 $\overline{PD}:\overline{PB}=4:5$

$\overline{PD}=12\times\dfrac{4}{4+5}=\dfrac{16}{3}$, $\overline{PB}=12\times\dfrac{5}{4+5}=\dfrac{20}{3}$

라 하자.

$\triangle PAD=\dfrac{1}{2}\times 8\times\dfrac{16}{3}\times\dfrac{\sqrt{7}}{4}=\dfrac{16\sqrt{7}}{3}$

$\triangle PBC=\dfrac{1}{2}\times 10\times\dfrac{20}{3}\times\dfrac{\sqrt{7}}{4}=\dfrac{25\sqrt{7}}{3}$

따라서 두 이등변삼각형 PAD, PBC의 넓이의 차는 $3\sqrt{7}$

164 정답 ③

[그림 : 배용제T]
[검토자 : 이덕훈T]

삼각형 ABC에 사인법칙을 적용하면

$\dfrac{\overline{AC}}{\sin\dfrac{\pi}{3}}=2\times\overline{AO}$ $\rightarrow$ $5\sqrt{3}\times\dfrac{2}{\sqrt{3}}=2\times\overline{AO}$

$\therefore \overline{AO}=5$

한편 중심이 O인 원의 넓이가 $\dfrac{64}{3}\pi$ 이므로 반지름의 길이는

$\dfrac{8}{\sqrt{3}}=\dfrac{8\sqrt{3}}{3}$ 이다.

$\therefore \overline{AO'}=\dfrac{8\sqrt{3}}{3}$

삼각형 ABD에서 사인법칙을 적용하면

$\dfrac{\overline{AD}}{\sin\dfrac{\pi}{3}}=2\times\dfrac{8\sqrt{3}}{3}$

$\therefore \overline{AD}=8$

따라서 $\overline{OD}=3$ 이다.

삼각형 O'AD는 $\overline{AO'}=\overline{DO'}=\dfrac{8\sqrt{3}}{3}$ 인 이등변삼각형이다.

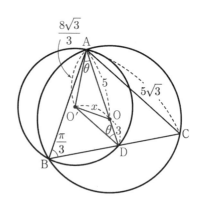

$\angle O'AD=\angle O'DA=\theta$, $\overline{O'O}=x$ 라 하고 코사인법칙을
적용하면

$\cos\theta=\dfrac{\left(\dfrac{8\sqrt{3}}{3}\right)^2+3^2-x^2}{2\times\dfrac{8\sqrt{3}}{3}\times 3}=\dfrac{\left(\dfrac{8\sqrt{3}}{3}\right)^2+5^2-x^2}{2\times\dfrac{8\sqrt{3}}{3}\times 5}$ ...... ㉠

$\dfrac{\dfrac{64}{3}+9-x^2}{3}=\dfrac{\dfrac{64}{3}+25-x^2}{5}$

$5\times\dfrac{91}{3}-5x^2=3\times\dfrac{139}{3}-3x^2$

$\dfrac{455-417}{3}=2x^2$

$x^2=\dfrac{19}{3}$

㉠에서 $\cos\theta=\dfrac{\dfrac{64}{3}+9-\dfrac{19}{3}}{16\sqrt{3}}=\dfrac{24\sqrt{3}}{48}=\dfrac{\sqrt{3}}{2}$

$$\therefore \sin\theta = \frac{1}{2}$$

삼각형 AOO'의 외접원의 반지름의 길이를 R라 하고 사인법칙을 적용하면

$$\sqrt{\frac{19}{3}} \times 2 = 2R$$

$$\therefore R = \sqrt{\frac{19}{3}}$$

따라서 삼각형 AOO'의 외접원의 넓이는 $\frac{19}{3}\pi$이다.

165 정답 ④

[그림 : 서태욱T]

[검토자 : 정찬도T]

사각형 $ABCP$의 넓이는 삼각형 ABC의 넓이와 삼각형 PAC의 넓이의 합이다. 삼각형 ABC의 넓이는 고정값인 상수이고 삼각형 PAC의 넓이는 점 P의 위치에 따라 값이 변한다.

삼각형 PAC의 넓이가 최대가 되기 위해서는 선분 AC와 P에서의 접선과 평행할 때이고 이 때 점 $P = Q$이다.

원 O에서 현 AC의 수직이등분선은 원 O의 중심을 지나므로 $\overline{QA} = \overline{QC} = 4$이다.

사각형 $ABCQ$는 원에 내접하므로 $\angle AQC = \pi - \angle ABC = \frac{\pi}{3}$

따라서 삼각형 QAC는 한 변의 길이가 4인 정삼각형이다.

$$\therefore \overline{AC} = 4$$

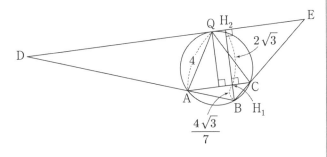

$\overline{AB} = 2x$, $\overline{BC} = x$라 하고 삼각형 ABC에서 코사인법칙을 적용하면

$$16 = 4x^2 + x^2 - 2 \times 2x \times x \times \cos\frac{2}{3}\pi$$

$$16 = 5x^2 + 2x^2$$

$$\therefore x^2 = \frac{16}{7}$$

따라서 삼각형 ABC의 넓이는

$$\frac{1}{2} \times 2x \times x \times \sin\frac{2}{3}\pi = \frac{8\sqrt{3}}{7}$$ 이다.

점 B에서 선분 AC에 내린 수선의 발을 H_1이라 하면

$$\frac{1}{2} \times \overline{AC} \times \overline{BH_1} = \frac{8\sqrt{3}}{7}$$

$$\overline{BH_1} = \frac{4\sqrt{3}}{7}$$

정삼각형 QAC의 높이가 $2\sqrt{3}$이므로 점 B에서 선분 DE에 내린 수선의 발을 H_2라 하면

$$\overline{BH_2} = \frac{4\sqrt{3}}{7} + 2\sqrt{3} = \frac{18}{7}\sqrt{3}$$ 이다.

선분 AC와 선분 DE는 평행하므로 $\triangle BAC \backsim \triangle BDE$이다. 따라서 삼각형 BAC와 삼각형 BDE의 닮음비는

$$\overline{BH_1} : \overline{BH_2} = \frac{4\sqrt{3}}{7} : \frac{18\sqrt{3}}{7} = 2 : 9$$

그러므로 삼각형 BAC의 넓이가 $\frac{8\sqrt{3}}{7}$이므로

삼각형 BDE의 넓이는 $\frac{81}{4} \times \frac{8\sqrt{3}}{7} = \frac{162\sqrt{3}}{7}$이다.

166 정답 ②

그림과 같이 선분 BR, 선분 BC, 호 RC로 둘러싸인 부분의 넓이를 S라 하고 $\angle PBA = \theta$라 하자. (마지막 계산에서 $\theta = \frac{\pi}{6}$ 대입)

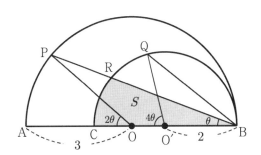

점 O'는 선분 AB를 $2:1$로 내분하는 점이므로 $\overline{O'B} = 6 \times \frac{1}{3} = 2$이다.

$\alpha + S = $ (부채꼴 AOP의 넓이) + (삼각형 POB의 넓이)

$\angle OBP = \angle OPB = \theta$이므로

$\angle POA = 2\theta$, $\angle POB = \pi - 2\theta$이다.

$\overline{OA} = \overline{OP} = \overline{OB} = 3$이므로

(부채꼴 AOP의 넓이) $= \frac{1}{2} \times 3 \times 3 \times 2\theta = 9\theta$

(삼각형 POB의 넓이)

$= \frac{1}{2} \times 3 \times 3 \times \sin(\pi - 2\theta) = \frac{9}{2}\sin 2\theta$

따라서

$$\alpha + S = 9\theta + \frac{9}{2}\sin 2\theta \quad \cdots \ominus$$

$\beta + S = $ (부채꼴 $QO'C$의 넓이) + (삼각형 $QO'B$의 넓이)

$\angle POA = \angle QBO' = 2\theta$이므로

$\angle QO'C = 4\theta$, $\angle QO'B = \pi - 4\theta$이다.

$\overline{O'C} = \overline{O'Q} = \overline{O'B} = 2$이므로

(부채꼴 $QO'C$의 넓이) $= \frac{1}{2} \times 2 \times 2 \times 4\theta = 8\theta$

(삼각형 QO′B의 넓이)

$$= \frac{1}{2} \times 2 \times 2 \times \sin(\pi - 4\theta) = 2\sin 4\theta$$

따라서

$$\beta + S = 8\theta + 2\sin 4\theta \cdots \text{ⓛ}$$

$$\text{㉠} - \text{ⓛ} = \alpha - \beta$$

$$= \left(9\theta + \frac{9}{2}\sin 2\theta\right) - \left(8\theta + 2\sin 4\theta\right)$$

$$= \theta + \frac{9}{2}\sin 2\theta - 2\sin 4\theta$$

따라서 $\theta = \dfrac{\pi}{6}$ 이므로

$$\alpha - \beta = \frac{\pi}{6} + \frac{9}{2}\left(\frac{\sqrt{3}}{2}\right) - 2\left(\frac{\sqrt{3}}{2}\right)$$

$$= \frac{\pi}{6} + \frac{5}{4}\sqrt{3}$$

167 정답 ④

$$\overline{AB} = 8^{\sin x + 1} = 2^{3\sin x + 3},$$

$$\overline{AC} = 4^{\cos^2 x - \sin x} = 4^{1 - \sin^2 x - \sin x} = 2^{2 - 2\sin^2 x - 2\sin x}$$

$$S(x) = \frac{1}{2} \times 2^{3\sin x + 3} \times 2^{2 - 2\sin^2 x - 2\sin x} \times \sin 30°$$

$$= 2^{-2\sin^2 x + \sin x + 3} = 2^{-2\left(\sin x - \frac{1}{4}\right)^2 + \frac{25}{8}}$$

그러므로 $\sin x = \dfrac{1}{4}$ 일 때 최댓값 $2^{\frac{25}{8}}$ 가 되므로

$$\sin \alpha = \frac{1}{4}, \ M = 2^{\frac{25}{8}}$$

그러므로

$$\log_2(\sin\alpha \times M) = \log_2\left(2^{-2 + \frac{25}{8}}\right) = \log_2\left(2^{\frac{9}{8}}\right) = \frac{9}{8}$$

168 정답 399

단위원 위의 한 점에서 cos값은 x값이므로 $\cos\theta$의 θ가 일정하게 커질 때 마다 단위원의 x축 위의 1에서 시작하여 제1사분면과, 제2사분면에 연속적으로 나타난다.

$\cos\dfrac{2m-1}{k}\pi$ 에서

$k = 1$ 일 때, $\cos(2m-1)\pi$의 값은 m에 값에 관계없이 항상 -1이므로 $n(A_1) = 1$

$k = 2$ 일 때, $\cos\dfrac{2m-1}{2}\pi$의 값은 m에 값에 관계없이 항상 0이므로 $n(A_2) = 1$

$k = 3$ 일 때, $\cos\dfrac{2m-1}{3}\pi$의 값은 $\cos\dfrac{\pi}{3}$, $\cos\pi$, $\cos\dfrac{5}{3}\pi$의 값이 반복적으로 나타나는데 $\cos\dfrac{\pi}{3} = \cos\dfrac{5}{3}\pi$이므로 $n(A_3) = 2$

$k = 4$ 일 때, $\cos\dfrac{2m-1}{4}\pi$의 값은 $\cos\dfrac{\pi}{4}$, $\cos\dfrac{3}{4}\pi$, $\cos\dfrac{5}{4}\pi$, $\cos\dfrac{7}{4}\pi$의 값이 반복적으로 나타나는데 $\cos\dfrac{\pi}{4} = \cos\dfrac{7}{4}\pi$, $\cos\dfrac{3}{4}\pi = \cos\dfrac{5}{4}\pi$이므로 $n(A_4) = 2$

$k = 5$ 일 때, $\cos\dfrac{2m-1}{5}\pi$의 값은 $\cos\dfrac{\pi}{5}$, $\cos\dfrac{3}{5}\pi$, $\cos\pi$, $\cos\dfrac{7}{5}\pi$, $\cos\dfrac{9}{5}\pi$의 값이 반복적으로 나타나는데 $\cos\dfrac{\pi}{5} = \cos\dfrac{9}{5}\pi$, $\cos\dfrac{3}{5}\pi = \cos\dfrac{7}{5}\pi$이므로 $n(A_5) = 3$

$k = 6$ 일 때, $\cos\dfrac{2m-1}{6}\pi$의 값은 $\cos\dfrac{\pi}{6}$, $\cos\dfrac{\pi}{2}$, $\cos\dfrac{5}{6}\pi$, $\cos\dfrac{7}{6}\pi$, $\cos\dfrac{3}{2}\pi$, $\cos\dfrac{11}{6}\pi$의 값이 반복적으로 나타나는데 $\cos\dfrac{\pi}{6} = \cos\dfrac{11}{6}\pi$, $\cos\dfrac{\pi}{2} = \cos\dfrac{3}{2}\pi$, $\cos\dfrac{5}{6}\pi = \cos\dfrac{7}{6}\pi$이므로 $n(A_6) = 3$

따라서 $n(A_k) = \left[\dfrac{k+1}{2}\right]$ (단, $[x]$는 x보다 크지 않은 최대 정수이다.)

$$\left[\frac{199+1}{2}\right] = 100$$

$$\left[\frac{200+1}{2}\right] = 100$$

이므로 $k = 199$, $k = 200$이다.

따라서 모든 k의 합은 399

유형 1 등차수열의 뜻과 일반항

169 정답 ③

[그림 : 서태욱T]

등차수열 $\{a_n\}$의 공차가 음수이므로 감소하는 수열이다.

$|a_4|-|a_7|=5$에서 $|a_4|>|a_7|$일 때는 다음과 같은 경우이다.

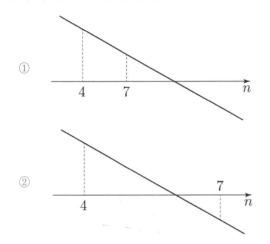

$|a_8|-|a_5|=5$에서 $|a_8|>|a_5|$일 때는 다음과 같은 경우이다.

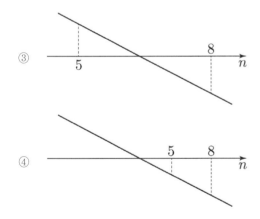

동시에 만족시키는 경우는 ② ∩ ③이다.

따라서 $a_4>0$, $a_5>0$이고 $a_7<0$, $a_8<0$이다.

$|a_4|-|a_7|=5 \to (a_1+3d)+(a_1+6d)=5$

$\therefore 2a_1+9d=5$ ······ ㉠

$|a_8|-|a_5|=5 \to -(a_1+7d)-(a_1+4d)=5$

$\therefore -2a_1-11d=5$ ······ ㉡

㉠, ㉡에서 $-2d=10$

$\therefore d=-5$, $a_1=25$

따라서 $a_{12}=25+11\times(-5)=-30$

170 정답 ②

$\dfrac{|a_n|}{a_n}$의 값은 1 또는 -1이다.

(가)에서 $1+1+1+(-1)=2$이므로 등차수열 $\{a_n\}$은

제5항까지는 양수이고 제7항부터는 음수이다. (제6항의 부호는 알 수 없다.)

$a_1>0$, 공차 d라 할 때, $d<0$이다.

따라서

$a_5=a_1+4d>0$ ······ ㉠

$a_7=a_1+6d<0$ ······ ㉡

(나)에서 $a_7>a_8$이고 모두 음의 정수이므로

순서쌍 (a_7, a_8)은 $(-1, -5)$, $(-2, -4)$뿐이다.

(i) $(a_7, a_8)=(-1, -5)$일 때, $d=-4$이다.

$a_7=a_1+6d \to -1=a_1-24 \to a_1=23$

㉠, ㉡을 모두 만족시키고 모든 항이 0이 아니다.

(ii) $(a_7, a_8)=(-2, -4)$일 때, $d=-2$이다.

$a_7=a_1+6d \to -2=a_1-12 \to a_1=10$

㉠, ㉡을 모두 만족시키고 $a_6=0$이지만 조건에 모순이 아니다.

(i), (ii)에서 모든 a_1의 값의 합은 $23+10=33$이다.

171 정답 30

두 수 4와 67사이에 n개의 자연수를 넣어서 만든 수열을 $\{a_n\}$이라 하면 $a_1=4$, $a_{n+2}=67$이다.

따라서 $67=4+(n+1)d$에서 $d\times(n+1)=63$이다.

d	n	
3	20	$3n+1=25$
7	8	$7n-3=25$
9	6	$9n-5\neq25$
21	2	$21n-17=25$

$d=3$일 때, $n=20$로 만족한다.

$d=7$일 때, $n=8$로 만족한다.

$d=21$일 때, $n=2$로 만족한다.

따라서 가능한 n의 합은 $20+8+2=30$

172 정답 193

$a_7=a_1-12d$, $a_8=a_1-14d$이고

$|a_7|<|a_8|$이 성립하기 위해서는 $a_7>0$, $a_8<0$이다.

따라서

$a_1-12d<-a_1+14d$

$2a_1<26d$

$a_1<13d$

한편,

$a_7a_8=(a_1-12d)(a_1-14d)$

$$= a_1^2 - 26da_1 + 168d^2$$
$$= (a_1 - 13d)^2 - d^2$$

a_1의 값이 $13d$에 가까운 값일 때, a_7a_8은 최솟값을 갖는다.
따라서
$d=7$일 때, $f(7) < 13 \times 7 = 91$
$\therefore f(7) = 90$
$d=8$일 때, $f(8) < 13 \times 8 = 104$
$\therefore f(8) = 103$
따라서 $f(7) + f(8) = 193$

173 정답 ①

만나는 점이 3개가 되려면 그림과 같이
$k = |-a+b| = a-b \cdots$ ㉠
$y=k$와 $y=f(x)$가 만나는 세 점의 x좌표를
각각 α, β, γ라 두면 α와 β는 $x=\dfrac{\pi}{2}$에 대칭이므로

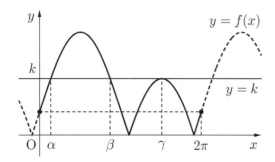

$\alpha = \dfrac{\pi}{2} - d$, $\beta = \dfrac{\pi}{2} + d$, $\gamma = \dfrac{3}{2}\pi$
α, β, γ가 등차수열을 이루므로
$2\beta = \alpha + \gamma$라 두면
$\pi + 2d = 2\pi - d$
$d = \dfrac{\pi}{3}$

그러므로 $\alpha = \dfrac{\pi}{6}$, $\beta = \dfrac{5}{6}\pi$, $\gamma = \dfrac{3}{2}\pi$
$\sin\alpha = \sin\beta = \sin\gamma$이므로
$a\sin\dfrac{\pi}{6} + b = a\sin\dfrac{5\pi}{6} + b = -\left(a\sin\dfrac{3\pi}{2} + b\right)$
$\dfrac{a}{2} + b = a - b$
$a = 4b$
㉠에 의하여 $k = 3b$
$\dfrac{k}{b} = 3$

유형 2 등차수열의 합

174 정답 ②

(가)에서 $20 + \displaystyle\sum_{k=1}^{10} a_k = 0$에서 $S_{10} = -20$이다.

따라서 $\dfrac{10(2a_1 + 9d)}{2} = -20$

$2a_1 + 9d = -4$ ······ ㉠

(나)에서
$|a_1| + |a_1 + 5d| = 2|a_1 + 6d|$
이다.

(i) $a_1 < 0$이면
$-a_1 - a_1 - 5d = 2(-a_1 - 6d)$
$d = 0$으로 모순이다.

(ii) $a_6 \geq 0$, $a_7 < 0$이면
$a_1 + a_1 + 5d = 2(-a_1 - 6d)$
$2a_1 + 5d = -2a_1 - 12d$
$4a_1 + 17d = 0$ ······ ㉡
㉠, ㉡을 풀면
$d = -8$, $a_1 = 34$
이다.
그런데 $a_6 = 34 + 5 \times (-8) = -6 < 0$으로 모순이다.

(iii) $a_1 \geq 0$, $a_6 < 0$이면
$a_1 - a_1 - 5d = 2(-a_1 - 6d)$
$-5d = -2a_1 - 12d$
$2a_1 + 7d = 0$ ······ ㉢
㉠, ㉢을 풀면
$d = -2$, $a_1 = 7$
따라서 $a_{11} = 7 + 10 \times (-2) = -13$이다.

175 정답 ⑤

$\displaystyle\sum_{k=1}^{8} a_k = \dfrac{8(2a_1 + 7d)}{2} = 4(2a_1 + 7d)$의 값이 28의 배수이므로
$2a_1 + 7d$는 7의 배수이다.
따라서 a_1은 7의 배수이다. ······ ㉠
$\displaystyle\sum_{k=1}^{7} \left(\log_2 \dfrac{a_{n+1}}{a_n}\right)$
$= \log_2\left(\dfrac{a_2}{a_1}\right) + \log_2\left(\dfrac{a_3}{a_2}\right) + \cdots + \log_2\left(\dfrac{a_8}{a_7}\right)$
$= \log_2\left(\dfrac{a_2 \times a_3 \times \cdots \times a_8}{a_1 \times a_2 \times \cdots \times a_7}\right)$
$= \log_2 \dfrac{a_8}{a_1} = 3$

$$\frac{a_8}{a_1}=8$$

$$a_1+7d=8a_1$$

$$7d=7a_1$$

$$d=a_1 \cdots\cdots \ \text{ⓒ}$$

㉠, ⓒ에서 $a_1=d=7$일 때, $a_1+a_2=21$로 최솟값을 갖는다.

176 정답 ①

[그림 : 최성훈T]

수열 $\{S_n\}$은 상수항이 없는 n에 관한 이차식이므로

등차수열 $\{a_n\}$의 공차를 d라 하면

$$S_n=\frac{d}{2}n^2+An$$

이라 할 수 있다.

$S_n>0$을 만족시키는 자연수 n의 최솟값이 17이고

$d>0$이므로 $a_1=S_1<0$이다.

$(0,0)$과 $(\alpha,0)\ (\alpha>0)$을 지나고 아래로 볼록인 이차함수 $f(x)$에서 $f(16)<0$, $f(17)>0$인 그래프를 생각하자.

$16<\alpha<17$이므로 이차함수 $f(x)$의 축 $x=\frac{\alpha}{2}$의 범위는

$8<\frac{\alpha}{2}<\frac{17}{2}$이므로 다음 그림과 같다.

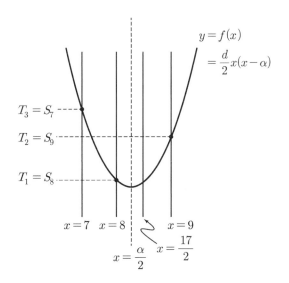

따라서

$$T_1=S_8=32d+8A$$

$$T_2=S_9=\frac{81}{2}a+9A$$

$$T_3=S_7=\frac{49}{2}d+7A$$

$T_2-T_1=3$에서

$$\left(\frac{81}{2}d+9A\right)-(32d+8A)=\frac{17}{2}d+A=3 \ \cdots\cdots \ \text{㉠}$$

$T_3-T_2=2$에서

$$\left(\frac{49}{2}d+7A\right)-\left(\frac{81}{2}d+9A\right)=-16d-2A=2$$

$$-8d-A=1 \ \cdots\cdots \ \text{ⓒ}$$

㉠, ⓒ에서

$$\frac{1}{2}d=4$$

$$\therefore \ d=8,\ A=-65$$

$$S_n=4n^2-65n$$

$$a_1=S_1=4-65=-61$$

이므로 $a_n=8n-69$이다.

$a_n>0$에서 $8n>69$, $n>\frac{69}{8}$

따라서 $a_n>0$을 만족시키는 n의 최솟값은 9이다.

$m=9$이므로

$a_m=a_9=72-69=3$이다.

177 정답 24

[출제자 : 황보백T]

등차수열 $\{a_n\}$의 공차를 d라 하면 $d\neq 0$이다.

(가)에서 $a_6>0$, $a_7=0$, $a_8<0$이고 d는 음수이다.

$a_7=a_1+6d=0$, $a_1=-6d$이다.

(나)에서 $m\ge 4$이므로 $S_{2m}=60$, $S_{3m}=-60$이다.

$$S_{2m}=\frac{2m\{2a_1+(2m-1)d\}}{2}=60\cdots\text{㉠}$$

$$S_{3m}=\frac{3m\{2a_1+(3m-1)d\}}{2}=-60$$

에서

$a_1=-6d$이므로

$$\frac{2m\{-12d+(2m-1)d\}}{2}=-\frac{3m\{-12d+(3m-1)d\}}{2}$$

$$2(2md-13d)=-3(3m-13d)$$

$$4dm-26d=-9dm+39d$$

$$13dm=65d$$

$$\therefore \ m=5$$

㉠에서

$$S_{10}=5(-12d+9d)=-15d=60$$

$$\therefore \ d=-4$$

따라서 $a_1=24$이다.

178 정답 14

[그림 : 배용제T]

$a_n=-50+(n-1)\times 3=3n-53$이다.

a_n은 n에 관한 일차식이므로 $y=|\,3x-53\,|$를 생각하면 다음 그림과 같다.

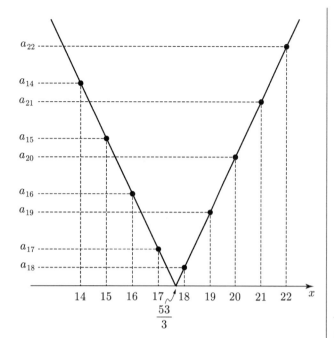

$y=|3x-53|$ 는 $x=\dfrac{53}{3}=17\dfrac{2}{3}$ 에 대칭이고 대칭축이

$x=17$ 보다 $x=18$ 에 더 가깝다.

즉, $|a_{17}|=2$, $|a_{18}|=1$ 이다.

S_n 은 9개의 항의 합이므로 $x<\dfrac{53}{3}$ 에서 4개의 항과

$x>\dfrac{53}{3}$ 에서 5개의 항의 합일 때 최소가 된다.

그러므로 S_{14} 가 최소이다.

따라서 $p=14$

179 정답 4

두 항 a_{2k-1} 과 a_{2k+7} 의 항의 차이는

$(2k+7)-(2k-1)=8$ 이므로 두 항의 중항은 a_{2k+3} 이다.

즉, a_{2k-1}, a_{2k+3}, a_{2k+7} 은 등차수열을 이루므로 (가)에서

$a_{2k+3}=\dfrac{a_{2k-1}+a_{2k+7}}{2}=50$ 이다.

$\displaystyle\sum_{n=1}^{2k+5}a_n$ 은 등차수열 a_n 의 제1항부터 제$(2k+5)$항까지 합이다.

따라서

$$\sum_{n=1}^{2k+5}a_n=\dfrac{(2k+5)(a_1+a_{2k+5})}{2}$$

$$=\dfrac{(2k+5)(a_3+a_{2k+3})}{2}$$

$$=\dfrac{(2k+5)(2+50)}{2}$$

$$=26(2k+5)$$

$\displaystyle\sum_{n=1}^{2k+5}a_n=26(k^2-3)$ 에서

$2k+5=k^2-3$

$k^2-2k-8=0$

$(k+2)(k-4)=0$

$\therefore\ k=4$

[랑데뷰팁]

k는 상수이다. 다른 식을 대입할 수 없다.

[랑데뷰팁]2

$k=4$일 때, $a_3=2$, $a_{11}=50$ 에서 $a_1=-10$, $d=6$ 임을

알 수 있다.

$$S_{13}=\dfrac{13\times(-20+12\times6)}{2}=13\times26=26(4^2-3)\underline{으로}$$

일치한다.

유형 3 등비수열의 뜻과 일반항

180 정답 ②

p, q, r가 이 순서대로 등비수열을 이루므로 $q^2=p\times r$이

성립한다.

$q^2=2^{2\cos\theta-2}+2^{-2\cos\theta+2}-2$ …… ㉠

$p\times r=2^{2\cos\theta}-1-1+2^{-2\cos\theta}$

따라서

$2^{2\cos\theta-2}+2^{-2\cos\theta+2}=2^{2\cos\theta}+2^{-2\cos\theta}$

$2^{2\cos\theta-2}-2^{2\cos\theta}=-2^{-2\cos\theta+2}+2^{-2\cos\theta}$

$2^{2\cos\theta}\left(\dfrac{1}{4}-1\right)=2^{-2\cos\theta}(-4+1)$

$2^{4\cos\theta}=4$

$4\cos\theta=2$

$\cos\theta=\dfrac{1}{2}$

따라서 $\theta=\dfrac{\pi}{3}$ 이고 ㉠에서 $q^2=\dfrac{1}{2}+2-2=\dfrac{1}{2}$ 이다.

$\therefore\ q^2\times\theta=\dfrac{\pi}{6}$

181 정답 ⑤

등비수열 $\{a_n\}$의 공비를 양수 $r\ (r\neq1)$라 하면 $\dfrac{a_{n+1}}{a_n}=r$이다.

$b_n=\displaystyle\sum_{k=1}^{n}(-1)^k\log_2 a_k$ 에서

$n=2$을 대입하면

$b_2=-\log_2 a_1+\log_2 a_2=\log_2\dfrac{a_2}{a_1}=\log_2 r=2$

$\therefore\ r=4$

$n=3$을 대입하면

$b_3 = -\log_2 a_1 + \log_2 a_2 - \log_2 a_3 = 2 - \log_2 a_3$

$n=4$를 대입하면

$b_4 = -\log_2 a_1 + \log_2 a_2 - \log_2 a_3 + \log_2 a_4 = 2 + 2 = 4$

$b_3 + b_4 = 6 - \log_2 a_3 = 6$에서 $a_3 = 1$

$a_3 = a_1 r^2 = 16 a_1 = 1$에서 $a_1 = \dfrac{1}{16}$이다.

그러므로

$b_9 = \log_2 \dfrac{a_2}{a_1} + \log_2 \dfrac{a_4}{a_3} + \log_2 \dfrac{a_6}{a_5} + \log_2 \dfrac{a_8}{a_7} - \log_2 a_9$

$\quad = 2 + 2 + 2 + 2 - \log_2 a_1 r^8$

$\quad = 8 - \log_2 \left(\dfrac{1}{2^4} \times 2^{16} \right)$

$\quad = 8 - 12 = -4$

182 정답 ②

$y_1 = a^{x_1}$, $y_2 = a^{x_2}$이며 $y_1 y_2 = 1$이므로

$a^{x_1 + x_2} = 1$, $x_1 + x_2 = 0$

삼각형 ABC의 넓이는

$\dfrac{1}{2} \times (-x_2) \times 3 + \dfrac{1}{2} \times x_1 \times 3 = \dfrac{3}{2}(x_1 - x_2) = 12$

$x_1 - x_2 = 8$

$x_1 + x_2 = 0$과 연립하면 $x_1 = 4$, $x_2 = -4$

$(\overline{BC}$의 기울기$) = \dfrac{a^4 - a^{-4}}{8}$

직선 BC의 방정식은 $y = \dfrac{a^4 - a^{-4}}{8}(x-4) + a^4$

이 직선의 y절편이 4이므로 $a^4 - \dfrac{a^4 - a^{-4}}{2} = 4$

양변에 2를 곱하면 $2a^4 - a^4 + a^{-4} = 8$, $a^4 + a^{-4} = 8$

따라서

$(a^2 + a^{-2})^2 = a^4 + a^{-4} + 2 = 10$이므로 $a^2 + \dfrac{1}{a^2} = \sqrt{10}$

183 정답 ③

등비수열 $\{a_n\}$의 첫째항을 a_1, 공비를 r $(r > 0)$ 이라 하자.

$a_4 \times a_5 \times a_6$

$= a_1 r^3 \times a_1 r^4 \times a_1 r^5$

$= (a_1 r^4)^3 = 1$

따라서 $a_1 r^4 = 1$이다.

$a_3 + a_5 = a_1 r^2 + 1 = 3$

$a_1 r^2 = 2$

따라서 $\dfrac{a_1 r^4}{a_1 r^2} = \dfrac{1}{2}$에서 $r^2 = \dfrac{1}{2}$이다.

$r > 0$이므로 $r = \dfrac{1}{\sqrt{2}}$

$r^4 = \dfrac{1}{4}$이므로 $a_1 r^4 = 1$에서 $a_1 = 4$이다.

$a_n = 4 \times \left(\dfrac{1}{\sqrt{2}} \right)^{n-1} = 2^{\frac{5-n}{2}}$

한편,

$f(n) = \log_2 (a_1 \times a_2 \times a_3 \times \cdots \times a_n)$

$\quad = \log_2 a_1 + \log_2 a_2 + \cdots + \log_2 a_n$

$\quad = \displaystyle\sum_{k=1}^{n} \log_2 a_k$

$\quad = \displaystyle\sum_{k=1}^{n} \log_2 2^{\frac{5-k}{2}}$

$\quad = \displaystyle\sum_{k=1}^{n} \left(\dfrac{5-k}{2} \right) = \dfrac{1}{2} \times \dfrac{n(4+5-n)}{2} = \dfrac{-n^2 + 9n}{4}$

$f(n) \geq 0 \rightarrow \dfrac{-n^2 + 9n}{4} \geq 0$

$n(n-9) \leq 0$

$0 \leq n \leq 9$

$f(n) \geq 0$을 만족시키는 자연수 n의 최댓값은 9이다.

184 정답 729

$a_1 a_2 a_3 \cdots a_n = 3^{n^2 - 3n}$

(i) $n = 1$이면 $a_1 = 3^{-2} = \dfrac{1}{9}$

(ii) $n = 2$이면 $a_1 a_2 = 3^{-2} = \dfrac{1}{9}$

$a_1 = \dfrac{1}{9}$이므로 $a_2 = 1$

따라서 공비 $r = 9$이다.

그러므로 $a_n = \dfrac{1}{9} \times 9^{n-1} = 9^{n-2}$

$a_5 = 9^3 = 729$

[다른 풀이]

$a_1 a_2 a_3 \cdots a_n = a_1 \times a_1 r \times \cdots \times a_1 r^{n-1}$

$= (a_1)^n (r^{1+2+\cdots+(n-1)})$

$= (a_1)^n r^{\frac{(n-1)n}{2}} = 3^{n^2 - 3n}$에서

$r = 9$이면

$(a_1)^n 3^{2 \times \frac{(n-1)n}{2}} = (a_1)^n \times 3^{n^2 - n}$

$a_1 = \dfrac{1}{9}$이면

$(a_1)^n \times 3^{n^2 - n} = 3^{-2n} \times 3^{n^2 - n} = 3^{n^2 - 3n}$

따라서 $a_n = \dfrac{1}{9} \times 9^{n-1} = 9^{n-2}$

$a_5 = 9^3 = 729$

185 정답 57

[출제자 : 황보성호T]
[검토자 : 김경민T]

수열 $\{(-1)^n(a_n+a_{n+1})\}$을 나열해보면

$-a_1-a_2,\ a_2+a_3,\ -a_3-a_4,\ a_4+a_5,\ \cdots$

이고, 수열 $\{b_n\}$이 이 수열의 첫째항부터 제n항까지의 합이므로

$b_1=-a_1-a_2,$

$b_2=(-a_1-a_2)+(a_2+a_3)=-a_1+a_3,$

$b_3=(-a_1-a_2)+(a_2+a_3)+(-a_3-a_4)=-a_1-a_4,$

$b_4=(-a_1-a_2)+(a_2+a_3)+(-a_3-a_4)+(a_4+a_5)=-a_1+a_5,$

$b_5=(-a_1-a_2)+(a_2+a_3)+(-a_3-a_4)+(a_4+a_5)+(-a_5-a_6)=-a_1-a_6$

$$\vdots$$

$b_n=-a_1+(-1)^na_{n+1}$

$b_3=b_1+b_2+3$이므로 $-a_1-a_4=-2a_1-a_2+a_3+3$

(i) $a_4+a_3-a_2-a_1=-3$에서

$a_1(r^3+r^2-r-1)=-3,\ a_1(r-1)(r+1)^2=-3$

$$\cdots\ \text{㉠}$$

(ii) $b_4=15$이므로 $-a_1+a_5=15$에서

$a_1(r^4-1)=15,\ a_1(r-1)(r+1)(r^2+1)=15$

$$\cdots\ \text{㉡}$$

$a_1\neq0$이고, 등비수열 $\{a_n\}$의 모든 항이 서로 다르므로 $r\neq1$

㉠, ㉡에서 $r\neq-1$임을 알 수 있다.

㉡$\div$㉠을 하면 $\dfrac{r^2+1}{r+1}=-5,\ r^2+5r+6=0,\ (r+2)(r+3)=0$

$\therefore\ r=-2,\ r=-3$

$r=-2$일 때 $a_1=1$이고, $r=-3$일 때 $a_1=\dfrac{3}{16}$

a_1이 정수이므로 $a_1=1,\ r=-2$

즉, $a_n=(-2)^{n-1},\ b_n=-1+(-1)^n(-2)^n=2^n-1$

$\displaystyle\sum_{n=1}^{5}b_n=\sum_{n=1}^{5}(2^n-1)=\dfrac{2(2^5-1)}{2-1}-5=57$

186 정답 ②

수열 $\{2^n-a_n\}$이 공차가 3인 등차수열이므로

$\displaystyle\sum_{n=1}^{8}(2^n-a_n)=\dfrac{8\times\{2(2-a_1)+7\times3\}}{2}=8(2-a_1)+84$이다.

$\displaystyle\sum_{n=1}^{8}2^n=\dfrac{2(2^8-1)}{2-1}=510,\ \sum_{n=1}^{8}a_n=210$이므로

$510-210=-8a_1+100$에서

$-8a_1=200$

$\therefore\ a_1=-25$

따라서

$2^n-a_n=(2-a_1)+3(n-1)$

$\qquad\quad=3n+24$

에서 $n=2$을 대입하면

$4-a_2=30$

$\therefore\ a_2=-26$

187 정답 ②

[출제자 : 이호진T]

(가)에서 $0<S_2\le S_1=3$을 만족하므로

$0<3+3r\le3$에서 $-1<r\le0$이고, $r\neq0$이므로

$-1<r<0$이다.

(나)에서

$|a_m|+|a_{m+2}|=(1+r^2)|a_m|=3(1+r^2)|r|^{m-1}$이고

$10\times\left|\dfrac{a_2}{a_1}\right|^m=10|r|^m$이므로

$3(1+r^2)=10|r|$로부터 $|r|=\dfrac{1}{3}$이다.

따라서 $r=-\dfrac{1}{3}$이고

$S_2=3-1=2$이다.

188 정답 2

$\dfrac{(S_8)^3}{(S_4)^2\times S_{12}}=3$을 정리하면

$(S_4)^2\times S_{12}=\dfrac{1}{3}(S_8)^3$

$\left\{\dfrac{a(1-r^4)}{1-r}\right\}^2\times\dfrac{a(1-r^{12})}{1-r}=\dfrac{1}{3}\left\{\dfrac{a(1-r^8)}{1-r}\right\}^3$

$(1-r^4)^2\times(1-r^{12})=\dfrac{1}{3}(1-r^8)^3$

에서 $r^4=k$라 하면

$(1-k)^2(1-k^3)=\dfrac{1}{3}(1-k^2)^3$

$(1-k)^3(1+k+k^2)=\dfrac{1}{3}(1-k)^3(1+k)^3$

$1+k+k^2=\dfrac{1}{3}(1+3k+3k^2+k^3)\ (\because\ k\neq1)$

$3+3k+3k^2=1+3k+3k^2+k^3$

$k^3=2$

$k=\sqrt[3]{2}$

따라서 $r^4=\sqrt[3]{2}$

$\therefore\ r^{12}=2$

189 정답 ⑤

[출제자 : 오세준T]

조건 (가)에서

세 수 n, $m+n$, m^2은 이 순서대로 등차수열을 이루므로

$2(m+n) = n + m^2$

$n = m^2 - 2m$ ⋯ ㉠

조건 (나)에서

세 수 m, $m+n$, $mn+4$는 이 순서대로 등비수열을 이루므로

$(m+n)^2 = m(nm+4)$ ⋯ ㉡

㉠을 ㉡에 대입하면

$(m^2-m)^2 = m\{(m^2-2m)m+4\}$

$m^4 - 2m^3 + m^2 = m^4 - 2m^3 + 4m$

$m^2 - 4m = 0$

$\therefore m = 4$ $(\because m \neq 0)$

이를 ㉠에 대입하면 $n = 8$

$\therefore mn = 32$

190 정답 263

[출제자 : 최혜권T]

조건 (가)에서 로그값이 정의되기 위한 밑, 진수 조건은

$3 < k < 8$, $k \neq 7$이다. 또한 세 수 $k-3$, $2k-4$, $3k+4$가 이 순서대로 공비가 $8-k$인 등비수열을 이루므로

$(2k-4)^2 = (k-3)(3k+4)$,

$k^2 - 11k + 28 = (k-4)(k-7) = 0$이므로 밑, 진수 조건에 의해

$k = 4$

조건 (나)에서 세 수 a_2, a_{k+2}, a_{4k+6}가 이 순서대로 등비수열

b_1, b_2, b_3이므로 $(a_{k+2})^2 = a_2 a_{4k+6}$이고 $k=4$이므로

$(a_6)^2 = a_2 a_{22}$ 등차수열 $\{a_n\}$의 공차를 d라 하면

$(a_6)^2 = (a_6 - 4d)(a_6 + 16d)$이고, $12a_6 d - 64d^2 = 0$,

$d \neq 0$이므로 $a_6 = \dfrac{16}{3}d$이다. $(a_k)^2 = (a_4)^2 = 100$을 이용하면

$(a_4)^2 = (a_6 - 2d)^2 = \left(\dfrac{10}{3}d\right)^2 = 100$에서 자연수 $d = 3$

따라서

$a_2 = 4 = b_1$, $a_{k+2} = a_6 = 16 = b_2$, $a_{4k+6} = a_{22} = 64 = b_3$에

의하여 등차수열 $\{a_n\}$의 일반항은 $a_n = 3n - 2$이고, 등비수열 $\{b_n\}$의 일반항은 $b_n = 4^n$이므로 $a_3 + b_4 = 7 + 256 = 263$

191 정답 ④

$x^2 - kx = 2x^2 - 9x + 12$에서

$x^2 - (9-k)x + 12 = 0$의 두 근이 a, b이고

k, a, b가 등차수열을 이루므로

$a = \dfrac{k+b}{2}$이다.

따라서 $b = 2a - k$이다.

$x^2 - (9-k)x + 12 = 0$의 두 근 a, $2a-k$에서

$a + 2a - k = 9 - k \Rightarrow$ 근과 계수와의 관계

$\therefore a = 3$

$a(2a-k) = 12$에서 $k = 2$이다.

따라서 $b = 4$

$a + b = 7$이다.

192 정답 ④

a, 2, c가 등차수열을 이루므로 $a + c = 4$ 양변을 제곱하면

$a^2 + 2ac + c^2 = 16$

$a^2 + c^2 = 16 - 2ac$

$\cos B = \dfrac{a^2 + c^2 - 4}{2ac} = \dfrac{7}{8}$에서

$\dfrac{16 - 2ac - 4}{2ac} = \dfrac{7}{8}$

$\dfrac{12 - 2ac}{2ac} = \dfrac{7}{8}$

$8(12 - 2ac) = 14ac$

$30ac = 96$

$\therefore ac = \dfrac{16}{5}$

193 정답 ③

점 C의 x좌표를 k, 점 B의 x좌표를 α라 하면 점 A는 점 B의 원점 대칭인 점이므로 x좌표가 $-\alpha$이다.

그러므로 $-\alpha$, α, k가 이 순서대로 등차수열을 이룬다.

따라서 $\dfrac{-\alpha + k}{2} = \alpha$가 성립한다.

$\therefore \alpha = \dfrac{k}{3}$

$A\left(-\dfrac{k}{3}, \dfrac{3}{k}\right)$, $B\left(\dfrac{k}{3}, -\dfrac{3}{k}\right)$, $C\left(k, -\dfrac{1}{k}\right)$이다.

따라서 삼각형 넓이 S는

$S = \dfrac{1}{2}\begin{vmatrix} -\dfrac{k}{3} & \dfrac{k}{3} & k & -\dfrac{k}{3} \\ \dfrac{3}{k} & -\dfrac{3}{k} & -\dfrac{1}{k} & \dfrac{3}{k} \end{vmatrix}$

$= \dfrac{1}{2}\left|\left(1 - \dfrac{1}{3} + 3\right) - \left(1 - 3 + \dfrac{1}{3}\right)\right|$

$= \dfrac{1}{2}\left|\dfrac{11}{3} - \left(-\dfrac{5}{3}\right)\right| = \dfrac{8}{3}$

194 정답 ①

$\overline{AB}=a$이라 하고 평행사변형의 높이를 h라 하면
평행사변형 ABCD의 넓이는 ah
삼각형 EDA′와 삼각형 EBC는 합동이므로 삼각형 EBC의

넓이가 평행사변형 ABCD의 넓이의 $\dfrac{1}{15}$이다.

삼각형 EBC의 넓이는 $\dfrac{1}{2}\times\overline{CE}\times h$이므로

$\dfrac{1}{2}\times\overline{CE}\times h=ah\times\dfrac{1}{15}$

따라서 $\overline{CE}=\dfrac{2}{15}a$, $\overline{DE}=\dfrac{13}{15}a$이고

삼각형 EDA′와 삼각형 EBC는 합동이므로

$\overline{A'E}=\overline{CE}=\dfrac{2}{15}a$, $\overline{EB}=\overline{DE}=\dfrac{13}{15}a$

$\overline{CE}$, $\overline{EB}$, $\overline{BD}$가 이 순서로 등차수열을 이루므로

$\overline{BD}=\dfrac{24}{15}a$이다.

따라서 $\dfrac{\overline{BD}}{\overline{AB}}=\dfrac{24}{15}=\dfrac{8}{5}$

195 정답 34

첫째항이 10^3이고 공비가 $10^{\frac{3}{100}}$인 등비수열 $\{a_n\}$의 일반항
a_n을 구하면

$a_n=10^3\times\left(10^{\frac{3}{100}}\right)^{n-1}=10^{\frac{3n+297}{100}}$ $\cdots$㉠

$\log a_n$의 소수부분을 b_n이라 하고,
$n=1,\ 2,\ 3,\ \cdots$을 대입하면 수열 $\{b_n\}$을 파악해 보자.

$n=1$일 때, $a_1=10^3$, $\log 10^3=3$

$\therefore\ b_1=0$

$n=2$일 때, $a_2=10^{\frac{303}{100}}$, $\log 10^{\frac{303}{100}}=3.03$

$\therefore\ b_2=0.03$

$n=3$일 때, $a_3=10^{\frac{306}{100}}$, $\log 10^{\frac{306}{100}}=3.06$

$\therefore\ b_3=0.06$

으로 b_1, b_2, b_3+1은 이 순서대로 등차수열을 이루지는 않는다.
한편, b_{k-1}, b_k, $b_{k+1}+1$
이 주어진 순서로 등차수열을 이루기 때문에
$1\le n\le k$인 n에 대하여 $b_n=0.03(n-1)$이라 할 수 있다.
따라서 $b_n<1$, $b_n<2$, $b_n<3$, $\cdots$을 만족시키는 가장 큰
자연수 n의 값이 k이다.
$2\le k\le 50$이므로 $0.03n-0.03<1$에서

$n<\dfrac{103}{3}$

$\therefore\ k=34$

[랑데뷰팁]-확인

$k=33$일 때, $a_{33}=10^{\frac{3\times 33+297}{100}}=10^{\frac{396}{100}}$,

$\log 10^{\frac{396}{100}}=3.96$

$\therefore\ b_{33}=0.96$

$k=34$일 때, $a_{34}=10^{\frac{3\times 34+297}{100}}=10^{\frac{399}{100}}$,

$\log 10^{\frac{399}{100}}=3.99$

$\therefore\ b_{34}=0.99$

$k=35$일 때, $a_{35}=10^{\frac{3\times 35+297}{100}}=10^{\frac{402}{100}}$,

$\log 10^{\frac{399}{100}}=4.02$

$\therefore\ b_{35}=0.02$

으로
b_{33}, b_{34}, $b_{35}+1$은 0.96, 0.99, 1.02로 등차수열을 이룬다.

유형 6 수열의 합과 일반항 사이의 관계

196 정답 ①

준식의 양변에 $n=1$을 대입하면 $a_1+a_2=2a_1$에서
$a_1=a_2$이다.
$a_1=a_2=a$라 하자.
준식의 양변의 n에 $n-1$을 대입하면

$S_n=\sum_{k=1}^{n-1}\left(a_k\times 2^k\right)$ $(n\ge 2)$이고 $S_{n+1}-S_n=a_{n+1}$이므로

$a_{n+1}=a_n\times 2^n$ $(n\ge 2)$

$n=2$을 대입하면 $a_3=a_2\times 2^2=2^2\times a$

$n=3$을 대입하면 $a_4=a_3\times 2^3=2^5\times a$

$n=4$을 대입하면 $a_5=a_4\times 2^4=2^9\times a$

$n=5$을 대입하면 $a_6=a_5\times 2^5=2^{14}\times a$

$n=6$을 대입하면 $a_7=a_6\times 2^6=2^{20}\times a$

a_1	a_2	a_3	a_4	a_5	a_6	a_7
a	a	$2^2\times a$	$2^5\times a$	$2^9\times a$	$2^{14}\times a$	$2^{20}\times a$

$a_6=2^{10}$에서 $a=\dfrac{1}{2^4}$이다.

a_1	a_2	a_3	a_4	a_5	a_6	a_7	$\cdots$
$\dfrac{1}{2^4}$	$\dfrac{1}{2^4}$	$\dfrac{1}{2^2}$	2	2^5	2^{10}	2^{16}	$\cdots$

따라서

$\log_2(a_1 \times a_3 \times a_5 \times a_7)$

$= \log_2\left(\dfrac{1}{2^4} \times \dfrac{1}{2^2} \times 2^5 \times 2^{16}\right)$

$= \log_2(2^{15}) = 15$

[다른 풀이]

준식의 양변에 $n=1$을 대입하면 $a_1 + a_2 = 2a_1$에서

$a_1 = a_2$이다.

$a_1 = a_2 = a$라 하자.

준식의 양변의 n에 $n-1$을 대입하면

$S_n = \displaystyle\sum_{k=1}^{n-1}(a_k \times 2^k)\ (n \geq 2)$이고 $S_{n+1} - S_n = a_{n+1}$이므로

$a_{n+1} = a_n \times 2^n\ (n \geq 2)$

$n = n-1$을 대입하면

$a_n = a_{n-1} \times 2^{n-1}\ (n \geq 3)$

변변 곱하면

$a_{n+1} = a_{n-1} \times 2^{2n-1}\ (n \geq 3)$ $\cdots\cdots$ ㉠

㉠의 양변에 $n=3$을 대입하면

$a_4 = a_2 \times 2^5 = 2^5 a$

㉠의 양변에 $n=5$을 대입하면

$a_6 = a_4 \times 2^9 = 2^{14}a = 2^{10}$

에서 $a = \dfrac{1}{2^4}$

$a_1 = a_2 = \dfrac{1}{2^4}$

a_1	a_2	a_3	a_4	a_5	a_6	a_7	$\cdots$
$\dfrac{1}{2^4}$	$\dfrac{1}{2^4}$		2		2^{10}		$\cdots$

이다.

$S_{n+1} = \displaystyle\sum_{k=1}^{n}(a_k \times 2^k)$에 $n=2$을 대입하면

$a_1 + a_2 + a_3 = 2a_1 + 4a_2$

$a_3 = 4a_2$

$\therefore\ a_3 = \dfrac{1}{2^2}$

㉠의 양변에 $n=4$을 대입하면

$a_5 = a_3 \times 2^7 = 2^5$

㉠의 양변에 $n=6$을 대입하면

$a_7 = a_5 \times 2^{11} = 2^{16}$

a_1	a_2	a_3	a_4	a_5	a_6	a_7	$\cdots$
$\dfrac{1}{2^4}$	$\dfrac{1}{2^4}$	$\dfrac{1}{2^2}$	2	2^5	2^{10}	2^{16}	$\cdots$

따라서

$\log_2(a_1 \times a_3 \times a_5 \times a_7)$

$= \log_2\left(\dfrac{1}{2^4} \times \dfrac{1}{2^2} \times 2^5 \times 2^{16}\right)$

$= \log_2(2^{15}) = 15$

197 정답 ③

$S_n = |n(n-2)|a_{n+1}$에 $n=1$을 대입하면 $a_1 = a_2$이고

$n=2$를 대입하면 $a_1 + a_2 = 0$ 임을

알 수 있다. 따라서, 연립하면 $a_1 = a_2 = 0$

$S_n - S_{n-1} = a_n\ (n \geq 3)$이므로 $n \geq 3$에서

$S_n - S_{n-1} = |n(n-2)|a_{n+1} - |(n-1)(n-3)|a_n$이므로

$a_n = n(n-2)a_{n+1} - (n-1)(n-3)a_n$

$(n-2)^2 a_n = n(n-2)a_{n+1}$

$\dfrac{a_{n+1}}{a_n} = \dfrac{n-2}{n}$이다.

$n=3$부터 대입하여 곱해주면

$\dfrac{a_4}{a_3} \times \dfrac{a_5}{a_4} \times \cdots \times \dfrac{a_{n-1}}{a_{n-2}} \times \dfrac{a_n}{a_{n-1}} = \dfrac{a_n}{a_3}$

따라서

$\dfrac{a_n}{a_3} = \dfrac{1}{3} \times \dfrac{2}{4} \times \dfrac{3}{5} \times \cdots \times \dfrac{n-4}{n-2} \times \dfrac{n-3}{n-1} = \dfrac{2}{(n-2)(n-1)}$

이므로 $a_n = \dfrac{2a_3}{(n-2)(n-1)}$

$\displaystyle\sum_{n=1}^{10} a_n = a_1 + a_2 + 2a_3 \sum_{n=3}^{10} \dfrac{1}{(n-2)(n-1)} = 16$이므로

$2a_3\left\{\left(\dfrac{1}{1} - \dfrac{1}{2}\right) + \left(\dfrac{1}{2} - \dfrac{1}{3}\right) + \cdots + \left(\dfrac{1}{7} - \dfrac{1}{8}\right) + \left(\dfrac{1}{8} - \dfrac{1}{9}\right)\right\}$

$= 2a_3 \times \dfrac{8}{9}$

$\dfrac{16}{9}a_3 = 16$ 이므로 $a_3 = 9$이다.

198 정답 ②

(가)의 양변에 $n=1$을 대입하면 $a_1 - 2b_1 = 1$

$b_1 = 1$이므로 $a_1 = 3$

(가)에서 $\displaystyle\sum_{k=1}^{n-1}(a_k-2b_k)=(n-1)^2$ $(n \geq 2)$이므로

$a_n-2b_n=n^2-(n-1)^2$

$\qquad\quad\;=2n-1$ $(n \geq 2)\cdots\bigcirc$

(나)에서 $\dfrac{1}{a_{n+1}}-\dfrac{1}{a_1}=\dfrac{1}{n^2}-\dfrac{1}{3}$

$a_1=3$이므로 $\dfrac{1}{a_{n+1}}=\dfrac{1}{n^2}$

$\dfrac{1}{a_n}=\dfrac{1}{(n-1)^2}$ $(n \geq 2)$

따라서 $a_n=(n-1)^2$ $(n \geq 2)$, $a_1=3$ $\cdots\bigcirc\!\!\!\bigcirc$

$\bigcirc$, $\bigcirc\!\!\!\bigcirc$에서 $\bigcirc\!\!\!\bigcirc-\bigcirc$을 하면

$2b_n=n^2-4n+2$

따라서 $b_n=\dfrac{1}{2}n^2-2n+1$ $(n \geq 2)$

$b_8=32-16+1=17$이다.

199 정답 ④

반지름의 길이가 $\dfrac{2^{n+1}}{1+2^{n+2}}$이고, 중심각의 크기가 $\dfrac{1}{2^n}+4$인

부채꼴의 넓이는 S_n이므로

$S_n=\dfrac{1}{2}\times\left(\dfrac{2^{n+1}}{1+2^{n+2}}\right)^2\times\left(\dfrac{1+2^{n+2}}{2^n}\right)$

$\quad\;=\dfrac{2^{n+1}}{1+2^{n+2}}$

따라서 $\dfrac{1}{S_n}=\dfrac{1+2^{n+2}}{2^{n+1}}=\dfrac{1}{2^{n+1}}+2$

$\displaystyle\sum_{n=1}^{7}\left(\dfrac{1}{S_n}-2\right)=\sum_{n=1}^{7}\dfrac{1}{2^{n+1}}=\dfrac{\dfrac{1}{4}\left(1-\dfrac{1}{2^7}\right)}{1-\dfrac{1}{2}}=\dfrac{1}{2}-\dfrac{1}{2^8}$

$\quad=\dfrac{128-1}{256}=\dfrac{127}{256}$

200 정답 18

$m^{S_n}=n^2+5n+6$의 양변에 밑이 m인 로그를 취하면

$S_n=\log_m\{(n+2)(n+3)\}$

$S_{n-1}=\log_m\{(n+1)(n+2)\}$

$S_n-S_{n-1}=\log_m\dfrac{n+3}{n+1}$

$\therefore a_n=\log_m\dfrac{n+3}{n+1}$ $(n \geq 2)$, $a_1=\log_m 12$

$a_1+a_6+a_{11}$

$=\log_m 12+\log_m\dfrac{9}{7}+\log_m\dfrac{14}{12}=\log_m 18=1$에서

$m=18$

201 정답 ②

$S_{k+1}-S_k=a_{k+1}$, $S_{k+2}-S_{k+1}=a_{k+2}$이므로

$\displaystyle\sum_{k=1}^{n}\left(S_k-2S_{k+1}+S_{k+2}\right)$

$=\displaystyle\sum_{k=1}^{n}\{-\left(S_{k+1}-S_k\right)+\left(S_{k+2}-S_{k+1}\right)\}$

$=\displaystyle\sum_{k=1}^{n}\left(a_{k+2}-a_{k+1}\right)$

$=a_{n+2}-a_2$

이다.

따라서 $a_{n+2}-a_2=4n$이다.

$n=1$을 대입하면 $a_3-a_2=4$

$n=2$을 대입하면 $a_4-a_2=4\times 2$

$n=3$을 대입하면 $a_5-a_2=4\times 3$

$\qquad\vdots\qquad\qquad\qquad\vdots$

$n=18$을 대입하면 $a_{20}-a_2=4\times 18$

그러므로

$(a_3+a_4+\cdots+a_{20})-18a_2=4\times\dfrac{18\times 19}{2}$

$S_{20}-a_1-a_2-18a_2=684$

$S_{20}-a_1-19a_2=684$

$S_{20}-S_1=S_{20}-a_1=722$이므로

$19a_2=722-684=38$

$\therefore a_2=2$

202 정답 ①

$\displaystyle\sum_{k=1}^{12}a_k=0$

$\displaystyle\sum_{k=1}^{12}a_k^2=6\times 1+6\times 4=30$

따라서

$\displaystyle\sum_{k=1}^{12}\left(a_k-\dfrac{1}{2}k\right)^2+\dfrac{1}{2}\sum_{k=1}^{12}(a_k+k)^2$

$=\displaystyle\sum_{k=1}^{12}\left\{\left(a_k-\dfrac{1}{2}k\right)^2+\dfrac{1}{2}(a_k+k)^2\right\}$

$=\displaystyle\sum_{k=1}^{12}\left(a_k^2-ka_k+\dfrac{1}{4}k^2+\dfrac{1}{2}a_k^2+ka_k+\dfrac{1}{2}k^2\right)$

$=\displaystyle\sum_{k=1}^{12}\left(\dfrac{3}{2}a_k^2+\dfrac{3}{4}k^2\right)$

$=\dfrac{3}{2}\times 30+\dfrac{3}{4}\times\dfrac{12\times 13\times 25}{6}$

$=45+\dfrac{975}{2}$

$$= \frac{1065}{2}$$

203 정답 15

[출제자 : 김경민T]

조건(가) $S_n = S_{n+2}$에서

$S_{n+2} - S_n = a_{n+2} + a_{n+1} = 0$ 이므로 $S_n = S_{n+2}$를 만족하는 자연수 n을 i라 하면 수열 $\{a_n\}$은 첫째항부터 $(i+1)$항까지는 모두 음수이고 $(i+2)$항부터 양수이다.

또한,

$a_{i+1} + a_{i+2} = 0, \; a_i + a_{i+3} = 0, \; a_{i-1} + a_{i+4} = 0,$

$\quad \cdots, \; a_1 + a_{2i+2} = 0$

이고

$\sum\limits_{k=1}^{2i+2} |a_k| = 2\sum\limits_{k=1}^{i+1} (-a_k) = 2\sum\limits_{k=i+2}^{2i+2} a_k$ 이므로 $i = m$

한편,

첫째항을 a라 하면

조건(가) $a_{m+1} + a_{m+2} = 0$에서

$2a + (2m+1)d = 0 \cdots \text{㉠}$

조건 (나) $\sum\limits_{k=m+2}^{2m+2} a_k = 24$에서

$\dfrac{(a_{m+2} + a_{2m+2})(m+1)}{2} = 24$ 을 정리하면

$(m+1)\{2a + (3m+2)d\} = 48 \cdots \text{㉡}$

㉠을 정리해서 $2a = -(2m+1)d$을 ㉡에 대입해서 정리하면

$(m+1)^2 d = 48$이 된다. m, d라 모두 자연수이므로

$m=1, \; d=12$ 또는 $m=3, \; d=3$이다.

따라서 모든 d의 값의 합은 15

204 정답 ②

$\sum\limits_{k=1}^{n}\left(\sum\limits_{m=k}^{n} a_m\right) = T_n = -\dfrac{1}{n+2}$ 이라 하면

$k=1$	$a_1 + a_2 + a_3 + \cdots a_n$
$k=2$	$a_2 + a_3 + \cdots a_n$
$k=3$	$a_3 + \cdots a_n$
	$\cdots$
$k=n$	a_n
합	$T_n = 1 \times a_1 + 2 \times a_2 + \cdots + n \times a_n$

$T_n = -\dfrac{1}{n+2}$ 에서

$T_1 = a_1 = -\dfrac{1}{3}$

$\therefore a_1 = -\dfrac{1}{3}$

$n \geq 2$인 모든 자연수 n에 대하여

$T_n - T_{n-1} = na_n = -\dfrac{1}{n+2} + \dfrac{1}{n+1} = \dfrac{1}{(n+1)(n+2)}$

$a_n = \dfrac{1}{n(n+1)(n+2)}$

$\therefore a_n = \begin{cases} \dfrac{1}{n(n+1)(n+2)} & (n \geq 2) \\ -\dfrac{1}{3} & (n=1) \end{cases}$

$\sum\limits_{n=1}^{8} a_n$

$= -\dfrac{1}{3} + \sum\limits_{n=2}^{8} \dfrac{1}{n(n+1)(n+2)}$

$= -\dfrac{1}{3} + \dfrac{1}{2}\sum\limits_{n=2}^{8}\left(\dfrac{1}{n(n+1)} - \dfrac{1}{(n+1)(n+2)}\right)$

$= -\dfrac{1}{3} + \dfrac{1}{2}\left(\dfrac{1}{6} - \dfrac{1}{90}\right) = -\dfrac{1}{3} + \dfrac{1}{2}\left(\dfrac{14}{90}\right)$

$= \dfrac{-30+7}{90} = -\dfrac{23}{90}$

유형 8 자연수의 거듭제곱의 합

205 정답 ②

등차수열 $\{a_n\}$의 공차를 d라 하면

$a_{10} = a_{12} - a_6 = (a_6 + 6d) - a_6$

$a_{10} - 6d = 0$

$\therefore a_4 = 0$

$\sum\limits_{n=1}^{16} a_n - \sum\limits_{n=1}^{6} a_n = 75$

$a_7 + a_8 + \cdots + a_{16} = 75$

$\dfrac{10 \times (a_7 + a_{16})}{2} = 75$

$5(a_4 + 3d + a_4 + 12d) = 75d = 75$

$\therefore d = 1$

$a_{16} = a_4 + 12d = 12$

206 정답 ③

(가)에서 수열 $\{a_n\}$은 공차가 2인 등차수열이고 $a_1 = 2$이므로

$a_n = 2n$이다.

(나)에서

$a_1 b_1 + a_2 b_2 + a_3 b_3 + \cdots + a_{10} b_{10} = 30 \cdots \text{㉠}$

(다)에서

$$a_1 b_2 + a_2 b_3 + a_3 b_4 + \cdots + a_9 b_{10} + \sum_{k=1}^{9} a_k = 60 \cdots \text{ⓛ}$$

㉠−ⓛ에서

$$a_1 b_1 + 2(b_2 + b_3 + \cdots + b_{10}) - \sum_{k=1}^{9} 2k = -30$$

$$2\left(\sum_{k=1}^{10} b_k\right) - 90 = -30 \ (\because a_1 = 2)$$

$$\therefore \sum_{k=1}^{10} b_k = 30$$

207 정답 ⑤

조립제법으로 다항식 $x^3 - (n^2 + 2)x + 2n^2$를 일차식 $x-1$으로 나눌 때 몫과 나머지를 구해보면

$$x^3 - (n^2 + 2)x + 2n^2$$
$$= (x-1)(x^2 + x - n^2 - 1) + n^2 - 1$$

이다.

$Q(x) = x^2 + x - n^2 - 1$이고 $a_n = n^2 - 1$이다.

한편 $Q(x)$를 $x-1$으로 나눈 나머지 b_n은

$b_n = Q(1) = 1 + 1 - n^2 - 1 = -n^2 + 1$이다.

따라서 $a_n + b_n = 0$이므로

$$\sum_{n=2}^{11} a_n + \sum_{n=1}^{10} b_n$$
$$= \sum_{n=1}^{10} (a_n + b_n) - a_1 + a_{11}$$
$$= 0 - a_1 + a_{11}$$
$$= 0 - 0 + 120$$
$$= 120$$

208 정답 ②

[그림 : 이현일T]

점 $\mathrm{A}(0, n^2)$를 지나고 기울기가 $a_n \ (a_n > 0)$인 직선의 접선의 방정식은 $y = a_n x + n^2$이다.

$$-x^2 = a_n x + n^2$$
$$x^2 + a_n x + n^2 = 0$$

이 방정식이 중근을 가지므로

$D = (a_n)^2 - 4n^2 = 0$에서 $a_n = 2n$

$$\sum_{n=1}^{10} a_n = \sum_{n=1}^{10} 2n = 2 \times \frac{10 \times 11}{2} = 110$$

209 정답 ②

$\displaystyle\sum_{k=1}^{n} (k+2)a_k = \frac{1}{n+1}$의 양변에 $n=1$을 대입하면

$3a_1 = \dfrac{1}{2}$에서 $a_1 = \dfrac{1}{6}$이다.

$\displaystyle\sum_{k=1}^{n} (k+2)a_k = \frac{1}{n+1}$에서 $n = n-1$을 대입하면

$$\sum_{k=1}^{n-1} (k+2)a_k = \frac{1}{n} \ (n \geq 2)$$

$$(n+2)a_n = \frac{1}{n+1} - \frac{1}{n} = -\frac{1}{n(n+1)}$$

$$a_n = -\frac{1}{n(n+1)(n+2)} \ (n \geq 2), \ a_1 = \frac{1}{6}$$

따라서

$$\sum_{n=1}^{8} a_n$$
$$= a_1 - \sum_{n=2}^{8} \frac{1}{n(n+1)(n+2)}$$
$$= \frac{1}{6} - \frac{1}{2} \sum_{n=2}^{8} \left\{\frac{1}{n(n+1)} - \frac{1}{(n+1)(n+2)}\right\}$$
$$= \frac{1}{6} - \frac{1}{2}\left(\frac{1}{6} - \frac{1}{90}\right) = \frac{1}{6} - \frac{7}{90} = \frac{8}{90} = \frac{4}{45}$$

210 정답 511

점 $(2n-1, -\log_2 2n)$과 점 $(3n, 0)$을 연결한 선분을 대각선으로 갖고 가로는 x축과 평행한 직사각형은 가로의 길이가 $n+1$이고 세로의 길이가 $\log_2 2n$이므로 넓이는 $(n+1)\log_2 2n$이다.

점 $(4n+1, -\log_2(4n+2))$와 점 $(3n, 0)$을 연결한 선분을 대각선으로 갖고 가로는 x축과 평행한 직사각형은 가로의 길이가 $n+1$이고 세로의 길이가 $\log_2(4n+2)$이므로 넓이는 $(n+1)\log_2(4n+2)$이다. 따라서 두 직사각형의 넓이의 차 a_n은

$$a_n = (n+1)(\log_2(4n+2) - \log_2 2n) = (n+1)\log_2\left(\frac{2n+1}{n}\right)$$

$$\sum_{n=1}^{8} \frac{a_{2^n - 1}}{2^n}$$
$$= \sum_{n=1}^{8} \frac{2^n\left(\log_2 \frac{2^{n+1}-1}{2^n - 1}\right)}{2^n}$$
$$= \sum_{n=1}^{8} \log_2 \frac{2^{n+1}-1}{2^n - 1}$$
$$= \log_2\left(\frac{3}{1} \times \frac{7}{3} \times \frac{15}{7} \times \cdots \times \frac{2^9 - 1}{2^8 - 1}\right)$$
$$= \log_2(2^9 - 1)$$

$= \log_2 511 = \alpha$

따라서

$2^\alpha = 2^{\log_2 511} = 511$

211 정답 ①

원 $x^2 + y^2 = 2n$의 중심이 O이고 반지름의 길이가 $\sqrt{2n}$이고
원점 O에서 직선 $\sqrt{n}\,x + y - n - 1 = 0$까지의 거리는

$\dfrac{|n+1|}{\sqrt{n+1}} = \sqrt{n+1}$ 이다.

따라서

$\overline{OA} = \sqrt{2n}$ 에서

$\overline{AB} = 2\sqrt{(2n)-(n+1)} = 2\sqrt{n-1}$

삼각형 OAB의 높이 $h = \sqrt{n+1}$ 이므로

$S_n = \dfrac{1}{2} \times 2\sqrt{n-1} \times \sqrt{n+1} = \sqrt{n^2-1}$

따라서

$\displaystyle\sum_{n=2}^{9} \dfrac{1}{(S_n)^2}$

$\displaystyle = \sum_{n=2}^{9} \dfrac{1}{(n-1)(n+1)}$

$\displaystyle = \dfrac{1}{2} \sum_{n=2}^{9} \left(\dfrac{1}{n-1} - \dfrac{1}{n+1} \right)$

$= \dfrac{1}{2} \left(1 + \dfrac{1}{2} - \dfrac{1}{9} - \dfrac{1}{10} \right)$

$= \dfrac{1}{2} \left(\dfrac{90 + 45 - 10 - 9}{90} \right)$

$= \dfrac{1}{2} \times \dfrac{116}{90} = \dfrac{29}{45}$

212 정답 ②

$y = \left(\dfrac{1}{2} \right)^x$ 을 x축 방향으로 a_n만큼 평행이동시키면

$y = \left(\dfrac{1}{2} \right)^{x - a_n}$ 이다.

$\left(\dfrac{1}{2} \right)^{x - a_n} = \dfrac{n}{n+1} \left(\dfrac{1}{2} \right)^x$

$\left(\dfrac{1}{2} \right)^x \left(\dfrac{1}{2} \right)^{-a_n} = \dfrac{n}{n+1} \left(\dfrac{1}{2} \right)^x$

$\left(\dfrac{1}{2} \right)^{-a_n} = \dfrac{n}{n+1}$

$2^{a_n} = \dfrac{n}{n+1}$

$a_n = \log_2 \dfrac{n}{n+1}$ 이다.

$\displaystyle\sum_{n=1}^{63} a_n = \sum_{n=1}^{63} \log_2 \dfrac{n}{n+1}$

$= \log_2 \dfrac{1}{2} + \log_2 \dfrac{2}{3} + \log_2 \dfrac{3}{4} + \cdots\cdots + \log_2 \dfrac{63}{64}$

$= \log_2 \dfrac{1}{64}$

$= -6$

213 정답 ①

$f(x) = \displaystyle\sum_{k=1}^{n} \{x - 3k(k+1)\}^2$ 에서

$f(x) = \displaystyle\sum_{k=1}^{n} \{x^2 - 6k(k+1)x + 9k^2(k+1)^2\}$

$= nx^2 - 6x \displaystyle\sum_{k=1}^{n} k(k+1) + \sum_{k=1}^{n} 9k^2(k+1)^2$

이때, 이차함수 $f(x)$에서 x^2의 계수 n이 자연수, 즉

양수이므로 $x = \dfrac{3}{n} \displaystyle\sum_{k=1}^{n} k(k+1)$ 일 때 $f(x)$는 최솟값을 가지므로

$g(n) = \dfrac{3}{n} \displaystyle\sum_{k=1}^{n} k(k+1)$ 이다.

$\dfrac{3}{n} \displaystyle\sum_{k=1}^{n} k(k+1) = \dfrac{3}{n} \times \dfrac{n(n+1)(n+2)}{3} = (n+1)(n+2)$ 이므로

$\displaystyle\sum_{n=1}^{100} \dfrac{1}{g(n)} = \sum_{n=1}^{100} \dfrac{1}{(n+1)(n+2)}$

$= \displaystyle\sum_{n=1}^{100} \left(\dfrac{1}{n+1} - \dfrac{1}{n+2} \right)$

$= \dfrac{1}{2} - \dfrac{1}{102} = \dfrac{50}{102} = \dfrac{25}{51}$

214 정답 ④

$_{n+3}C_3 = \dfrac{(n+3)(n+2)(n+1)}{3 \times 2 \times 1}$

즉, $S_n = \dfrac{(n+1)(n+2)(n+3)}{6}$ 이다.

$S_{n-1} = \dfrac{n(n+1)(n+2)}{6}$ 이고

$S_n - S_{n-1} = a_n \; (n \geq 2)$ 에서

$\dfrac{(n+1)(n+2)(n+3) - n(n+1)(n+2)}{6} = a_n$

$\therefore \; a_n = \dfrac{(n+1)(n+2)}{2} \; (n \geq 2), \; a_1 = S_1 = 4$

따라서

$\displaystyle\sum_{n=1}^{10} \dfrac{1}{a_n}$

$= \dfrac{1}{a_1} + \displaystyle\sum_{n=2}^{10} \dfrac{2}{(n+1)(n+2)}$

$= \dfrac{1}{4} + 2 \displaystyle\sum_{n=2}^{10} \left(\dfrac{1}{n+1} - \dfrac{1}{n+2} \right)$

$= \dfrac{1}{4} + 2 \left(\dfrac{1}{3} - \dfrac{1}{12} \right)$

$= \dfrac{1}{4} + \dfrac{1}{2}$

$= \dfrac{3}{4}$

215 정답 ③

주어진 식에 $n=4$을 대입하면

$$a_5 = \begin{cases} 2-(a_4)^2 \ (|a_4| \geq 2) \\ 2a_4 - 2 \ (|a_4| < 2) \end{cases}$$

(i) $|a_4| \geq 2$ 즉, $a_4 \leq -2$ 또는 $a_4 \geq 2$일 때,

$a_5 - a_4 \geq 0 \rightarrow 2-(a_4)^2 - a_4 \geq 0 \rightarrow (a_4)^2 + a_4 - 2 \leq 0 \rightarrow$

$(a_4-1)(a_4+2) \leq 0$

$\rightarrow -2 \leq a_4 \leq 1$

$\therefore a_4 = -2$

(ii) $|a_4| < 2$ 즉, $-2 < a_4 < 2$일 때.

$a_5 - a_4 \geq 0 \rightarrow a_4 - 2 \geq 0 \rightarrow a_4 \geq 2$

으로 만족시키는 a_4가 존재하지 않는다.

(i), (ii)에서 $a_4 = -2$이다.

$$a_{n+1} = \begin{cases} 2-(a_n)^2 \ (|a_n| \geq 2) \\ 2a_n - 2 \ (|a_n| < 2) \end{cases}$$

a_4	a_3	a_2	a_1
			-2
			2
		-2	0
		2	$0\,(X)$
	-2		$2\,(X)$
		0	$-\sqrt{2}\,(X)$
			$\sqrt{2}\,(X)$
			1
	2	$0\,(X)$	
-2		$2\,(X)$	
	0	$-\sqrt{2}\,(X)$	
		$\sqrt{2}\,(X)$	
		1	$-1\,(X)$
			$1\,(X)$
			$\dfrac{3}{2}$

따라서 모든 a_1의 합은 $(-2)+2+0+1+\dfrac{3}{2}=\dfrac{5}{2}$이다.

216 정답 10

$a_{n+1} = a_n - \dfrac{k}{3}$ 또는 $a_{n+1} = \dfrac{a_n}{k}$이다.

a_1	a_2	a_3	a_4
			$0\,(X)$
		$\dfrac{k}{3}$	$\dfrac{1}{3}=k$ $\therefore k=\dfrac{1}{3}$
			$\dfrac{2}{3}-\dfrac{k}{3}=k$ $\therefore k=\dfrac{1}{2}$
	$\dfrac{2k}{3}$	$\dfrac{2}{3}$	$\dfrac{2}{3k}=k$ $\therefore k=\pm\dfrac{\sqrt{6}}{3}$
k			
	1	$1-\dfrac{k}{3}$	$1-\dfrac{2k}{3}=k$ $\therefore k=\dfrac{3}{5}$
			$\dfrac{1}{k}-\dfrac{2}{3}=k$ $k=\dfrac{-2\pm\sqrt{10}}{3}$
	$\dfrac{1}{k}$	$\dfrac{1}{k}-\dfrac{k}{3}=k$	$\therefore k=\pm\dfrac{\sqrt{3}}{2}$
			$\dfrac{1}{k^2}=k$ $\therefore k=1$

따라서 모든 k의 개수는 10이다.

217 정답 12

$a_1 = k$라 하면

$a_2 = k + (-1)^1 \times 1 - k = -1$이다.

(i) $k > -1$이면 $a_2 < k$이므로 $a_3 = k+1$

a_1	a_2	a_3	a_4	a_5	a_6	a_7
k	-1	$k+1$	-2	$k+2$	-3	$k+3$

$k+3 = 18$

$\therefore k = a_1 = 15$

(ii) $k \leq -1$이면 $a_2 \geq k$이므로 $a_3 = -k+1$

$a_3 > k$이므로 $a_4 = (-k+1)-3-k = -2k-2$

$a_4 - k = (-2k-2)-k = -3k-2 \geq 1$이므로

$a_4 > k$이다. $a_5 = (-2k-2)+4-k = -3k+2$

$a_5 - k = (-3k+2) - k = -4k+2 \geq 6$이므로

$a_5 > k$이다. $a_6 = (-3k+2) - 5 - k = -4k-3$

$a_6 - k = (-4k-3) - k = -5k-3 \geq 2$이므로

$a_6 > k$이다. $a_7 = (-4k-3) + 6 - k = -5k+3$

a_1	a_2	a_3	a_4	a_5
k	-1	$-k+1$	$-2k-2$	$-3k+2$

a_6	a_7
$-4k-3$	$-5k+3$

따라서

$a_7 = -5k+3 = 18$

$\therefore k = a_1 = -3$

(i), (ii)에서 가능한 모든 k의 값의 합은 $15 + (-3) = 12$이다.

218 정답 ⑤

모든 자연수 n에 대하여

$b_n = a_{n+1} - a_n \cdots$ ㉠

이라 하면

조건 (가)에서 모든 자연수 n에 대하여

$|b_n| = |b_{n+1}|$이므로 $|b_n| = k$라 하면

$k \geq 0$이고 $b_n = k$ 또는 $b_n = -k \cdots$ ㉡

㉠에서

$b_n = a_{n+1} - a_n$

$b_{n+1} = a_{n+2} - a_{n+1}$

$b_{n+2} = a_{n+3} - a_{n+2}$

$b_{n+3} = a_{n+4} - a_{n+3}$

양변을 더하면

$a_{n+4} - a_n = b_n + b_{n+1} + b_{n+2} + b_{n+3} = 8$

이므로 ㉡에 의해

(i) 모든 자연수 n에 대하여

$b_n,\ b_{n+1},\ b_{n+2},\ b_{n+3}$는 모두 k이다. $4k = 8$에서 $k = 2$ 또는

(ii) 모든 자연수 n에 대하여 $b_n,\ b_{n+1},\ b_{n+2},\ b_{n+3}$중 k가 3개, $-k$가 1개다. $2k = 8$에서 $k = 4$

(i) $k = 2$인 경우

$a_1 = a$라 하면 $a_5 = a+8$

a_1	a_2	a_3	a_4	a_5	a_6	a_7	a_8
a	$a+2$	$a+4$	$a+6$	$a+8$	$a+10$	$a+12$	$a+14$

$a+14 = 21$에서 $a_1 = a = 7$

(ii) $k = 4$인 경우

a_1	$\cdots$	a_5	a_6	a_7	a_8	a_9
a	$\cdots$	$a+8$	$a+12$	$a+16$	$a+20$	$a+16$
			$a+4$	$a+8$	$a+12$	
			$a+12$	$a+8$	$a+12$	
			$a+12$	$a+16$	$a+12$	

그러므로

$a+20 = 21$에서 $a_1 = a = 1$

$a+12 = 21$에서 $a_1 = a = 9$

(i), (ii)에서 가능한 a_1의 합은

$7 + 1 + 9 = 17$

[다른 풀이]

(가) $|a_{n+1} - a_n| = |a_{n+2} - a_{n+1}| = d (d \geq 0)$라 하자.

$a_{n+1} - a_n = d$ 또는 $a_{n+1} - a_n = -d$이다.

(나)에서 $a_{n+4} = a_n + 8$이므로 $a_5 = a_1 + 8$, $a_6 = a_2 + 8$,

$a_7 = a_3 + 8$, $a_8 = a_4 + 8$이다. $a_8 = 21$이므로 $a_4 = 13$이다.

이웃한 두 항의 차가 d 또는 $-d$이므로 각 항에서 나올 수 있는 값들을 써보면 아래와 같다.

a_1	a_2	a_3	$a_4 (= 13)$	a_5
a_1	$a_1 + d$ $a_1 - d$	$a_1 + 2d$ a_1 $a_1 - 2d$	① $a_1 + 3d$ ② $a_1 + d$ ③ $a_1 - d$ ④ $a_1 - 3d$	$a_1 + 8$

① $a_4 = a_1 + 3d$이고 $a_5 = a_1 + 8$일 때

$a_5 - a_4 = 8 - 3d$

$d = 8 - 3d$ 또는 $-d = 8 - 3d$

$d = 2$ 또는 $d = 4$

$a_4 = a_1 + 3d = 13$이므로 $a_1 = 7$ 또는 $a_1 = 1$이다.

② $a_4 = a_1 + d$이고 $a_5 = a_1 + 8$일 때

$a_5 - a_4 = 8 - d$

$d = 8 - d$

$d = 4$

$a_4 = a_1 + d = 13$이므로 $a_1 = 9$이다.

③ $a_4 = a_1 - d$이고 $a_5 = a_1 + 8$일 때

$a_5 - a_4 = 8 + d$

$-d = 8 + d$

$d = -4$

$a_4 = a_1 - d = 13$이므로 $a_1 = 9$이다.

④ $a_4 = a_1 - 3d$이고 $a_5 = a_1 + 8$일 때

$a_5 - a_4 = 8 + 3d$

$d = 8 + 3d$ 또는 $-d = 8 + 3d$

$d = -4$ 또는 $d = -2$

$a_4 = a_1 - 3d = 13$이므로 $a_1 = 1$ 또는 $a_1 = 7$이다.

따라서 가능한 a_1은 1, 7, 9이다.

219 정답 18

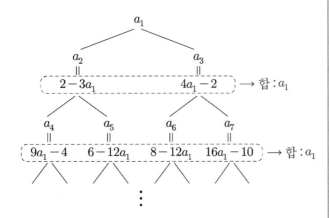

에서
$a_2 = 2 - 3a_1$
$a_4 = 2 - 3(2 - 3a_1) = 9a_1 - 4$
$a_8 = 2 - 3(9a_1 - 4) = 14 - 27a_1$
$a_{16} = 2 - 3(14 - 27a_1) = 81a_1 - 40$
$a_{32} = 2 - 3(81a_1 - 40) = 122 - 243a_1$

따라서
$$\sum_{n=1}^{32} a_n = 5a_1 + a_{32} = 122 - 238a_1 = 360$$
$-238a_1 = 238$
$\therefore a_1 = -1$
그러므로 $a_5 = 6 - 12a_1 = 18$

유형 **11** 여러 가지 수열의 규칙성 찾기

---

220 정답 ①

$$a_{n+2} + a_n = 2a_{n+1} + \sum_{k=1}^{n} \cos\left(\frac{k}{2}\pi\right)$$

$$(a_{n+2} - a_{n+1}) - (a_{n+1} - a_n) = \sum_{k=1}^{n} \cos\left(\frac{k}{2}\pi\right)$$

$b_n = a_{n+1} - a_n$, $S_n = \sum_{k=1}^{n} \cos\left(\frac{k}{2}\pi\right)$라 하면

$b_{n+1} - b_n = S_n$

$$\sum_{n=1}^{m} (b_{n+1} - b_n) = \sum_{n=1}^{m} S_n$$

$b_{m+1} - b_1 = S_1 + S_2 + \cdots + S_m$
$a_1 = a_2$이므로 $b_1 = 0$이다.

따라서

$b_{m+1} = S_1 + S_2 + \cdots + S_m$
$a_{m+2} - a_{m+1} = S_1 + S_2 + \cdots + S_m$이다.
$m = 4p$를 대입하면
$a_{4p+2} - a_{4p+1} = S_1 + S_2 + \cdots + S_{4p}$

$S_n = \sum_{k=1}^{n} \cos\left(\frac{k}{2}\pi\right)$에서

$S_1 = 0$, $S_2 = -1$, $S_3 = -1$, $S_4 = 0$, $\cdots\cdots$
$S_1 + S_2 + \cdots + S_{4p} = -2p$이므로
$a_{4p+2} - a_{4p+1} = -2p = -100$에서
$p = 50$이다.

221 정답 ⑤

$$a_n a_{n+1} = \frac{a_{n+2} a_{n+3}}{2} \rightarrow \frac{a_n}{a_{n+2}} = \frac{a_{n+3}}{2a_{n+1}} \quad \cdots\cdots \text{㉠}$$

㉠에 $n = 1$을 대입하면 $\dfrac{a_1}{a_3} = \dfrac{a_4}{2a_2} = 2$이다.

따라서 $a_3 = \dfrac{1}{2}a_1$

㉠에 $n = 2$을 대입하면 $\dfrac{a_2}{a_4} = \dfrac{a_5}{2a_3} = \dfrac{1}{4}$이다.

따라서 $a_5 = \dfrac{1}{2}a_3 = \dfrac{1}{4}a_1$

㉠에 $n = 3$을 대입하면 $\dfrac{a_3}{a_5} = \dfrac{a_6}{2a_4} = 2$

따라서 $a_6 = 16$
같은 방법으로 a_7, a_8, a_9을 구하면

a_1	a_2	a_3	a_4	a_5	a_6	a_7	a_8	a_9
a_1	1	$\dfrac{1}{2}a_1$	4	$\dfrac{1}{4}a_1$	16	$\dfrac{1}{8}a_1$	64	$\dfrac{1}{16}a_1$

이다.
$a_8 = 4a_9$
$64 = \dfrac{1}{4}a_1$
$\therefore a_1 = 256$

222 정답 191

(가), (나), (다)의 식을 각 변끼리 더해서 정리하면
$$a_{3n} + a_{3n-1} + a_{3n-2} = 3(n+1) - 3a_n \quad \cdots\cdots \text{㉠}$$
이므로
$$\sum_{n=1}^{27} a_n = \sum_{n=1}^{9} (a_{3n} + a_{3n-1} + a_{3n-2})$$
$$= 3\sum_{n=1}^{9}(n+1) - 3\sum_{n=1}^{9} a_n$$

$$= 162 - 3\sum_{n=1}^{9} a_n$$

이때, $\displaystyle\sum_{n=1}^{9} a_n = \sum_{n=1}^{3}\left(a_{3n} + a_{3n-1} + a_{3n-2}\right)$

$$= 3\sum_{n=1}^{3}(n+1) - 3\sum_{n=1}^{3} a_n$$

$$= 27 - 3\left(a_1 + a_2 + a_3\right)$$

이므로 $\displaystyle\sum_{n=1}^{27} a_n = 162 - 3\left\{27 - 3\left(a_1 + a_2 + a_3\right)\right\}$

$$= 81 + 9\left(a_1 + a_2 + a_3\right)$$

또한 ㉠과 (다)에서 $n = 1$이면

$a_1 + a_2 + a_3 = 6 - 3a_1$, $2a_1 = 3$

이므로 $a_1 + a_2 + a_3 = \dfrac{15}{2}$

따라서 $\displaystyle\sum_{n=1}^{27} a_n = \dfrac{189}{2} = \dfrac{q}{p}$ 이므로 $p+q = 191$이다.

223 정답 ②

$n = 1$을 대입하면

$a_3 = a_1 + \sin\dfrac{\pi}{2} = a_1 + 1$

$n = 3$을 대입하면

$a_5 = a_3 + \sin\dfrac{3\pi}{2} = a_3 - 1$

$n = 5$을 대입하면

$a_7 = a_5 + \sin\dfrac{5\pi}{2} = a_5 + 1$

따라서

$a_1 + 1 = a_3 = a_5 + 1$에서 $a_1 = a_5$

$a_3 - 1 = a_5 = a_7 - 1$에서 $a_3 = a_7$

또한

$n = 7$을 대입하면

$a_9 = a_7 + \sin\dfrac{7\pi}{2} = a_7 - 1$

$a_5 + 1 = a_7 = a_9 + 1$에서 $a_5 = a_9$

$n = 9$을 대입하면

$a_{11} = a_9 + \sin\dfrac{9\pi}{2} = a_9 + 1$

$a_7 - 1 = a_9 = a_{11} - 1$에서 $a_7 = a_{11}$

따라서

$a_1 = a_5 = a_9 = \cdots$

$a_3 = a_7 = a_{11} = \cdots$

이 성립한다.

같은 방법으로

$n = 2$을 대입하면

$a_4 = a_2 + \cos\pi = a_2 - 1$

$n = 4$을 대입하면

$a_6 = a_4 + \cos 2\pi = a_4 + 1$

$a_2 - 1 = a_4 = a_6 - 1$에서 $a_2 = a_6$이고

$a_2 = a_6 = a_{10} = \cdots$임을 알 수 있다.

마찬가지로

$a_4 = a_8 = a_{12} = \cdots$

따라서

$a_1 + a_2 + a_3 + a_4 = a_5 + a_6 + a_7 + a_8 = \cdots$

또한

$a_1 = a_3 - 1$, $a_4 = a_2 - 1$이므로

$a_1 + a_2 + a_3 + a_4$

$= \left(a_3 - 1\right) + a_2 + a_3 + \left(a_2 - 1\right)$

$= 2\left(a_2 + a_3\right) - 2 = 2 \times 4 - 2 = 6$

$\displaystyle\sum_{n=1}^{20} a_n$

$= 5\left(a_1 + a_2 + a_3 + a_4\right)$

$= 5 \times 6 = 30$

224 정답 24

[그림 : 이현일T]

함수 $y = \sin\dfrac{\pi}{2}x$의 주기는 4이므로 그래프는 다음과 같다.

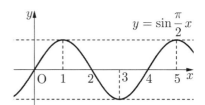

(i) $4n < x < 4n+2$ $(n = 0, 1, 2, \cdots)$일 때,

$\sin\dfrac{\pi}{2}x > 0$이므로

$x(x-10)\sin\dfrac{\pi}{2}x < 0$에서

$x(x-10) < 0$

$0 < x < 10$

따라서

$n = 0$일 때, $0 < x < 2$에서 $x = 1$

$n = 1$일 때, $4 < x < 6$에서 $x = 5$

$n = 2$일 때, $8 < x < 10$에서 $x = 9$

자연수 x는 $1, 5, 9$

(ii) $4n+2 < x < 4n+4$ $(n = 0, 1, 2, \cdots)$일 때,

$\sin\dfrac{\pi}{2}x < 0$ 이므로

$x(x-10)\sin\dfrac{\pi}{2}x < 0$ 에서

$x(x-10) > 0$

$\therefore\ x < 0$ 또는 $x > 10$

따라서, 자연수 x는 $11, 15, 19, \cdots$

(i), (ii)에서 수열 $\{a_n\}$은

$1, 5, 9, 11, 15, 19, \cdots$

$a_2 = 5,\ a_6 = 19$

$a_2 + a_6 = 24$

225 정답 ④

(나) n이 홀수이면 $(x_{n+1}, y_{n+1}) = \left(x_n, (y_n-1)^2\right)$ 이다.

(다) n이 짝수이면 $(x_{n+1}, y_{n+1}) = \left((x_n-3)^2, y_n\right)$ 이다.

주어진 조건을 만족하는 점들을 하나씩 구해보면

$(1,1) \Rightarrow (1,0) \Rightarrow (4,0) \Rightarrow (4,1) \Rightarrow (1,1)$ 이 나타나므로 이 규칙을 만족하는 수열은 주기가 4인 수열이다. 따라서 2022번째 항은 2번째항에 해당하므로 $(1,0)$이다.

$x_{2022} + y_{2022} = 1$

226 정답 ②

(가)에서 $a_{11-n} = 10 - a_n$ 이므로

$a_{10} = 10 - a_1$

$a_9 = 10 - a_2$

$\vdots$

$a_6 = 10 - a_5$

이다.

$a_6 + a_7 + a_8 + a_9 + a_{10} = 50 - \displaystyle\sum_{n=1}^{5} a_n = 40 \cdots \text{㉠}$

(나)에서 $a_{n+1} = -a_n + n$

$a_7 = -a_6 + 6$

$a_8 = -a_7 + 7 = a_6 + 1$

$a_9 = -a_8 + 8 = -a_6 + 7$

$a_{10} = -a_9 + 9 = a_6 + 2$

이다.

따라서 ㉠에서

$a_6 + (-a_6+6) + (a_6+1) + (-a_6+7) + (a_6+2) = 40$

$a_6 + 16 = 40$

$\therefore\ a_6 = 24$

227 정답 ⑤

a_1	a_2	a_3	a_4	a_5
94	46	22	10	4
22 (X)				
	10(X)			
		4 (X)		
22	10	4	1	
4 (X)				
4	1			
$-\dfrac{1}{2}$ (X)				
			2 (X)	

따라서 a_1으로 가능한 모든 값의 합은 $4 + 22 + 94 = 120$이다.

유형 12 수학적 귀납법

228 정답 ③

$a_n = \displaystyle\sum_{k=1}^{n} \dfrac{1}{k}$ 에서 $a_1 = 1$, $a_2 = 1 + \dfrac{1}{2} = \dfrac{3}{2}$ 이다.

(i) $n = 2$일 때,

(좌변)$=a_1 = 1$, (우변)$=2(a_2 - 1) = 1$

이므로 (*)의 식이 성립한다.

(ii) $n = m\ (m \geq 2)$일 때, (*)이 성립한다고 가정하면

$\displaystyle\sum_{k=1}^{m-1} a_k = m(a_m - 1)$

$a_1 + a_2 + \cdots + a_{m-1} = m(a_m - 1) \cdots \text{㉠}$

$a_{m+1} = \displaystyle\sum_{k=1}^{m+1} \dfrac{1}{k} = \sum_{k=1}^{m} \dfrac{1}{k} + \dfrac{1}{m+1} = a_m + \boxed{\dfrac{1}{m+1}}$ 이므로

양변에 $(m+1)$을 곱하면

$\boxed{m+1}\, a_{m+1} = \boxed{m+1}\, a_m + 1$ 이다.

따라서

㉠의 양변에 a_m을 더하면

$a_1 + a_2 + \cdots + a_{m-1} + a_m = m(a_m - 1) + a_m$

$\qquad\qquad\qquad\quad = (m+1)a_m - m$

$\qquad\qquad\qquad\quad = (m+1)a_m + 1 - (m+1)$

$$= (m+1)a_{m+1} - (m+1)$$
$$= (m+1)(a_{m+1} - 1)$$

즉, $\displaystyle\sum_{k=1}^{m} a_k = (m+1)(a_{m+1} - 1)$

따라서, $n = m+1$일 때도 주어진 식이 성립한다.

그러므로 (i), (ii)에 의하여 $\displaystyle\sum_{k=1}^{n-1} a_k = n(a_n - 1)$

은 $n \geq 2$인 모든 자연수 n에 대하여 성립한다.

$$f(m) = \frac{1}{m+1}, \ g(m) = m+1$$

따라서 $\dfrac{g(10)}{f(9)} = \dfrac{11}{\dfrac{1}{10}} = 110$

229 정답 27

두 수 3과 45사이에 n개의 자연수를 넣어서 만든 수열을 $\{a_n\}$이라 하면 $a_1 = 3$, $a_{n+2} = 45$이다.

따라서 $45 = 3 + (n+1)d$에서 $(n+1)d = 42$이다.

$a_k = 3 + (k-1)d = dk - d + 3$

d	n	
2	20	$2k+1 = 31$
3	13	$3k \neq 31$
6	6	$6k-3 \neq 31$
7	5	$7k-4 = 31$
14	2	$14k-11 = 31$
21	1	$21k-18 \neq 31$

$d = 2$일 때, $n = 20$로 만족한다.

$d = 7$일 때, $n = 5$로 만족한다.

$d = 14$일 때, $n = 2$로 만족한다.

따라서 가능한 n의 합은 $20 + 5 + 2 = 27$

[다른 풀이]– 황수영T

3, 31, 45를 포함하고 공차가 자연수인 등차수열이므로 공차 d는 $28(=31-3)$과 $14(=45-31)$의 공약수이다.

28과 14의 최대공약수는 14이므로 공차 d는 14의 약수이다.

$d = 2$ 또는 $d = 7$ 또는 $d = 14$ (조건에서 $d \neq 1$)

한편 $45 = 3 + (n-1)d$

$$n = \frac{42}{d} - 1$$

$d = 2$일 때 $n = \dfrac{42}{2} - 1 = 20$

$d = 7$일 때 $n = \dfrac{42}{7} - 1 = 5$

$d = 14$일 때 $n = \dfrac{42}{14} - 1 = 2$

따라서 만족하는 n의 합 $= 20 + 5 + 2 = 27$

230 정답 65

[출제자 : 장세완T]

[그림 : 이정배T]

S_n은 등차수열의 합이므로 $f(n) = S_n$이라 할 때

$$f(n) = \frac{n\{2a + (n-1)d\}}{2} = pn^2 + qn$$

$S_k < S_{k+1}$, $S_{k+1} > S_{k+2}$인 k가 존재하기 위해서는

공차가 0이 될 수 없으므로 $f(n)$이 이차식이고

n^2의 계수 p가 음수이다.

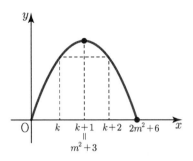

$f(n)$은 대칭성에 의하여

꼭짓점에서 $n = \dfrac{2m^2+6}{2} = m^2+3$에서 최대이며

$k+1 = m^2+3$

$k = m^2+2$

즉, $b_m = m^2+2$

$\displaystyle\sum_{m=1}^{5} b_m = \sum_{m=1}^{5}(m^2+2)$

$= \dfrac{5\times 6\times 11}{6}+2\times 5$

$= 65$

231 정답 ④

[검토 : 최현정T]

등비수열 $\{a_n\}$의 공비를 r이라 하면

$|2a_3+a_4+a_6| = 2|a_5|$

$|2a_3+a_3 r+a_3 r^3| = 2|a_3 r^2|$

$|a_3||2+r+r^3| = 2|a_3|r^2$

$|2+r+r^3| = 2r^2$

에서

$r^3+r+2 = 2r^2$ 또는 $r^3+r+2 = -2r^2$이다.

(i) $r^3+r+2 = 2r^2$일 때,

$r^3-2r^2+r+2 = 0$

$f(x) = x^3-2x^2+x+2$라 하면

$f'(x) = 3x^2-4x+1 = (3x-1)(x-1) = 0$

에서 삼차함수 $f(x)$는 $x=1$에서 극솟값 2를 갖는다.

$f(-1) = -1-2-1+2 = -2 < 0$

$f(0) = 2 > 0$

이므로 방정식 $f(x) = 0$의 해는 -1과 0사이에 하나 존재한다.

따라서 r에 대한 방정식 $r^3-2r^2+r+2 = 0$은 실근이 하나 존재하고 정수근이 아니므로 모순이다.

(ii) $r^3+r+2 = -2r^2$일 때,

$r^3+2r^2+r+2 = 0$

$(r+2)(r^2+1) = 0$

에서 $r=-2$이다.

(i), (ii)에서 $r=-2$, $a_1 = -2$이다.

따라서 $a_n = (-2)(-2)^{n-1} = (-2)^n$

$a_4 = (-2)^4 = 16$이다.

232 정답 ④

[출제자 : 오세준T]

$a_1 = \dfrac{7}{2}$이므로 $2\left(\displaystyle\sum_{k=1}^{n} a_k - \dfrac{7}{2}\right) = 5\sum_{k=1}^{n-1} a_k$

수열 $\{a_n\}$의 첫째항부터 제n항까지의 합을 S_n이라 하면

$2S_n - 7 = 5S_{n-1}$

$2S_n - 2S_{n-1} = 3S_{n-1}+7$

$2a_n = 3S_{n-1}+7$ ...... ㉠

n 대신에 $n+1$을 대입하면

$2a_{n+1} = 3S_n+7$ ...... ㉡

㉡-㉠을 하면

$2a_{n+1}-2a_n = 3(S_n - S_{n-1})$

$2a_{n+1}-2a_n = 3a_n$

$\therefore a_{n+1} = \dfrac{5}{2}a_n$

따라서 수열 $\{a_n\}$은 $a_1 = \dfrac{7}{2}$이고 공비가 $\dfrac{5}{2}$인 등비수열이므로

$a_n = \dfrac{7}{2}\left(\dfrac{5}{2}\right)^{n-1}$

$\therefore a_{10} = \dfrac{7}{2}\left(\dfrac{5}{2}\right)^9 = \dfrac{7\times 5^9}{2^{10}}$

233 정답 ③

[출제자 : 이호진T]

(나)의 식에 $n=2$를 대입하면

$a_2 = 1+m$이고,

$n=3$을 대입하면

$a_2+a_3 = 2m-1$이다. 이를 (가)에 대입하면

$a_1 = 1-m$이다.

$n \geq 3$일 때, (나)에서

$\displaystyle\sum_{k=2}^{n} a_k = \dfrac{(n-1)(-3n+2m+8)}{2}$ ...... ㉠

㉠의 n에 $n-1$을 대입하면

$\displaystyle\sum_{k=2}^{n-1} a_k = \dfrac{(n-2)(-3n+2m+11)}{2}$ ...... ㉡

이고

㉠-㉡을 하면 $a_n = -3n+m+7$이다.

(다)에서

$\displaystyle\sum_{n=1}^{2}(a_n - a_{10-n}) = (a_1-a_9)-(a_2-a_8) = 0$

$(1-m)-a_9+(1+m)-a_8 = 0$이다.

$a_9 = m-20$, $a_8 = m-17$에서

$2-(m-20)-(m-17) = 0$에서 $m = \dfrac{39}{2}$이고,

$a_2 = \dfrac{41}{2}$ 이다.

234 정답 ③

등차수열 $\{a_n\}$의 첫째항을 a_1, 공차를 d라 하면
$a_7 = |a_9| > 0$이므로 $a_9 < 0$이고 $a_1 > 0$, $d < 0$이다. ...... ㉠
$a_8 = 0$이므로 $a_1 + 7d = 0$에서 $a_1 = -7d$이다.

$$\sum_{k=1}^{5} \dfrac{1}{a_k a_{k+2}}$$

$$= \dfrac{1}{a_{k+2} - a_k} \sum_{k=1}^{5} \left(\dfrac{1}{a_k} - \dfrac{1}{a_{k+2}} \right)$$

$$= \dfrac{1}{2d} \left(\dfrac{1}{a_1} + \dfrac{1}{a_2} - \dfrac{1}{a_6} - \dfrac{1}{a_7} \right)$$

$$= \dfrac{1}{2d} \left(\dfrac{1}{a_1} + \dfrac{1}{a_1 + d} - \dfrac{1}{a_1 + 5d} - \dfrac{1}{a_1 + 6d} \right)$$

$$= \dfrac{1}{2d} \left(\dfrac{1}{-7d} + \dfrac{1}{-6d} - \dfrac{1}{-2d} - \dfrac{1}{-d} \right)$$

$$= \dfrac{1}{2d} \left(\dfrac{1}{-7d} + \dfrac{1}{-6d} + \dfrac{1}{2d} + \dfrac{1}{d} \right)$$

$$= \dfrac{1}{2d} \left(\dfrac{-6 - 7 + 21 + 42}{42d} \right)$$

$$= \dfrac{25}{42d^2} = \dfrac{1}{42}$$

에서 $d^2 = 25$이므로 $d = \pm 5$이다.
㉠에서 $d = -5$, $a_1 = 35$이다.
그러므로 $a_5 = a_1 + 4d = 35 + 4 \times (-5) = 15$이다.

235 정답 ③

[검토자 : 김영식T]

$c_n = a_n - b_n$이라 하면 $|c_1| = 4$이고 자연수 k에 대하여 $c_k = 0$, $c_{k+1} > 0$이므로 수열 $\{c_n\}$은 공차가 양의 정수인 등차수열이다.
따라서 $c_1 = -4$이다.
$c_k = 0$이므로 수열 $\{c_n\}$의 가능한 공차 d의 값은 4, 2, 1이다.

(i) $d = 4$

	1	2	3
c_n	-4	0	4
a_n	a_1	a_2	a_3
b_n	a_1+4	a_2	a_3-4

따라서 $k = 2$이고 $\sum\limits_{n=1}^{2} a_n = 10$에서 $a_1 + a_2 = 10$이므로

$$\sum_{n=1}^{2} b_n = 14$$

(ii) $d = 2$

	1	2	3	4
c_n	-4	-2	0	2
a_n	a_1	a_2	a_3	a_4
b_n	a_1+4	a_2+2	a_3	a_4-2

따라서 $k = 3$이고 $\sum\limits_{n=1}^{3} a_n = 10$에서 $a_1 + a_2 + a_3 = 10$이므로

$$\sum_{n=1}^{3} b_n = 16$$

(iii) $d = 1$

	1	2	3	4	5	6
c_n	-4	-3	-2	-1	0	1
a_n	a_1	a_2	a_3	a_4	a_5	a_6
b_n	a_1+4	a_2+3	a_3+2	a_4+1	a_5	a_6-1

따라서 $k = 5$이고 $\sum\limits_{n=1}^{5} a_n = 10$에서

$a_1 + a_2 + a_3 + a_4 + a_5 = 10$이므로 $\sum\limits_{n=1}^{5} b_n = 20$

(i), (ii), (iii)에서
$\sum\limits_{n=1}^{k} b_n$의 최솟값은 14, 최댓값은 20이므로 합은 34이다.

236 정답 ③

[검토자 : 이덕훈T]

$S_n = 4 + 2a_{n+1}$에서
$a_{n+1} = S_{n+1} - S_n$이므로
$S_n = 4 + 2(S_{n+1} - S_n)$
$2S_{n+1} = 3S_n - 4$
$S_{n+1} = \dfrac{3}{2}S_n - 2$ ...... ㉠

㉠의 양변의 n에 $n-1$을 대입하면
$S_n = \dfrac{3}{2}S_{n-1} - 2$ $(n \geq 2)$ ...... ㉡

㉠−㉡
$a_{n+1} = \dfrac{3}{2}a_n$ $(n \geq 2)$

양변에 $n = 2$을 대입하면 $a_3 = \dfrac{3}{2}a_2$에서 $a_3 = 3$이므로
$a_2 = 2$이다.

같은 방법으로 $a_4 = \dfrac{9}{2}$

한편, $S_1 = a_1$이므로 준식에 $n = 1$을 대입하면
$S_1 = 4 + 2a_2 = 8$
$\therefore a_1 = 8$
$a_1 \times a_4 = 8 \times \dfrac{9}{2} = 36$

이다.

237 정답 11

[검토자 : 이진우T]

첫째항이 자연수이므로 $a_n = 2^k$꼴일 때는 $a_{n+1} = k$이고 a_n이 그 외 경우인 경우는 a_{n+1}은 제곱수가 되므로 수열 $\{a_n\}$의 모든 항은 자연수 또는 0이다.

$n=4$를 대입하면

$$1 = \begin{cases} \log_2 a_4 & (\log_2 a_4 \text{이 자연수인 경우}) \\ (a_4 - 2)^2 & (\log_2 a_4 \text{이 자연수가 아닌 경우}) \end{cases}$$

에서 $a_4 = 2$ 또는 $a_4 = 3$ 또는 $a_4 = 1$이다.

(i) $a_4 = 2$인 경우

a_1	a_2	a_3	a_4
2^{16}	16		
6			
		4	2
X	0		

가능한 a_1의 개수는 2이다.

(ii) $a_4 = 3$인 경우

a_1	a_2	a_3	a_4
2^{256}			
	256	8	3
18			

가능한 a_1의 개수는 2이다.

(ii) $a_4 = 1$인 경우

a_1	a_2	a_3	a_4
16	4		
$0(X)$		2	
			1
256	8	3	
4	2		
8	3	1	
2			
3	1		
1			

가능한 a_1의 개수는 7이다.

(i), (ii), (iii)에서 가능한 a_1의 개수는 $2+2+7=11$이다.

238 정답 ①

[출제자 : 조남웅T]

등차수열의 합 $S_n = \dfrac{n\{2a + (n-1)d\}}{2}$ 이므로 n에 관한 이차식이고 상수항이 없다. 그리고 n^2의 계수가 $\dfrac{d}{2}$이다.

그러므로 정의역이 자연수 전체 집합인 이차함수 그래프 개형을 가진다.

만약 공차가 양수면 최댓값이 존재하지 않으니 (나) 조건을 만족할 수 없다.

따라서 공차는 음수이다.

(가) 조건에 의해 S_n은 축이 $\dfrac{2k+1}{2}$인 이차함수(정의역이 자연수 전체 집합)이다.

따라서 n절편은 0, $2k+1$이다.

$\Rightarrow S_n = \dfrac{d}{2}n(n - 2k - 1)$

(나) 조건에서 S_n의 최댓값이 36임을 알 수 있다.

그러므로 $S_k = S_{k+1} = 36$ $\left(\because \dfrac{2k+1}{2} : \text{자연수가 아니므로}\right)$

$\therefore S_{k+1} - S_k = a_{k+1} = 0 \cdots \bigcirc$

$S_{k-1} = 35$이므로 $S_k - S_{k-1} = a_k = 1$이다.

$\therefore a_{k+1} - a_k = d = -1$

따라서 $S_n = -\dfrac{1}{2}n(n - 2k - 1)$이고

$S_k = -\dfrac{1}{2}k(-k-1) = \dfrac{1}{2}k(k+1) = 36$

$k(k+1) = 72$

$k = 8$이다.

따라서 $a_9 = 0$ $(\because \bigcirc)$이고 $d = -1$이므로 $a_{10} = -1$ 그러므로 $|a_{10}| = 1$이다.

239 정답 132

$a_n = 2^{n-1}$ 이므로

$a_1 = 1 \Leftrightarrow b_1 = 1$

$a_2 = 2 \Leftrightarrow b_2 = 2$

$a_3 = 4 \Leftrightarrow b_4 = 3$

$a_4 = 8 \Leftrightarrow b_8 = 4$

$a_5 = 16 \Leftrightarrow b_{16} = 5$

$a_6 = 32 \Leftrightarrow b_{32} = 6$

$a_7 = 64 \Leftrightarrow b_{64} = 7$

$a_8 = 128 \Leftrightarrow b_{128} = 8$

즉, $n = 2^{k-1}$일 때 $b_n = k$이고, $n = 2^{k-1}$을 만족하는 자연수 k가 존재하지 않을 때 $b_n = \dfrac{1}{2}$이다.

따라서

$$\sum_{k=1}^{200} b_k = \dfrac{1}{2} \times 192 + \sum_{k=1}^{8} k = 96 + \dfrac{8 \times 9}{2} = 96 + 36 = 132$$

240 정답 ②

자연수 k에 대하여 $f(k) = m$ (m은 정수)이라 하면

$2^m \le k < 2^{m+1}$

(i) $2^m < k < 2^{m+1}$이면 $2^{-m-1} < \dfrac{1}{k} < 2^{-m}$이므로

$$f\left(\dfrac{1}{k}\right) = -m-1$$

$\therefore f(k) + f\left(\dfrac{1}{k}\right) = m + (-m-1) = -1$

(ii) $k = 2^m$이면 $\dfrac{1}{k} = 2^{-m}$이므로 $f\left(\dfrac{1}{k}\right) = -m$

$\therefore f(k) + f\left(\dfrac{1}{k}\right) = m + (-m) = 0$

따라서 100이하의 자연수 중 2^m (m은 정수)꼴의 개수는 2^0, 2^1, 2^2, 2^3, 2^4, 2^5, 2^6으로 7개다.

그러므로

$$\sum_{k=1}^{100} \left\{ f(k) + f\left(\dfrac{1}{k}\right) \right\} = (-1) \times 93 = -93$$

241 정답 9

[그림 : 이정배T]

직선 OP_1의 기울기는 1 이므로 점 $P_1(1, 1)$을 지나고 선분 OP_1에 수직인 직선의 방정식은 $y - 1 = -(x-1)$

$\therefore \ y = -x + 2$

즉, 점 Q_1의 좌표는 $(2, 0)$이고, 점 P_2의 좌표는 $(2, \sqrt{2})$이다.

직선 OP_2의 기울기는 $\dfrac{\sqrt{2}}{2}$이므로 점 $P_2(2, \sqrt{2})$를 지나고 선분 OP_2에 수직인 직선의 방정식은

$y - \sqrt{2} = -\sqrt{2}(x-2)$

$\therefore \ y = -\sqrt{2}x + 3\sqrt{2}$

즉, 점 Q_2의 좌표는 $(3, 0)$이고, 점 P_3의 좌표는 $(3, \sqrt{3})$이다.

같은 방법으로 계속하면 점 P_n의 좌표는 $(n, \sqrt{n})$이고, 점 Q_n의 좌표는 $(n+1, 0)$이다.

따라서

$$a_n = \overline{P_n Q_n} = \sqrt{1^2 + \left(\sqrt{n}\right)^2} = \sqrt{n+1}$$

그러므로 $a_{80} = \sqrt{81} = 9$이다.

242 정답 47

직선 l의 y좌표 a_n은 일차식으로 표현되므로 등차수열이다.

$y = ax + b$라 할 때, $\left(5, \dfrac{13}{3}\right)$, $(9, -5)$을 지나므로

$5a + b = \dfrac{13}{3}$, $9a + b = -5$

연립 방정식을 풀면

$4a = -\dfrac{28}{3}$에서 $a = -\dfrac{7}{3}$, $b = 16$

따라서 $a_n = -\dfrac{7}{3}n + 16$이다.

S_n의 최댓값은 첫째항부터 마지막 양수항까지의 합이므로

$-\dfrac{7}{3}n + 16 > 0$에서 $n < \dfrac{48}{7}$

따라서 S_n의 최댓값은 S_6이다.

$$S_6 = \dfrac{6(a_1 + a_6)}{2} = \dfrac{6\left(-\dfrac{7}{3} + 16 - \dfrac{42}{3} + 16\right)}{2} = 47$$

243 정답 ①

$A_n(n, n(n+1))$, $B_n(n+2, 0)$이므로,

$\triangle OA_nB_n$의 넓이는

$$S_n = \dfrac{1}{2} \times (n+2) \times n(n+1)$$

$$S_n = \dfrac{1}{2}n(n+1)(n+2)$$이다.

[랑데뷰팁]을 이용하여,

$$\dfrac{1}{S_n} = \dfrac{2}{n(n+1)(n+2)}$$

$$= \dfrac{1}{n(n+1)} - \dfrac{1}{(n+1)(n+2)}$$이다.

$$\sum_{n=1}^{10} \dfrac{1}{S_n}$$

$$= \sum_{n=1}^{10} \left(\dfrac{1}{n(n+1)} - \dfrac{1}{(n+1)(n+2)} \right)$$

$$= \dfrac{1}{1 \times 2} - \dfrac{1}{11 \times 12}$$

$$= \dfrac{1}{2} - \dfrac{1}{132}$$

$$= \dfrac{66-1}{132}$$

$$= \dfrac{65}{132}$$

[랑데뷰팁]-부분분수 변형

$$\dfrac{1}{AB} - \dfrac{1}{BC} = \dfrac{C-A}{ABC}$$

$$\Rightarrow \dfrac{1}{ABC} = \dfrac{1}{C-A}\left(\dfrac{1}{AB} - \dfrac{1}{BC}\right)$$

244 정답 ①

$x=n$과 $y=2^x$의 교점은 $\left(n,2^n\right)$이고

$x=n$과 $y=\left(\dfrac{1}{2}\right)^{x-1}$과 교점은 $\left(n,2^{1-n}\right)$이다.

따라서 $\mathrm{P}_n\left(n,2^n\right)$, $\mathrm{Q}_n\left(n,2^{1-n}\right)$

$y=2^x$과 $y=\left(\dfrac{1}{2}\right)^{x-1}$의 교점의 x좌표는 $x=1-n$이므로

$\mathrm{R}_n\left(-n+1,2^n\right)$, $\mathrm{S}_n\left(-n+1,2^{1-n}\right)$이다. 따라서 사각형
$\mathrm{P}_n\mathrm{R}_n\mathrm{S}_n\mathrm{Q}_n$은 직사각형이다.

$\overline{\mathrm{P}_n\mathrm{Q}_n}=2^n-2^{1-n}$, $\overline{\mathrm{P}_n\mathrm{R}_n}=2n-1$

그러므로 직사각형 $\mathrm{P}_n\mathrm{R}_n\mathrm{S}_n\mathrm{Q}_n$의 넓이 a_n은

$a_n=(2n-1)\left(2^n-2^{1-n}\right)$이다.

$$\sum_{n=1}^{10}\log_2\left(\dfrac{2^n\times a_n}{2n-1}+2\right)$$

$$=\sum_{n=1}^{10}\log_2\left(4^n-2+2\right)$$

$$=\sum_{n=1}^{10}2n=110$$

245 정답 126

(가), (나), (다)에서 $a_{3n-1}+a_{3n}+a_{3n+1}=2a_n$이다.

$$\sum_{n=1}^{364}a_n=a_1+\sum_{n=1}^{121}\left(a_{3n-1}+a_{3n}+a_{3n+1}\right)=a_1+\sum_{n=1}^{121}2a_n$$

$$=a_1+2\left\{a_1+\sum_{n=1}^{40}\left(a_{3n-1}+a_{3n}+a_{3n+1}\right)\right\}$$

$$=a_1+2\left\{a_1+\sum_{n=1}^{40}2a_n\right\}$$

$$=a_1+2\left\{a_1+2\left(a_1+\sum_{n=1}^{13}a_{3n-1}+a_{3n}+a_{3n+1}\right)\right\}$$

$$=a_1+2\left\{a_1+2\left(a_1+\sum_{n=1}^{13}2a_n\right)\right\}$$

$$=a_1+2\left\{a_1+2\left(a_1+2\left(a_1+\sum_{n=1}^{4}\left(a_{3n-1}+a_{3n}+a_{3n+1}\right)\right)\right)\right\}$$

$$=a_1+2\left\{a_1+2\left(a_1+2\left(a_1+\sum_{n=1}^{4}2a_n\right)\right)\right\}$$

$$=a_1+2\left\{a_1+2\left(a_1+2\left(a_1+2\left(a_1+\sum_{n=1}^{1}\left(a_{3n-1}+a_{3n}+a_{3n+1}\right)\right)\right)\right)\right\}$$

$$=a_1+2\left\{a_1+2\left(a_1+2\left(a_1+2\left(a_1+2a_1\right)\right)\right)\right\}$$

$$=63a_1$$

한편, $a_9=32$에서 $a_9=4a_3=32$이므로 $a_3=8$이다.

$a_3=4a_1=8$에서 $a_1=2$이다.

따라서

$$\sum_{n=1}^{364}a_n=63a_1=63\times2=126$$

246 정답 28

(가)조건과 $a_1=-2$에 의하여 $a_n(n\geq2)$은 2 또는 -2을
가진다.

(나)조건에 의하여 $a_{2n-1}(2\leq n\leq5)$은 모두 3개 또는 4개의
항이 2를 가진다.

(다)조건에 의하여 $a_{2n}(1\leq n\leq5)$중 -2의 항의 개수가 3,
4, 5중에 하나이다.

한편, $a_na_{n+1}<0$인 항이 많아야 최소가 되므로
$-2,\vee,2$ 부호가 다른 사이에 2 또는 -2을 넣으면 두 항
a_na_{n+1}의 합이 0이고
$-2,\vee,-2$ 또는 $2,\vee,2$일 때, 각각 2, -2을 넣으면
$a_na_{n+1}=-4$인 항이 2개가 생겨 최소가 되게 하는 값을 얻을 수
있다.

따라서 최소가 되는 경우를 알아보면
홀수 번째 배열은 $-2,\vee,2,\vee,2,\vee,2,\vee,2,\vee$ 이고
2와 2사이와 맨 끝에 -2를 배열할 때 최소가 됨을 알 수
있다.($-2,\vee,2$ 사이에는 2 또는 -2와도 동일한 값을 얻는다.)

따라서 $-2,(2\ \text{or}\ -2),2,(-2),2,(-2),2,(-2),2,(-2)$

$m=-28$이다.

$\therefore\ |m|=28$

247 정답 ③

먼저, 두 함수 $f_1(x)=x-6\ (x\geq0)$,

$f_2(x)=-2x+3\ (x<0)$을 정의하면

$a_k\geq0$이면 $a_{k+1}=f_1(a_k)$

$a_k<0$이면 $a_{k+1}=f_2(a_k)$

임을 알 수 있다. $a_5+a_6=0$에서 $a_6=-a_5$이므로

(i) $y=-x$와 $f_1(x)$의 교점을 (a_5,a_6) 또는 (ii) $y=-x$와
$f_2(x)$의 교점을 (a_5,a_6)

라 할 수 있다. (i)의 경우 교점의 좌표는 $(3,-3)$이므로 조건을
만족하고, (ii)의 경우 교점의 좌표가 $(3,-3)$이므로 조건을
만족할 수 없다. ($\because\ x<0$)

따라서 $a_5=3$, $a_6=-3$이다. 이제 a_4, a_3, a_2, a_1의 값을
차례대로 구해보자.

$\displaystyle\sum_{k=1}^{100}a_k$의 최댓값을 구하므로 $a_1>0$, $a_2>0$, $a_3>0$,

$a_4>0$임을 가정할 수 있다.

$a_5=3$이므로 $a_4=9$

$a_4=9$이므로 $a_3\geq0$이면 $a_3=15$

$a_3=15$이므로 $a_2\geq0$이면 $a_2=21$

$a_2=21$이므로 $a_1\geq0$이면 $a_1=27$

또, $a_6=-3$으로부터 $a_7=9$, $a_8=3$, $a_9=-3$, $a_{10}=9$,
$\cdots$이다.

$$\sum_{k=1}^{100}a_k=27+21+15+(9+3-3)+(9+3-3)+$$

$$\cdots+(9+3-3)+9$$

$$= 27 + 21 + 15 + 9 \times 32 + 9 = 360$$

이므로 $\displaystyle\sum_{k=1}^{100} a_k$ 의 최댓값은 360이다.

248 정답 88

$a_1 = 1$, $a_3 = 8$이고 $a_2 = p$라 하면

$a_{n+2} = \displaystyle\sum_{k=a_n}^{a_{n+1}} (2k+1)$ 의 $n=1$을 대입하면

$a_3 = \displaystyle\sum_{k=a_1}^{a_2} (2k+1) = \sum_{k=1}^{p} (2k+1) = \frac{p(3+2p+1)}{2} = p(p+2) = 8$

$p^2 + 2p - 8 = 0$

$(p+4)(p-2) = 0$

$\therefore a_2 = 2$

$a_{n+2} = \displaystyle\sum_{k=a_n}^{a_{n+1}} (2k+1)$ 의 $n=2$을 대입하면

$a_4 = \displaystyle\sum_{k=a_2}^{a_3} (2k+1) = \sum_{k=2}^{8} (2k+1) = \frac{7(5+17)}{2} = 77$

따라서

$\displaystyle\sum_{n=1}^{4} a_n = a_1 + a_2 + a_3 + a_4$

$\qquad = 1 + 2 + 8 + 77$

$\qquad = 88$

[랑데뷰팁]

n에 관한 일차식은 등차수열을 나타내므로

등차수열의 합 공식

$\displaystyle\sum_{k=a}^{b} f(k) = \frac{(b-a+1)\{f(a)+f(b)\}}{2}$

을 이용할 수 있다.

249 정답 ①

$n=1$일 때, $\left| (a_1)^2 - 2 \times 1^2 \right| = 2$이므로 $a_2 = \{\log_2 2$의 정수 부분$\}$

$\therefore a_2 = 1$

$n=2$일 때, $\left| (a_2)^2 - 2 \times 2^2 \right| = 7$이므로 $a_3 = \{\log_2 7$의 정수 부분$\}$

$\therefore a_3 = 2$

$n=3$일 때, $\left| (a_3)^2 - 2 \times 3^2 \right| = 14$이므로 $a_4 = \{\log_2 14$의 정수 부분$\}$

$\therefore a_4 = 3$

$n=4$일 때, $\left| (a_4)^2 - 2 \times 4^2 \right| = 23$이므로 $a_5 = \{\log_2 23$의 정수 부분$\}$

$\therefore a_5 = 4$

$n=5$일 때, $\left| (a_5)^2 - 2 \times 5^2 \right| = 34$이므로 $a_6 = \{\log_2 34$의 정수

부분$\}$

$\therefore a_6 = 5$

$n=6$일 때, $\left| (a_6)^2 - 2 \times 6^2 \right| = 47$이므로 $a_7 = \{\log_2 47$의 정수 부분$\}$

$\therefore a_7 = 5$

$n=7$일 때, $\left| (a_7)^2 - 2 \times 7^2 \right| = 73$이므로 $a_8 = \{\log_2 73$의 정수 부분$\}$

$\therefore a_8 = 6$

$n=8$일 때, $\left| (a_8)^2 - 2 \times 8^2 \right| = 92$이므로 $a_9 = \{\log_2 92$의 정수 부분$\}$

$\therefore a_9 = 6$

$n=9$일 때, $\left| (a_9)^2 - 2 \times 9^2 \right| = 126$이므로

$a_{10} = \{\log_2 126$의 정수 부분$\}$

$\therefore a_{10} = 6$

10이하의 자연수 중 $k=9$일 때 만, $a_k = k-3$을 만족한다.

따라서 개수는 1

250 정답 ③

주어진 조건에서 $\dfrac{n^{a-2}}{a^2 + 2a + 1} \geq 1$이어야 한다.

$n^{a-2} \geq (a+1)^2 \ (a \geq 3)$

$n \geq (a+1)^{\frac{2}{a-2}} \ (a \geq 3)$

3이상의 자연수 a의 값에 따른 $(a+1)^{\frac{2}{a-2}}$는 다음과 같다.

a	$(a+1)^{\frac{2}{a-2}}$
3	$4^2 = 16$
4	$5^1 = 5$
5	$6^{\frac{2}{3}}, \ 3 < 6^{\frac{2}{3}} < 4$
6	$7^{\frac{1}{2}}, \ 2 < 7^{\frac{1}{2}} < 3$
7	$8^{\frac{2}{5}}, \ 2 < 8^{\frac{2}{5}} < 3$
8	$9^{\frac{1}{3}}, \ 2 < 9^{\frac{1}{3}} < 3$
9	$10^{\frac{2}{7}}, \ 1 < 10^{\frac{2}{7}} < 2$
$\vdots$	$\vdots$

$f(4)$는 $4 \geq (a+1)^{\frac{2}{a-2}}$을 만족시키는 가장 작은 자연수이므로 $f(4) = 5$

$f(5)$는 $5 \geq (a+1)^{\frac{2}{a-2}}$을 만족시키는 가장 작은 자연수이므로 $f(5) = 4$

$f(16)$은 $16 \geq (a+1)^{\frac{2}{a-2}}$을 만족시키는 가장 작은

자연수이므로 $f(16)=3$

따라서

$f(4)=5$, $f(5)=f(6)=\cdots=f(15)=4$,

$f(16)=f(17)=\cdots=3$

그러므로

$\displaystyle\sum_{n=4}^{20} f(n)$

$=5+4\times11+3\times5$

$=5+44+15$

$=64$